选择走程序员之路，兴趣是第一位的，当然还要为之付出不懈的努力，而拥有一本好书和一位好老师会让您在这条路上走得更快、更远。或许这并不是一本技术最好的书，但却是最适合初学者的书！

CSDN 总裁

这本书从易到难、内容丰富、案例实用，适合初学者使用，是一本顶好的教材。希望它能够帮助更多的编程爱好者走向成功！

工信部移动互联网人才培养办公室

这是一本实践性非常强的书，它融入了作者十多年开发过程中积累的经验与心得。对于想学好编程技术的广大读者而言，它将会成为你的良师益友！

普科国际 CEO

软件开发新课堂

JavaScript基础与案例开发详解

于 坤 编 著

清华大学出版社
北 京

内 容 简 介

本书根据 JavaScript 在各种类型的应用开发中(如 B2B、B2C、C2C)的使用情况，有针对性地安排了丰富的案例，从基本的表格操作、表单操作，到构建浏览器端的富文本编辑器，再到实现如 Windows 那样的复杂 UI 的操作，每一个案例都能让读者从中学习到主流的 JavaScript 开发技巧。

针对初学者，本书也讲解了 JavaScript 的基本语法，所以即使没有任何编程语言基础，读者也能够明白 JavaScript 的运行机制。针对有其他编程语言基础的读者，书中还介绍了 JavaScript 的高级用法，让这个被称为“脚本”的语言，也能像其他编程语言(如 C/C++、Java)一样实现复杂的操作，甚至在浏览器中实现一个通常只能出现在桌面程序中的游戏。

本书不仅是 JavaScript 爱好者自学的首选用书，同时也非常适合作为大中专院校及社会培训机构的教学用书。

图书在版编目(CIP)数据

JavaScript 基础与案例开发详解/于坤编著. --北京：清华大学出版社，2014（2016.8 重印）
(软件开发新课堂)
ISBN 978-7-302-34362-2

Ⅰ. ①J…　Ⅱ. ①于…　Ⅲ. ①JAVA 语言—程序设计　Ⅳ. ①TP312

中国版本图书馆 CIP 数据核字(2013)第 257374 号

责任编辑：杨作梅
装帧设计：杨玉兰
责任校对：宋延清
责任印制：王静怡

出版发行：清华大学出版社
　　网　　址：http://www.tup.com.cn，http://www.wqbook.com
　　地　　址：北京清华大学学研大厦 A 座　　**邮　　编**：100084
　　社 总 机：010-62770175　　**邮　　购**：010-62786544
　　投稿与读者服务：010-62776969，c-service@tup.tsinghua.edu.cn
　　质 量 反 馈：010-62772015，zhiliang@tup.tsinghua.edu.cn
　　课 件 下 载：http://www.tup.com.cn,010-62791865
印 刷 者：清华大学印刷厂
装 订 者：三河市新茂装订有限公司
经　　销：全国新华书店
开　　本：190mm×260mm　**印　张**：26.25　**插　页**：1　**字　数**：642 千字
　　(附 DVD1 张)
版　　次：2014 年 1 月第 1 版　　**印　　次**：2016 年 8 月第 3 次印刷
印　　数：4501～5500
定　　价：58.00 元

产品编号：051149-01

丛书编委会

丛 书 序

首先，感谢并祝贺您选择本系列丛书！《软件开发新课堂》系列是为了满足广大读者的需求，在原《软件开发课堂》系列书的基础上进行的升级和重新编辑。秉承了原系列书的精髓，通过大量的精彩实例、完整的学习视频，让您完全融入编程实战演练，从零开始，逐步精通相关知识，成为自学成才的编程高手。哪怕您没有任何编程基础，都可以轻松地实现职场的梦想和生活的愿望！

1. 丛书内容

随着软件行业的不断升温，程序员这一职业正在成为IT界中的佼佼者，越来越多的程序设计爱好者开始投入相关软件开发的学习中。然而很多朋友在面对大量的代码时又有些望而却步，不知从何入手。

实际上，一本好书不仅要教会读者怎样去实现书中的内容，更重要的是要教会读者如何去思考、去探究、去创新。鉴于此，我们精心编写了《软件开发新课堂》系列丛书。

本丛书涉及目前流行的各种相关编程技术，均以最常用的经典实例，来讲解软件最核心的知识点，让读者掌握最实用的内容。首次共推出10册：

- 《Java基础与案例开发详解》
- 《JSP基础与案例开发详解》
- 《Struts 2基础与案例开发详解》
- 《JavaScript基础与案例开发详解》
- 《ASP.NET基础与案例开发详解》
- 《C#基础与案例开发详解》
- 《C++基础与案例开发详解》
- 《PHP基础与案例开发详解》
- 《SQL Server基础与案例开发详解》
- 《Oracle数据库基础与案例开发详解》

2. 丛书特色

本丛书具有以下特色。

(1) 内容精练、实用。本着“必要的基础知识+详细的程序编写步骤”原则，摒弃琐碎的东西，指导初学者采取最有效的学习方法和获得最良好的学习途径。

(2) 过程简洁、步骤详细。尽量以可视化操作讲解，讲解步骤做到详细但不繁琐，避免直接使用大量代码占用读者的阅读时间。而对关键代码则进行详细的讲解，做到清晰和透彻。

(3) 讲解风格通俗易懂。作者均是一线工作人员及教学人员，项目经验丰富，传授知识的能力强。所选案例精练、实用，具有实战性和代表性，能够使读者快速上手。

(4) 光盘内容丰富。不仅包含书中的所有代码及实例，还包含书中主要操作步骤的视频录像，有利于多媒体视频教学和自学，最大程度地提高了书中案例的可操作性。

3. 作者队伍

本丛书由知名培训师徐明华老师任主编，作者团队主要有北京达内科技、北京电子商务学院、郑州中原工学院、天津程序员俱乐部、徐州力行文化传媒工作室等机构和学院的专业人员及教师。正是有了他们无私的付出，本丛书才能顺利出版。

4. 读者对象

本丛书定位于初、中级读者。书中每个实例都是从零起步，初学者只需按照书中的操作步骤、图片说明，或根据多媒体视频，便可轻松地制作出实例的效果。不仅适合程序设计初学者以及普通编程爱好者使用，也可作为大、中专院校，高职高专学校，及各种社会培训机构的教材与参考书。

5. 特别感谢

本丛书从立项到写作受到广大朋友的热心支持，在此特别感谢达内科技的王利锋先生、北大青鸟的张宏先生，还有单兴华，吴慧龙、聂靖宇、刘烨、孙龙、李文清、李红霞、罗加顺、冯少波、王学锋、罗立文、郑经煜等朋友，他们对本丛书的编著提供了很好的建议。祝所有关心和支持本丛书的朋友身体健康，工作顺利。

最后还要特别感谢已故的北京传智播客教学总监张孝祥老师，感谢他在原《软件开发课堂》系列书中无私的帮助与付出。

6. 提供的服务

为了有效地解答读者在阅读过程中遇到的问题，丛书专门在 http://bbs.022tomo.com/开辟了论坛，以方便读者交流。

丛书编委会

前　　言

距离本书第 1 版的出版已经过去 4 年了，世界发生了很多变化：Adobe 已经放弃了移动平台的 Flash 更新、HTML 5 应用爆发性地增长、Chrome 已经成为使用度增速最快的浏览器、Windows 8 支持 JavaScript 开发本地应用、Github 成为全球最大的开源仓库、ECMAScript 升级到了第 5 版、作者也在 2013 年的大年三十升级成了爸爸……

Flash 在移动平台的退出和 HTML 5 的崛起对我们来说是一件好事(除非读者是做 AS 开发的)，我们可以使用 JavaScript 来开发更丰富的应用，不只是弹出错误信息提示框和漂浮小广告了，也可以开发桌面级应用以及游戏等重量级程序了。

本书会带领读者走进 JavaScript 的世界，从 Hello World 到游戏程序，从实际案例出发，为读者介绍 JavaScript 的魅力，并着手提高 JavaScript 的开发效率和与标准的兼容性，引导读者快速解决相关的问题。

本书注重对读者操作能力的提升，有针对性地按照从易到难的顺序安排了很多案例，这些案例关联了 JavaScript 的各个知识点，从最常用的表格操作到网页中的 Word 编辑器再到游戏中的人工智能，从实际开发中学习理论，使读者的应用水平得以迅速提高。

本书共分 16 章，其中包含了大量的实例应用。

第 1 章介绍 JavaScript 在实际中的作用，展示一些常见的效果，并给出一些例子，让读者可以动手操作，直观地接触 JavaScript。

第 2 章介绍 JavaScript 的开发环境、运行环境和开发中可能会遇到的一些问题。

第 3~4 章详细地介绍 JavaScript 语言本身，让读者从原理层掌握开发的基础。

第 5~6 章详细地介绍 JavaScript 在网页中的应用基础，包括样式和事件。掌握这些应用基础，是能够顺利地进行前端开发的前提条件。

第 7~15 章详细地介绍 JavaScript 在各个方面的实际应用，包括 JavaScript 及相关工具的使用，并由浅入深地讲解工作中可能会遇到的大部分开发场景，使读者在实际工作中能够快速上手。

第 16 章介绍 JavaScript 的高级语法，以及对语言使用的深度探究，可以说这是语言用户对语言本身做的一个延伸，以求更高效、更方便地使用 JavaScript 语言。

除了正文部分，本书还在附录中列举了开发中需要经常查阅的一些内容，包括跨浏览器的开发说明等。

本书由于坤、赵占坤编著，同时参加本书编写和整理的还有易巍、张新颖、单兴华、郑经煜、徐明华、聂静宇、尼春雨、王国胜、蒋军军、张丽、尼朋、陈丽丽、张石磊、胡文华、王海龙、张悦等。

最后要特别感谢周大庆兄弟，是他让我能够把自己所了解的知识和经验分享给广大的 JavaScript 爱好者和学习者，同时也让自己多了一份对读者和自己认真负责的责任，更好地在 JavaScript 世界中前行。

由于水平有限，书中难免有疏漏和不足之处，恳请专家和广大读者指正。如果您在阅读时遇到问题或者困难，可以直接与作者联系(QQ 号为 53983038)。

目　录

第 1 章　初识 JavaScript........................1

1.1　什么是 JavaScript........................2

1.1.1　ECMAScript........................2

1.1.2　JScript........................3

1.2　天使还是魔鬼........................3

1.2.1　种类繁多的浮动小广告........................4

1.2.2　超出想象........................5

1.3　Hello JavaScript........................6

1.3.1　网页变脸........................6

1.3.2　移动的彩虹........................7

1.4　习题........................10

第 2 章　JavaScript 的环境........................11

2.1　运行环境........................12

2.2　开发工具........................12

2.3　脚本检查........................14

2.3.1　以<script>标签直接嵌入脚本........................14

2.3.2　以<script>标签引入脚本文件........................15

2.4　开发限制........................15

2.5　帮助文档........................16

2.6　解释型语言........................16

2.7　学习建议........................17

2.8　上机练习........................18

第 3 章　JavaScript 的基本语法........................19

3.1　算法........................20

3.2　变量........................21

3.2.1　变量的声明和赋值........................21

3.2.2　变量的命名规范........................22

3.3　数据类型分类........................23

3.3.1　数据类型分类........................23

3.3.2　类型转换........................29

3.4　关键字........................33

3.5　标识符........................33

3.6　常量........................34

3.7　转义字符........................34

3.8　运算符........................35

3.8.1　算术运算符........................36

3.8.2　赋值运算符........................37

3.8.3　关系运算符........................38

3.8.4　逻辑运算符........................39

3.8.5　位运算符........................40

3.8.6　其他运算符........................42

3.8.7　优先级和结合性........................43

3.9　控制语句........................44

3.9.1　选择条件语句........................44

3.9.2　循环语句........................49

3.9.3　with 语句........................55

3.9.4　异常控制语句........................55

3.10　数组........................58

3.10.1　数组的创建及使用........................58

3.10.2　JavaScript 数组........................59

3.10.3　多维数组........................60

3.11　函数........................60

3.11.1　函数的创建及使用........................61

3.11.2　函数的参数........................62

3.11.3　函数返回值........................63

3.11.4　内部函数和匿名函数........................64

3.11.5　回调函数........................65

3.11.6　递归算法........................65

3.11.7　变量的作用域和生命周期........................67

3.12　注释........................69

3.13　严格模式........................71

3.14　上机练习........................72

第 4 章　JavaScript 的对象........................73

4.1　面向对象........................74

4.1.1　类........................75

4.1.2 对象......75
4.1.3 创建对象......76
4.1.4 在 ECMAScript 5 中创建对象......77
4.1.5 对象属性......77
4.1.6 释放对象......79
4.1.7 本地对象......80
4.2 内置对象......80
4.2.1 Global 对象......80
4.2.2 Object 对象......83
4.2.3 Function 对象......86
4.2.4 Array 对象......95
4.2.5 String 对象......97
4.2.6 Date 对象......97
4.2.7 RegExp(正则表达式)对象......99
4.2.8 Math 对象......102
4.2.9 Error 对象......103
4.2.10 JSON 对象......104
4.3 上机练习......104

第 5 章 浏览器中的 JavaScript......107

5.1 BOM——浏览器对象模型......108
5.1.1 window 对象......108
5.1.2 location 对象......111
5.1.3 history 对象......112
5.1.4 navigator 对象......112
5.1.5 screen 对象......113
5.1.6 document 对象......113
5.1.7 BOM 对象......115
5.2 DOM——文档对象模型......115
5.2.1 W3C DOM......116
5.2.2 测试 DOM 支持度......116
5.2.3 与平台和语言无关......116
5.2.4 文档的加载......116
5.3 DOM API 接口的使用说明......118
5.3.1 DOM 文档......118
5.3.2 节点信息......118
5.3.3 节点访问......121
5.3.4 使用 CSS 选择器进行节点访问......123
5.3.5 节点信息的修改......123
5.3.6 移动节点......124
5.3.7 创建节点......125
5.3.8 强大的 innerHTML 属性......126
5.4 上机练习......127

第 6 章 HTML+CSS+JS 三效合一......129

6.1 CSS 样式表......130
6.1.1 从 DHTML 开始......131
6.1.2 认识 CSS......131
6.1.3 CSS 选择器......133
6.1.4 CSS 的使用......135
6.1.5 CSS 滤镜......137
6.1.6 JS + CSS......138
6.1.7 访问样式表......146
6.1.8 运行时样式......147
6.2 事件......148
6.2.1 DOM 事件模型......148
6.2.2 事件对象......150
6.2.3 事件流......151
6.2.4 事件目标......154
6.2.5 监听器......154
6.2.6 事件类型......157
6.3 上机练习......158

第 7 章 智能的表单验证......159

7.1 表单......160
7.1.1 表单属性......160
7.1.2 表单事件......161
7.2 表单元素......162
7.2.1 元素引用......162
7.2.2 输入框对象......163
7.2.3 按钮对象......163
7.2.4 复选框对象......164
7.2.5 单选按钮对象......165
7.2.6 select 对象......166
7.2.7 文件上传......168
7.2.8 动态生成元素......168
7.3 智能表单......170
7.4 上机练习......180

第 8 章 表格 181

8.1 table 对象 182
8.2 tr 和 td 对象 182
8.2.1 tr 和 td 对象的访问 182
8.2.2 tr 和 td 对象的创建 183
8.2.3 tr 和 td 对象的删除 184
8.3 数据展示 184
8.4 表格排序 188
8.5 表格拖动 192
8.6 上机练习 199

第 9 章 网页 Word 201

9.1 框架集 202
9.2 弹出窗口 204
9.3 内部框架 205
9.4 文本编辑器 207
9.5 上机练习 215

第 10 章 JavaScript 的动画 217

10.1 动画基础 218
10.2 定时器 218
10.2.1 JavaScript 中的定时器 219
10.2.2 帧和时间 221
10.3 动起来还不够 222
10.3.1 线性处理 223
10.3.2 非线性处理 225
10.4 通用接口 226
10.5 上机练习 228

第 11 章 多媒体内容管理 229

11.1 图片 230
11.1.1 Image 对象 230
11.1.2 图片控制 231
11.1.3 图片与 CSS 232
11.1.4 图片浏览器 235
11.2 多媒体元素 242
11.2.1 <embed>标签 242
11.2.2 <object>标签 244
11.3 上机练习 245

第 12 章 Web 拖动技术 247

12.1 拖动技术 248
12.1.1 元素定位 248
12.1.2 鼠标事件 248
12.1.3 核心技术 250
12.2 拖动应用 258
12.3 上机练习 266

第 13 章 曲奇拼图 267

13.1 Cookie 268
13.2 方便的小甜点 268
13.3 JavaScript 中的 Cookie 268
13.4 拼图游戏 271
13.5 上机练习 274

第 14 章 资源加载策略 275

14.1 更聪明的页面 276
14.1.1 DOM 回调事件 276
14.1.2 图片预加载技术 278
14.1.3 CSS 文件的动态加载技术 284
14.2 传说中的 Ajax 290
14.2.1 本质 291
14.2.2 不同的异步实现 291
14.2.3 XMLHttpRequest 293
14.2.4 JSON 297
14.3 上机练习 298

第 15 章 疯狂的小坦克 299

15.1 即时战略游戏 300
15.2 实现需求及功能描述 300
15.3 组件开发 302
15.3.1 开发流程 302
15.3.2 框选技术 303
15.3.3 元素的移动 314
15.4 游戏核心——寻路算法 316
15.5 游戏实现 324
15.6 上机练习 327

第 16 章 深入认识 JavaScript 329

16.1 面向对象 330
16.1.1 类 330

16.1.2 继承......332
16.1.3 原型扩展......334
16.2 多线程......335
16.2.1 内部机制......336
16.2.2 JavaScript 实现多线程......339
16.3 高效的开发......344
16.3.1 提高开发速度......344
16.3.2 提高运行速度......346
16.4 上机练习......348

附录 A 运算符的优先级和结合性......349

附录 B 事件对象平台差异......351

附录 C 常见事件的列表和描述......355

附录 D HTTP 响应码......361

附录 E JavaScript 的常用对象与函数......365

E.1 Global 对象......365
E.2 Object 对象......366
E.3 Function 对象......367
E.4 Array 对象......369
E.5 String 对象......371
E.6 Boolean 对象......374
E.7 Number 对象......374
E.8 Date 对象......376

附录 F 常见 CSS 样式列表......383

附录 G 严格模式的限制......405

附录 H 选择器规则......407

第 1 章

初识 JavaScript

学前提示

了解自己即将展开的学习之旅是什么样子，以及这些知识有什么用途，对于学习者来说，是非常重要的。初学者了解 JavaScript 的历史，可以从根源上理解这种语言，更深入地领会该语言的一些细节，例如为什么会诞生这种语言。最起码，应该明确 JavaScript 与 JScript 的区别。

知识要点

- JavaScript 概述
- JavaScript 的特性
- 实践——Hello JavaScript

1.1 什么是 JavaScript

在学习什么是 JavaScript 之前，读者应该已经知道了什么是 HTML。这种通过 Internet 而改变了全世界的“简单”技术从它被创造的那天起，就不断地改善着人们的生活。现在，娱乐、购物、信息等各种类型的网站如雨后春笋般地不断涌现出来。

而当只了解 HTML 的读者也准备做一个可以影响世界的网站的时候，可能会发现自己目前所掌握的技术只能做出跑马灯(<marquee>)这样的“动态”效果。

这本身没什么好奇怪的，HTML 的初衷就是作为信息的展示平台，而且是静态的信息。但没人愿意长期面对这样死板的页面效果。所以，怎样让这些信息更好地展示给浏览者，或者说怎样让网页跟浏览者更好地互动，就成了网页开发者所考虑的问题。开发者需要一种简单而灵活的编程语言，来改善这种情况。

JavaScript 就这样诞生了。Netscape 公司在 1995 年发布了名为 JavaScript 的脚本语言。

最初的 JavaScript 被开发出来就是为了减轻服务器压力，提高用户体验。要知道，在早期的 HTML 中，要验证一个账号的正确性(这里指格式的正确性，比如不能少于 8 位)，都需要发送到服务器去验证，这对于服务器来说，是一项没有必要的开销，对用户来说也浪费了一次刷新页面的时间。JavaScript 的出现改变了这种状况，基本上目前所有的网站都使用 JavaScript 进行这类验证。

随着互联网的发展，JavaScript 也为用户提供了更深层次的 HTML 交互，如 WebOS(网络操作系统)、网络播放器、图片浏览器等。

提示

Netscape 公司最初创造这种脚本时，分为服务器和客户端两个版本，但后来 JavaScript 在客户端的持续发展使人们很少关注它在服务端的应用，而本书也只关注 JavaScript 在客户端(浏览器)中的应用。

1.1.1 ECMAScript

从 Netscape 公司发布第一个浏览器开始，微软就意识到了它的市场价值，于是一场 Netscape Navigator(NN)和 Internet Explorer(IE)之间的浏览器大战就开始了。结果是明显的，后来多数人都使用 Internet Explorer。当然，这场商战所带来的后果不仅仅是 IE 占领了大部分浏览器市场。对网页开发者而言，这也导致了网页兼容性的问题——在 NN 上运行良好的网页，放到 IE 上就变得一团糟，就如同五官错位的感觉。

问题不仅仅针对 HTML，对 JavaScript 来说更严重。

为了吸引开发人员创建在各自的浏览器中得到最佳呈现效果的网站，浏览器厂商选择脚本语言作为武器，发起了兼容性之战，用户则陷入到页面加载慢和可能存在安全漏洞的泥潭之中。

Netscape Navigator 和 Internet Explorer 的每个新版本都增加了激动人心的、与对方浏览器不兼容的新特性。通过提供这些华而不实的新特性，来吸引开发者开发出专属于自己浏

览器的代码，显然其目标就是让 Web 设计人员提供只能在一个浏览器上查看的网页，其目的就是让具有这些新特性的网页只能在自己的浏览器上浏览。

1996 年，Netscape 将 JavaScript 提交给 ECMA International(欧洲计算机制造商协会)进行标准化，1997 年 7 月，第一个标准开始采用。当前的标准(ECMAScript Edition 3，1999 年)是 ECMA-262，对应于 ISO/IEC 16262。

ECMAScript 定义了标准的语法，使开发者不再需要为不同的浏览器编写不同的代码，这样就规范了网页脚本语言的兼容性，使它在每个遵循 ECMAScript 标准的浏览器上呈现相同的效果。目前的浏览器如 IE 6.0、IE 7.0 以及 IE 8.0，FireFox 2.0、FireFox 3.0 等都已经支持了标准的 ECMAScript Edition 3。

然而标准有时无法主导市场。为了继续占领更多的市场，除了兼容标准外，每个浏览器仍然存在不小的区别和扩展，并利用这些差异来吸引开发者制作“最佳”的浏览效果。

提示

除了浏览器中的 JavaScript，由 ECMAScript 衍生的脚本语言也出现在浏览器以外的各种平台中，比如 Flash 中的 ActionScript、Adobe Photoshop 中使用的 JavaScript。特别有意思的是 Konfabulator，作为用于 Windows 和 MacOS X 的一种 JavaScript 运行时，它支持编写一些小程序，例如股票行情自动收发器、小型视频游戏等。遵循标准的好处是，可以在这些不同的平台上使用相同的语言编写不同效果的应用程序，这对于编写过一种平台的开发者来说，转移到另一个平台进行开发就是件相对容易的事情了。

1.1.2　JScript

在 Netscape 推出 JavaScript 之后，微软看到了这种语言潜在的性能和发展趋势，在 IE3 中实现了这种语言，并命名为 JScript。事实上，微软在 JScript 之前已经拥有 VBScript 这种功能类似的脚本语言。但 JavaScript 可以用于除了 Windows 之外的更多操作系统和更多浏览器。

Windows 平台中，IE JScript 的优势在于它提供了一些针对 Windows 本身的扩展，比如本地文件访问，以及其他 ActiveX 控件的使用。但从另一个角度来说，当开发者需要进行非 IE 平台的移植时，这些优势就荡然无存了。

所以在开发脚本时，最好贴近 ECMAScript 标准进行开发，避免使用任何不兼容的特性，这样不管是对开发者还是对用户而言都是容易接受的。

1.2　天使还是魔鬼

世界上的许多事情都具有有利的一面和不利的一面。对于 JavaScript 而言，发展中的语言不仅可以用来帮助页面浏览者和开发者更好地浏览和呈现页面，同样也被有些人用来制作危险的计算机病毒。

当网民们高兴地浏览着某些网页的时候，病毒可能已经通过细细的网线跑到网民的电脑里并等待时机发作了。相信大部分人都是通过这种途径感染病毒的。最可怕的病毒莫过

于那些可以窃取计算机秘密的病毒或者木马程序。本书不准备对这些病毒的感染过程进行讲解，因为这种内容很容易被某些人误用。

1.2.1　种类繁多的浮动小广告

经常浏览网页的人不可能没见过浮动广告。浮动广告经常会扰乱浏览者的视线，甚至阻碍浏览。浮动广告以各种外观、各种形式漂浮于众多网站的各个角落，真是无所不在。

图 1.1~1.4 展示了一些目前常见的浮动广告。

图 1.1　浮动的聊天窗口

图 1.2　两面夹击的浮动广告

图 1.3　浮动的音乐播放器

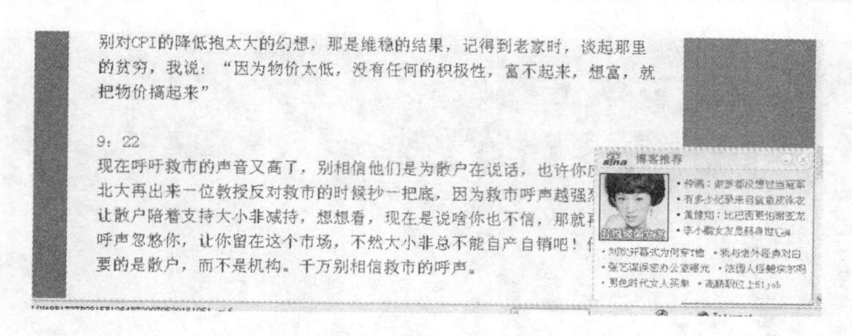

图 1.4　浮动的信息提示框

过去还存在过一种最原始、最让人憎恶的漂浮广告，就是那种满屏幕乱飞还无法关掉的广告，这种广告如今自知不够和谐，已经在网海中悄然地消失了。

现在，浮动广告已经不再是恼人的累赘了，而是提高浏览者浏览效果的小装饰，它们有各种外观和功能，有的是信息提示，有的则是音乐播放器，并且都很人性化，例如有的会自动关闭，有的则提供了关闭按钮。这些丰富的效果都是由 JavaScript 完成的，但如果认为 JavaScript 只能做这样的小把戏，那就错了。

1.2.2　超出想象

读者学习 JavaScript 当然不只是为了编写几个漂浮广告或者简单的页面，一定想要实现一些特别的，不同的应用。那么看看下面的画面够不够特别呢？下面就来展示用 JavaScript 开发的一个不一样的应用。

这是一个使用 JavaScript 技术开发的 HTML 5 交互动画设计器，虽然它看起来就像桌面版的 Flash 设计器，但却是可以在网页上运行的。使用它可以做出令人赞叹的动画或者游戏，包括声音、事件的处理等，如图 1.5、1.6 所示。

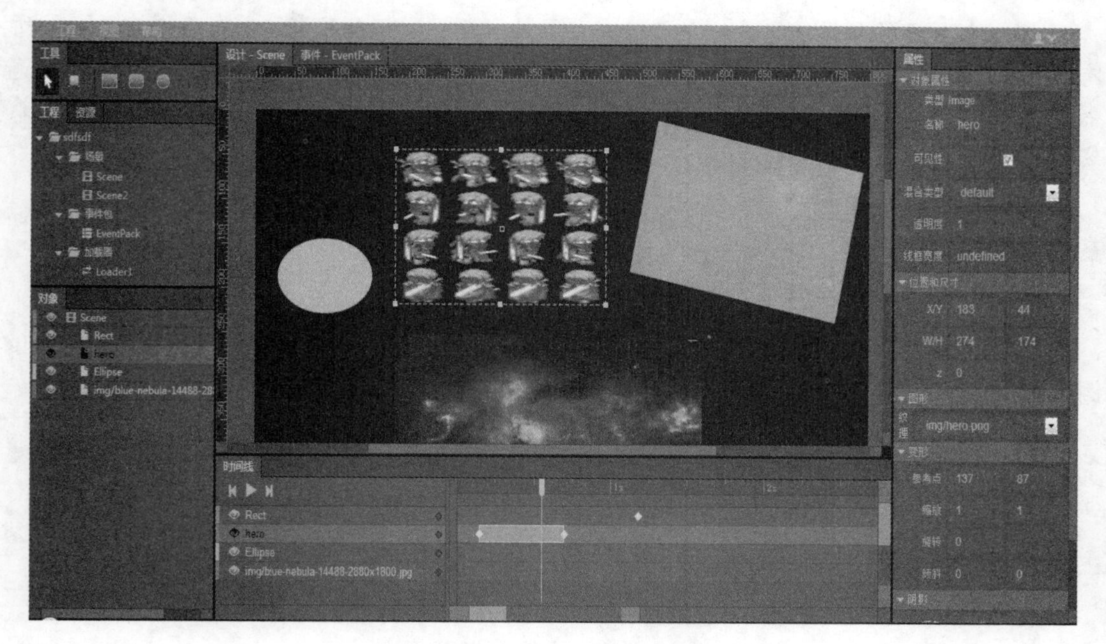

图 1.5　JS 交互动画设计器

图 1.6　读取本地图片

这一切的效果都是由 JavaScript 完成的。虽然这是基于 HTML 5、CSS3 等新技术，但它的核心就是本书所讲的 JavaScript。

提示

HTML 5、CSS3 可以在网页上创造出像本地软件一样的用户体验。虽然本书并不涉及这些内容，但是这里推荐读者可以在学习 JavaScript 的同时，一起来学习它们，保证会有所收获。

在 HTML 5 的新规范中，增加了一个<canvas>标签，可以用来绘制矢量图，并兼容所有支持 HTML 5 的浏览器，这也是上面应用所用到的技术。但是，应注意，老版本的浏览器并不支持这些新技术。本书会指导读者如何进行基于 HTML 4 的各种特效实现，它是兼容所有浏览器的，并且这些内容也是学习 HTML 5 的基础。

1.3　Hello JavaScript

看完了 JavaScript 神奇之处的演示，你是否已经跃跃欲试了呢。那么就跟随本章下面的例子来窥探一下 JavaScript 究竟都可以干什么吧。

1.3.1　网页变脸

下面是一个很简单的例子，只有几行代码，并且不需要建立什么文件。我们尝试改变一下百度首页的图片，如图 1.7 所示。

本例纯属娱乐，仅供学习之用。创建此程序的具体步骤如下。

(1)　在地址栏输入“http://www.baidu.com”，打开百度页面。

图 1.7　替换百度首页的图片

(2)　在地址栏输入下面的代码，然后按 Enter 键：

```
javascript: var ken = new Image();
ken.src = 'http://t.cn/zYenGZr';
ken.width = 240;
var img = document.getElementsByTagName('img')[0];
img.parentNode.replaceChild(ken,img); alert('变')
```

哈哈，图片换了，但千万别以为下次打开还会看见这个图。这只是一个障眼法而已。

提示

由 javascript+": "+JavaScript 代码组成的 URL 是一个 JavaScript 伪协议，该协议类似于 http://url。它可以使用在任何 HTTP 能使用的地方。

注意，直接复制包含协议头的地址到地址栏中，可能会被浏览器自动过滤掉协议头，需要手动输入。若本书的案例在 Windows 7 的 IE 下无效果，用户可选择 Chrome 或 Firefox 浏览器浏览。

1.3.2　移动的彩虹

现在是亲自体验 JavaScript 魅力的时候了，让我们跟随下面的步骤来完成一个会移动的彩虹进度条。

(1)　新建一个文本文件，如图 1.8 所示。

图 1.8　新建文本文件

(2)　把它的后缀名改为.html，在弹出提示后单击“是”按钮，如图 1.9 所示。

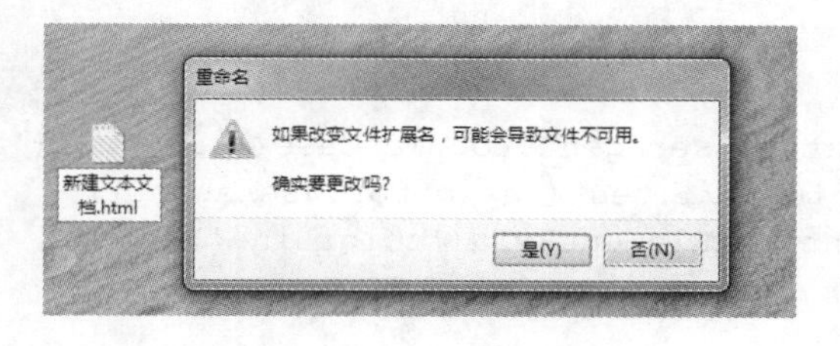

图 1.9　修改文件的扩展名

(3) 用任何文本编辑器打开这个 HTML 文件，然后把下列代码粘贴进去：

```
<html>
<head>
<style>
#bg {
   position: absolute;
   left: 0;
   top: 0;
   width: 100%;
   height: 100%;
   background: #000;
   font-size: 40px;
   color: #ccc;
   text-align: center;
}
#colorLine {
   width: 400px;
}
#colorLine div {
   width: 5px;
   height: 2px;
   float: left;
   overflow: hidden;
}
</style>
</head>
<body>
<table id="bg">
   <tr height="300">
      <td>彩虹进度条</td>
   </tr>
   <tr  height="100">
      <td align=center>
         <div id="colorLine"></div>
      </td>
   </tr>
   <tr>
      <td></td>
   </tr>
</table>
</body>
</html>

<script>
var IE6 = navigator.userAgent.toLowerCase().indexOf('ie') + 1
  && /MSIE (5\.5|6\.)/i.test(navigator.userAgent);
var CL = document.getElementById('colorLine');

//创建彩虹条
function makeCLine() {
```

```
    var r = 255;
    var g = 0;
    var b = 0;
    var step = 1;

    // 1. 增加绿色
    // 2. 减少红色
    // 3. 增加蓝色
    // 4. 减少绿色
    for(var i=0; i<80; i ++) {
        var node = document.createElement('div');
        if(g>255 && step==1)
            step = 2;
        if(r<0 && step==2)
            step = 3;
        if(b>255 && step==3)
            step = 4;
        node.style.backgroundColor = 'rgb('+ r + ',' + g + ',' + b + ')';
        CL.appendChild(node);
        if(step == 1)
            g += 14;
        if(step == 2)
            r -= 14;
        if(step == 3)
            b += 14;
        if(step == 4)
            g -= 14;
    }
    var oNodeL = IE6 ? CL.firstChild : CL.firstChild.nextSibling;
    var oNodeR = CL.lastChild;

    //制作两端渐变效果
    for(var i=0; i<20; i++ ) {
        oNodeL.style.cssText += ';opacity:' + (0.05 * i)
          + ';filter:Alpha(Opacity=' + (0.05 * i * 100) + ')';
        oNodeR.style.cssText += ';opacity:' + (0.05 * i)
          + ';filter:Alpha(Opacity=' + (0.05 * i * 100) + ')';

        oNodeL = oNodeL.nextSibling;
        oNodeR = oNodeR.previousSibling;
    }
}

//移动彩虹条
function makeCLMove() {
    var colors = [];
    for(var i = CL.lastChild; i; i=i.previousSibling)
    {
        if(i.style)
            colors.unshift(i.style.backgroundColor);
    }
```

```
    var flag = 1;
    var j = 0;
    setInterval(function() {
        var sTempColor = CL.lastChild.style.backgroundColor;
        var oNodeL = IE6 ? CL.firstChild : CL.firstChild.nextSibling;
        for(var i = CL.lastChild; i; i = i.previousSibling)
        {
            if(i.previousSibling && i.previousSibling.style)
                i.style.backgroundColor =
                  i.previousSibling.style.backgroundColor;
        }
        if(j > (colors.length-1))
            flag = 0;
        else if(j < 1)
            flag = 1;
        oNodeL.style.backgroundColor =
          flag ? colors[j++] : colors[j--];
    }, 1);
}
makeCLine();
makeCLMove();
</script>
```

(4) 保存后，双击打开这个 HTML 文件，就会看到漂亮的流动的“彩虹”了，如图 1.10 所示。

图 1.10　彩虹进度条

读者可以试着修改一下程序中的参数，来观察效果的变化。

1.4　习　　题

(1) 试说明 JavaScript 和 JScript 的区别。

(2) 修改本书 1.3.2 小节例子中的参数，来观察不同的效果。

(3) 在浏览器中打开一个网页，并在地址栏中输入伪协议代码：

```
alert(document.body.innerHTML)
```

(4) 搜集一些 JavaScript 编写的不同种类的特效代码。

第 2 章

JavaScript 的环境

学前提示

在开始学习具体的语法前，先要对学习的工具和环境有所了解。不同于C/C++或者 Java 等语言，JavaScript 并不是什么都可以做的，比如无法读取本地硬盘上的信息或者执行一个.exe 文件。了解这些内容，可以明确我们的开发方向，避免做些不可能完成的事情。

本章力求让读者了解 JavaScript 的开发环境、运行环境，和开发中会遇见的一些问题，做好学习前的准备。

知识要点

- JavaScript 的运行环境与开发工具
- 脚本检查
- 开发限制
- 解释型语言

2.1 运 行 环 境

读者从前一章的例子中，可能已经知道了如何运行 JavaScript 代码。没错，就是使用浏览器。浏览器是学习 JavaScript 的必备工具之一。

浏览器是运行 JavaScript 的载体，不管是通过文本方式还是通过伪协议直接在地址栏输入 JavaScript 代码，都需要一个浏览器的支持，在 JavaScript 代码不需要获取互联网资源的时候，浏览器可以做单机运行。实际上，运行 JavaScript 代码需要的是一个称为“解释器”的模块，浏览器包含了它。

大部分 JavaScript 程序都不需要读者关心自己所使用的是什么浏览器，但还是会出现先前所讲的浏览器兼容性问题。本书以 Internet Explorer 9.0(IE9)和 Firefox 19.0(FF3)为运行平台，在出现兼容性问题的时候，都会以这两种浏览器为代表，介绍它们的差异。之所以选择 IE9 和 FF3，是因为这两种浏览器目前在国内是使用比较广的，而且它们之间的差异具有典型性，因为很多浏览器是基于这两种浏览器扩展而来的。

除了兼容性可能导致的程序错误外，不同的浏览器对同样的程序可能有不同的表现效果，比如同样的信息输入框，在 IE 和 FF 下就会不同。

例如，在 IE 和 FF 的地址栏中都输入以下代码：

```
JavaScript: window.prompt('你贵姓？是不是姓陈那个？')
```

这两个浏览器将给浏览者呈现出不同样式的提示框，如图 2.1、2.2 所示。

图 2.1　IE 9 下的提示框

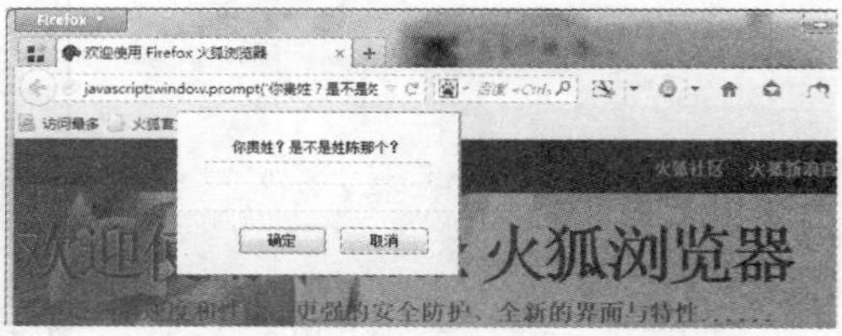

图 2.2　FF 3.0 下的提示框

虽然从用户的角度看，样子不大相同，但对于开发者来说，这些差异相当于没有。另外应注意：直接复制包含协议头的地址到地址栏中，可能会被浏览器自动过滤掉协议头，需要手动输入。

2.2 开 发 工 具

JavaScript 的开发工具很简单，任何文本文件编辑器都可以编写 JavaScript 代码，这可不包括 Word，虽然它也可以另存为 HTML 格式，但是当保存完毕后，会发现 HTML 文件中包含了一堆 Word 自动添加的 HTML 代码，这并不是你想要的效果。通常，Word 被算在“所见即所得”工具中，这种工具还包括 FrontPage 和 Dreamweaver 等。

作为初学者，最好使用原始的开发工具。这就像练习武功，师父总是要求徒弟从基本

功练起，而不是一上手就舞刀弄棒。

这里不推荐使用 Windows 系统自带的记事本程序，因为长时间面对满屏幕的黑体字确实是比较受罪的(虽然它够原始)。取而代之的方案是使用一种叫 UltraEdit-32(UE)的文本编辑器，这种文本编辑器可以对 JavaScript 代码进行特殊的“上色”处理，使不同类型的文字呈现不同的颜色，还包括文字对齐、缩进、代码折叠等功能，如图 2.3 所示。

```
609      *  <b>注意：</b>XGUN提供了可以完成更复杂定时任务的<b>Timer</b>类,您可以在xgun.util包中找到它。
610      * </p>
611      * @member Global
612      * @param {int} iTimer JS定时器引用
613      * @see Timer
614      */
615 ⊟  function $clear(iTimer){
616        clearTimeout(iTimer);
617        clearInterval(iTimer);
618    }
619
620    /*********** extends *************/
621
622 ⊟  /**
623     * 原型扩展。使JS拥有面向对象的语法特征：继承、重载等。<p>
624     * Example:<br/>
625     * var x = function(){};<br/>
626     * x.extend(String);//单继承<br/>
627     * x.extend(String,Number);//多继承</p>
628     * <p>
629     *  <b>注意：</b>当多继承时,如果自身有跟父类相同名称的属性/方法则不继承,否则按照继承顺序继承父类方法/属性。
630     *  如果子类函数覆盖了父类函数,在子类函数中可以通过this.parent()来调用父类同名函数。
631     * </p>
632     */
633    Function.prototype.extend = function()
634 ⊟  {
635        var args = arguments;
636        for(var i = 0; i < args.length; i ++ )
637 ⊞      {
645        }
646 ⊟      this.prototype['parent'] = function(){
647          var callName;
648 ⊞        for(callName in this){
652          }
653          for(var i = 0; i < args.length; i ++ )
654 ⊟        {
655            if(args[i].prototype[callName])args[i].prototype[callName].apply(this,arguments);
```

图 2.3　UltraEdit-32 的编辑界面

UE 虽然比记事本的功能要多得多，但从 JavaScript 开发工具等级来说，只能算初级。

在实际项目中，必须使用高级的开发工具来提高开发效率，也就是通常所说的 IDE(集成开发环境)，不同的 IDE 有很多不同的功能，但是它们基本都有一些共同的提升效率的特性，比如自动提示、错误检查、自动排版等。如图 2.4 所示就是目前最火的 JavaScript IDE——WebStorm 的编辑工具界面。

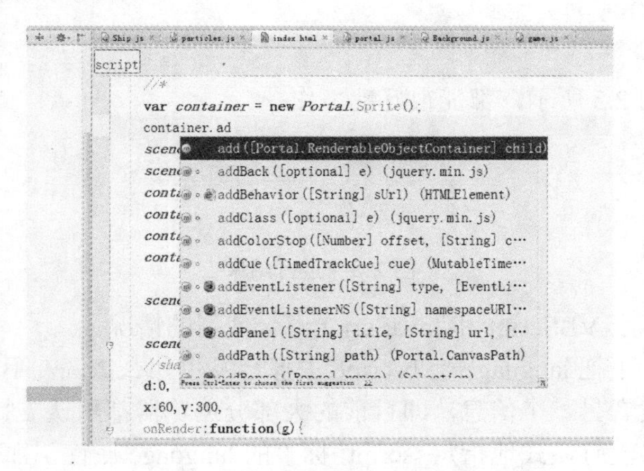

图 2.4　WebStorm 编辑界面

让初学者使用原始工具的目的，就是防止对 IDE 产生依赖。高级工具虽然好用，但如果自身没有掌握基本知识，一旦从一个工具迁移到另一个工具的时候，同样是一件麻烦事。

2.3 脚 本 检 查

除了使用伪协议在地址栏中执行 JavaScript 代码外，大量的代码都是写在文件中的，可以是 HTML 代码和 JavaScript 代码混合的 HTML 文件，也可以是只有 JavaScript 代码的.js 文件。学习 JavaScript 的第一步，就从如何编写这些文件开始。

2.3.1 以<script>标签直接嵌入脚本

每当在 HTML 文档中包含 JavaScript 代码时，都必须使用由<script>...</script>标签对组成的代码段。<script>标签提示浏览器解释标签中的所有代码文本，而不是像其他 HTML 标签那样直接将内容呈现在页面上。

在最初使用<script>标签的时候，开发者都必须注意的一点是，脚本并非只有 JavaScript 一种，VBScript 也使用<script>标签。这就需要开发者明确指出<script>标签中具体需要解释的代码是 JavaScript 还是 VBScript。

例如，下面是一段 JavaScript 和 VBScript 混合代码：

```
<html>
<body>
<script language="JavaScript">
   document.write('一段 javascript 代码');
</script>
<br/>
==============================
<br/>
<script language="vbscript">
   document.write "一段 vbscript 代码"
</script>
</body>
</html>
```

运行的结果如图 2.5 所示，都能很好地工作。

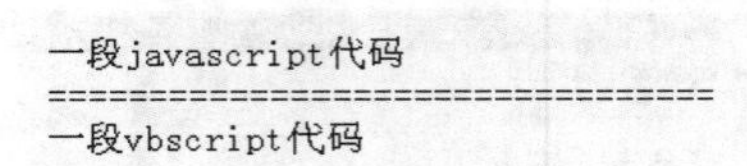

图 2.5 运行结果

上面的例子演示了 VBScript 和 JavaScript 混合使用的情况。

读者可以观察一下把 language="vbscript"去掉会发生什么情况。不出意外的话，应该报错了。这里要告诉读者另一个信息，即目前的大部分浏览器都默认支持 JavaScript 脚本。

也就是说，如果没有显式地指定<script>标签的 language 属性，那么浏览器默认解释为 JavaScript 代码。

这是一个很不错的设定，如果读者把上面的代码在 FireFox 下运行的话，就会发现 VBScript 代码段不仅没有被执行，而且连错误也没有报告。因为 VBScript 是 IE 专用的。

2.3.2 以<script>标签引入脚本文件

<script>标签除了以直接包含脚本代码的形式嵌入脚本外，还有另一种很常用的使用脚本的方式，即引用外部文件的方式。

下面的 HTML 代码就可以引用一个指定的 js 文件：

```
<script src="demo.js" type="text/JavaScript"></script>
```

demo.js 文件可以通过建立文本文件的方式来创建，.js 的后缀名不是必需的，但文件中只能出现 JavaScript 代码，而不能出现任何其他代码，例如 HTML 代码。

在实际的开发中，这种用法也是使用十分频繁的，当 JavaScript 代码数量达到了一定的程度时，比如几千行或者上万行的时候，如果使用<script>标签的嵌入用法，将会导致 HTML 文件变得巨大，而且脚本跟 HTML 代码混合在一起，这不管对开发者还是维护人员来说，都是痛苦的泥沼。想象一下不同种类的成千上万行代码混合在一起是什么情景。

2.4 开 发 限 制

了解 JavaScript 语言的限制，可以帮助开发人员节省宝贵的时间，避免花费很多时间去完成不可能完成的任务。

这些限制并不是来自语言本身，而是运行环境的限制。浏览器应用这些限制保护访问者不被侵犯隐私或者被非法访问计算机。除非浏览者主动地允许，否则 JavaScript 不能隐式地执行下列操作：

- 读/写访问者计算机中的本地资源。
- 启动访问者计算机中的应用程序。

在 JScript 中提供了可以执行上面操作的一些方法，但这些方法会根据用户浏览器的设置弹出提示或者直接阻止。

在 Windows 的 IE 中执行上面操作的关键就是 ActiveX 对象，而这可以通过浏览器的设置来决定对象能否被执行，如图 2.6 所示。

在 Firefox 地址栏中输入“about:config”，就可以打开设置界面，如图 2.7 所示。

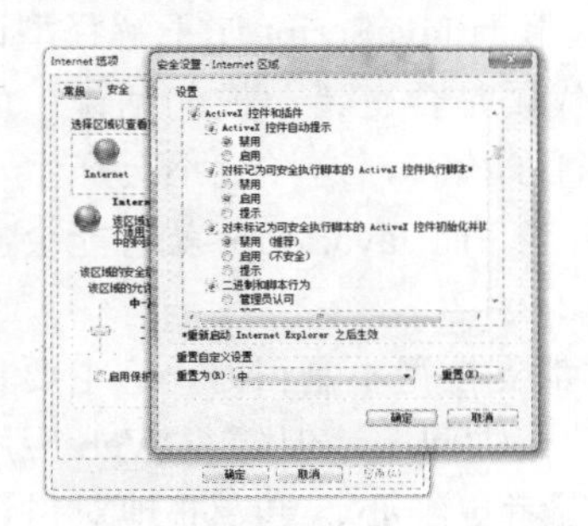

图 2.6 IE 的设置界面

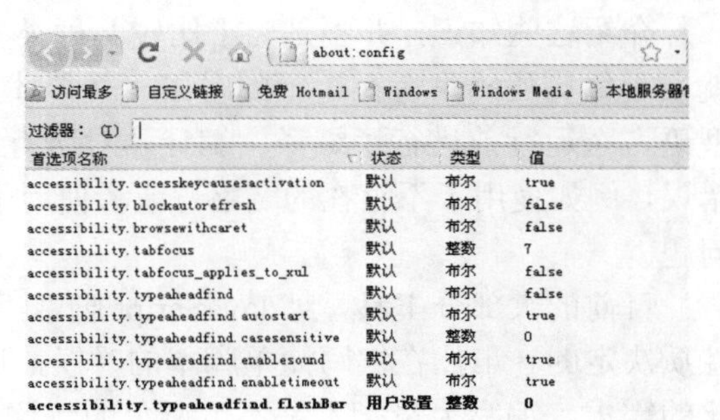

图 2.7 Firefox 的设置界面

2.5 帮助文档

语言的学习就像解决一道数学题，思维很重要，但公式也很多。一个完整的解题方案就是运算语句加公式的集合。

公式本身也是运算语句，但它是一种便捷、通用的运算语句。程序也一样，成百上千的通用程序语句会提高开发的速度和效率，但问题是，没人能够在脑子里全部记住它们。这时候，就像数学书后面都有公式附录那样，也有针对编程语言的“公式附录”，也就是帮助文档。

百度(www.baidu.com)是最好的帮助文档，大部分的问题都可以通过它查询到比较满意的答案。但从专业性来说，要了解更详细的资料，则要访问专门的网站，比如针对 JScript 的帮助文档就可以在MSDN(www.msdn.com)上找到，而针对JavaScript的信息可以在Mozilla开发者中心(developer.mozilla.org/cn)找到。

这些地方不仅可以用来查询帮助，更可以获取最新的技术和信息。

2.6 解释型语言

虽然无法确定计算机可以聪明到什么程度，但可以确定的是，不通过辅助工具的话，它可不认识英文单词。

对程序来说，计算机需要一个“翻译”，即把程序代码变成计算机可以理解的语言：由 0 和 1 组成的包含信息的序列。目前存在两种翻译类型：一个是编译，一个是解释。两种方式都需要对代码进行翻译，只是翻译的时间不同而已。

编译型语言在计算机运行代码前，先把代码翻译成计算机可以理解的文件，比如 EXE 文件。这样说有些不太准确，实际上在生成 EXE 文件之前，还要做一个整合的操作，但这不是本节要关心的。这个 EXE 文件只需要经过一次编译就可以运行了，而且除非修改代码，否则都不需要重新编译。所以编译型语言的程序执行效率高。

解释型语言则不同，解释型语言的程序不需要在运行前编译，在运行程序的时候才翻译，专门的解释器负责在每个语句执行的时候解释程序代码。这样解释型语言每执行一次就要翻译一次，效率比较低。

介绍这些知识，并不是为了比较两种类型的优劣，由于 JavaScript 属于解释型语言，这就表示每句代码只有在运行的时候，系统才知道这句代码是否有错。换句话说，由于编译型语言在运行前进行了编译，编译器对所有代码都进行了检查，这样就不会产生一些低级错误，例如使用了不存在的名字，或者使用了错误的名字。而 JavaScript 就可能会出现这些问题。

目前的大部分工具，对 JavaScript 脚本语言的调试都支持得不是很好，这主要是由语言性质决定的。虽然在编写简单脚本的时候，这并不是什么大问题，但随着 Web 应用不断变化的需求，编写大量脚本是不可避免的，这就需要开发者更细心、更专心地对付这些脚本了。无怪乎很多人说 JavaScript 比 Java 还难。

2.7 学 习 建 议

1. 网络是永远的朋友

JavaScript 是一门跟网络关系非常密切的语言，所以在我们的学习过程中也一定要利用好网络。我们可以通过网络寻找问题的解决方案，然而更重要的是通过网络知道这个问题能帮助自己认识到什么。还可以通过网络结识更多 JavaScript 方面的朋友，进行请教，或者做技术交流，这是一个很有效的方案，它能缩短学习时间，让你在最短的时间内获取大量的信息。

通常我们会有很多问题搞不懂，需要详细的答案，这时可以上百度(www.baidu.com)或者 Google(www.google.cn)搜索。这样大部分的问题就可以找到详细的答案了。这里唯一需要注意的就是搜索的技巧，这个问题可参考各网站的关于搜索技巧的相关文章。但有些问题无法搜索到的时候，我们除了请教同学、同事、老师外，还可以向网络上的朋友请教，也许在你的 QQ 群里就隐藏着许多高手。

2. 态度很重要

为什么要单独说一下这个问题？是因为作者接触过的很多程序员在这方面做得都不是很好。看看下面的问题你有没有遇见过：

- 有问题后不假思索地先问别人是怎么回事。
- 在调试了很长时间以后发现不了问题。
- 觉得自己做的程序肯定不会有问题。

其实，每个人都会有这样或那样的问题，遇见问题的时候不要浮躁，要根据自己所掌握的知识，逐步分析问题，找到问题所在。最不可取的就是不管遇见什么问题都先去问别人，使自己的判断力无法得到提高，时间长了以后，更会让别人觉得你的能力是很有问题的，这在工作中是很不好的做法。当然，并不是说不鼓励提问，而是在发问之前，自己最好做过充分的了解，如果是因为一个标点符号写错而导致的错误，岂不是太粗心了。

对于发现了问题但无法解决的情况，首先在解决问题的时候心里不能急，调试代码是一门学问，只要按照基本规则仔细地查找，总是能找到问题的关键，而能否解决，则是后面的问题了。

任何人都会有出错的时候，不管何时，保持一个良好的心态和对待问题的正确态度，总是我们快速、准确解决问题的基础。

3. 利用开源网站

开源不仅是一种商业模式，更是一种精神，当开发者把自己呕心沥血的作品开放源码让其他人学习的时候，他就是在传播这种互勉共进、开放交流的精神。

Github 是目前全球最大的开源仓库网站，中国会员更是占全球地区的前 5 名，人们可以在这个网站上学习世界上好的经验，并可以与开发者交流，甚至加入他的团队一起维护代码。学习编码技术和思路的最好方式就是研读公认的好代码。

2.8 上机练习

(1) 尝试在不同的编辑器中编写 JavaScript 代码。
(2) 分别使用两种不同的脚本引用方式来执行 JavaScript 代码。
(3) 分别访问 MSDN 和 Mozilla 开发者中心，查找关于脚本的帮助信息。
(4) 访问 github.com，看看排行前 10 位的项目中有多少是与 JavaScript 相关的。

第 3 章

JavaScript 的基本语法

学前提示

在“用户以鼠标点击图片而产生图片大小和颜色改变”的场景中，程序需要进行输入动作识别(鼠标动作捕获)和数据响应(改变大小)等操作。对计算机而言，这些复杂的操作实际上就是把一些数据改变成另一些数据，例如从蓝色变为红色。而语法的学习就是要了解哪些数据需要改变，怎样改变，改变后的效果如何等。

本章详细讲解 JavaScript 的基本语法，并着重描述 JavaScript 与其他编程语言的相似点与不同之处。

知识要点

- 变量的概念与使用
- 语句组成
- 函数用法
- JavaScript 与其他语言的异同

3.1 算　法

算法被称为计算机程序的基础，它是一个起源于数学的概念。算法描述了在有限的步骤内求解某一问题所使用的一组规则。一个算法应该具有以下 5 个重要的特征。

- 输入：必须有零个或多个输入量。
- 输出：应有一个或多个输出量，输出量是算法计算的结果。
- 确定性：算法的描述必须无歧义，以保证算法的执行结果是确定的。
- 有限性：算法必须在有限步骤内实现。
- 有效性：又称可行性。能够实现。算法中描述的操作都可以通过执行有限次已经实现的基本运算来实现。

算法是计算机处理信息的本质，因为计算机程序本质上是一个算法，来告诉计算机如何执行一个指定的任务，如计算 10 的阶乘或打印学生的成绩单。

下面的例子演示了在 JavaScript 中如何描述 10 的阶乘算法：

```
var element = 10;  //定义输入
var out = 1;  //定义输出
for(var i=1; i<=element; i++) {  //1~10 有限的步骤
    out *= i;
}
alert(out);  //显示输出
```

读者也许还无法看懂实现算法的具体代码，但目前重要的是理解算法的概念。

算法是有针对性的。一个算法只能解决它所针对的一类特定问题，就像阶乘算法无法解决成绩单的打印问题，但是其他数字的阶乘却可以使用相同的算法。如今涉及计算机的大部分算法，都已有了现成的模板，开发者无须花费很长的时间来创造算法，而是花有限的时间去了解算法。算法的第一目的是为了阅读和交流，对程序开发者而言，实现具体的算法之前，必然先有一个计划。这就像去旅游之前，需要先制订一个详细的旅游路线一样。计算机中有很多工具可以帮助开发者制订直观的行动路线图，最常用、最简单的就是“流程图”，如图 3.1 所示。

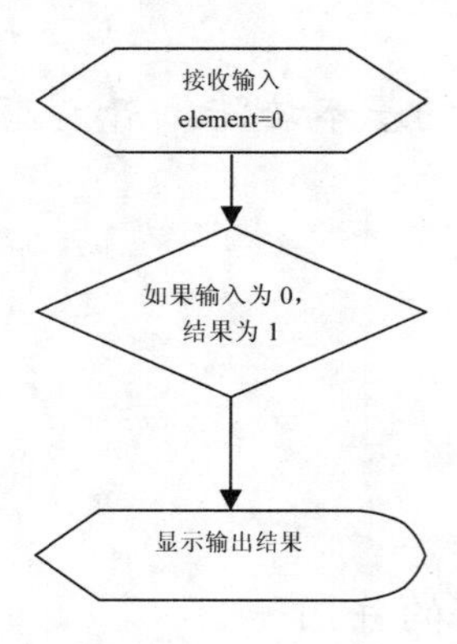

图 3.1　流程图

图 3.1 展示了一个用流程图描述的 0 的阶乘算法。在构思如何实现代码之前，最好是先完成一个此算法的流程图。虽然在复杂的程序设计中，流程图早已不能满足需求，但对初学者和简单程序而言，流程图仍然是适用和强大的工具。

3.2　变　量

无论数据从何而来，无论它们多么复杂，多么庞大，对计算机而言，它们都是存储在计算机内存中的数据。而程序就是处理这些数据的过程。

把内存想象为由很多格子组成的大方块，每个格子里都存放着数据，变量就像这些格子的名称。当在程序中使用变量的时候，实际上是在处理某个格子中的数据。

在程序对格子中的数据进行处理的过程中，可能会改变这些数据，也就是改变了变量的值。

3.2.1　变量的声明和赋值

1. 变量声明语法

变量声明的语法如下：

```
var 变量名;
```

ECMAScript 通过关键字 var 来声明一个变量。在关键字和变量名之间至少要有一个空格。变量名需要遵守一定的规范，至少不应该出现中文。

分号在 ECMAScript 中不是必需的，如果一行只有一条语句，分号可以忽略，但作者的意见是，除非 ECMAScript 规定不能写分号，否则任何时候都不要忘记写分号。

提示

在实际使用脚本代码时，通常都会对代码进行压缩和混淆，不写分号将很有可能导致压缩后的代码无法使用，同样的事情还会发生在大括号上，读者可以在学习语句后了解大括号。

声明语句告诉浏览器，这个变量可以用来存放或者修改数据了。未被赋值的变量也是有值的，本章后面会讲到。

要给变量赋值，需要使用赋值语句。

2. 变量赋值语法

变量赋值的语法如下：

```
变量名 = 值;
```

这里的等号(=)是赋值运算符。

通常，用法更多的是把变量声明和变量赋值这两种操作合二为一，例如：

```
var PI = 3.1415926;
```

上面的代码声明了一个称为 PI 的变量，并初始化它的值为 3.1415926。

在 ECMAScript 中还会发生一些比较奇怪的事情，例如：

```
var num = 10;
var num = 5;
```

上面的代码通常会被解释为声明了两个重名的变量，而这在大多数编程语言中都会引发程序错误，但奇怪的事情就发生在 ECMAScript 中。ECMAScript 把重复的声明和赋值当作对同一变量的重新赋值。

相当于：

```
var num = 10;
num = 5;
```

读者在编码过程中应该避免出现这样的情况。

EMCAScript 是一种弱类型语言，而在其他强类型语言(如 Java、C/C++)中，声明变量时必须指定变量的具体类型。例如：

```
int i;        //声明一个整数类型的变量
float f;      //声明一个小数类型的变量
char c;       //声明一个字符类型的变量
```

而在 ECMAScript 中，不管什么类型的变量，声明时都只使用 var 关键字(var 是“变量”英文名的缩写)，而变量的具体类型是在赋值后才确定的。

3.2.2 变量的命名规范

ECMAScript 中的变量名是区分大小写的。例如：

```
var name = 1.2;
var NAME = "ken";
var Name = true;
```

这就是 3 个不同的变量，并且它们代表不同类型的值。除了区分大小写外，变量名的开头只能使用字母和“$”或“_”，而后可以接字母或数字和“$”或者“_”。例如：

```
var $_$ = 1;
var _$_1 = 2;
```

这些都是合法的命名。而像下面的代码：

```
var &_& = 1;
var 1ab = 1;
var ._. = 1;
```

都是不合法命名，在运行中会出现语法错误，如图 3.2 所示。

SCRIPT1010: 缺少标识符

图 3.2　IE 下的语法错误信息

3.3　数据类型分类

对于拥有其他编程语言经验的读者来说，ECMAScript 中的数据类型是比较奇怪的。ECMAScript 对值的定义是：属于 9 种数据类型之一的实体。也就是说，每个值都必须属于 9 种类型中的某一种。

这 9 种类型分别是：未定义(Undefined)、空(Null)、布尔(Boolean)、字符串(String)、数值(Number)、对象(Object)、引用(Reference)、列表(List)和完成(Completion)。其中后 3 种仅仅作为 JavaScript 运行时中间结果的数据类型，而不能在代码中使用。

3.3.1　数据类型分类

1. 基本类型

基本类型就是由语言本身实现的最基本的元素。这些元素被用来构建其他的元素。就像用 10 个阿拉伯数字符号来组成任何其他数字。

ECMAScript 中规定了如下 5 种基本类型。

(1)　Undefined

Undefined 是未定义类型。这个类型只有一个值，undefined。任何未被赋值过的变量，也就是只声明过的变量，都有一个 undefined 值，如图 3.3 所示。

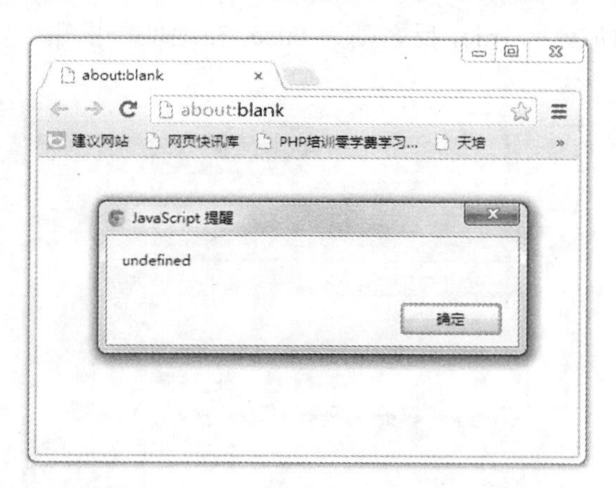

图 3.3　只声明未赋值的变量(在地址栏里输入 javascript:var a; alert(a)执行后)

如果程序引用了未定义的变量，也会显示 undefined。但通常使用未定义的变量会造成程序错误，如图 3.4 所示。

其中 typeof 运算符可用来查看一个变量所属的类型。

除了声明时系统自动把变量赋值为 undefined 外，开发者也可以自己把变量赋值为 undefined。

(2)　Null

Null 是空类型。这个类型只有一个值——null。

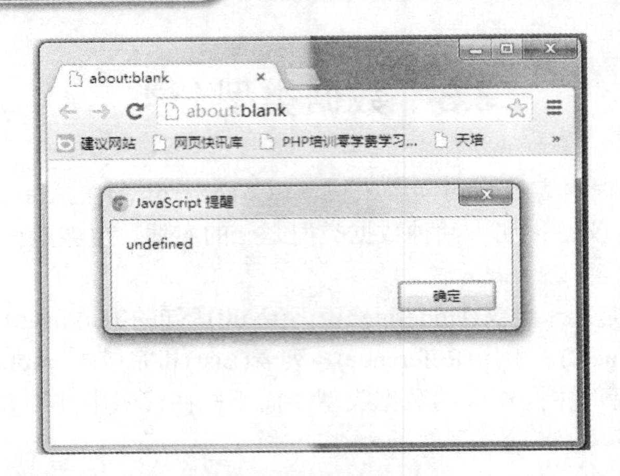

图 3.4　未声明的变量(在地址栏里输入 javascript: alert(typeof a)执行后)

null 是一个占位符，表示一个变量已经有值，但值为空。不同于 undefined，null 值通常产生在程序运行中。

当变量不再被使用时，将变量赋值为 null，以释放存储空间。

(3)　Boolean

Boolean 是布尔类型。也就是真假类型，这个类型有两个标准值，true(真)、false(假)。布尔值用来表示一个逻辑表达式的结果，通常用于做判断处理。例如：

```
1 < 2
```

这个逻辑表达式的值就为 true，反之则为 false，在地址栏里输入“javascript: alert(1<2)”，执行结果如图 3.5 所示。

图 3.5　使用布尔表达式

(4)　String

String 是字符串类型。这是程序中使用最广的一种类型。ECMAScript 将字符串类型定义为由 0 个或者多个 16 位无符号整数组成的有限序列。例如“1b3d5”或者“”。引号用来表示这是一个字符串类型的值。注意是英文引号。

在字符串序列中的每个字符都有一个索引值，用来定位字符的位置。例如，第一个字符的索引值是 0，第二个字符的索引值是 1，以此类推。

字符串的长度用一个正整数来表示，字符串序列中有几个字符，它的长度就是几，如“abc”的长度是 3，在地址栏里输入“javascript: alert(“abc”.length)”，执行后的结果如图 3.6 所示。

图 3.6　非空字符串的长度

如果没有字符，像空字符串“”，它的长度就是 0。

在地址栏里输入“javascript: alert(“”.length)”，执行后的结果如图 3.7 所示。

图 3.7　空字符串长度

对初学者而言，一个容易混淆的概念就是空字符串。应该把空字符串和空值(null)区分开来。例如：

```
//空字符串，表示变量 str 的值是一个字符串，字符串内容为空
var str = "";

//空值，表示变量 str 的值是空
var str = null;
```

ECMAScript 不区分单引号或者双引号，它们的功能相同。但应该防止出现引号不匹配的情况发生，例如：

```
var str = 'abc";
//或者
var str = "abc';
```

防止出现这类情况最好的办法是先写一对引号，再写中间的内容。

如果想在字符串内使用单/双引号作为字符的话，应注意不要与字符串界限符(字符串的开始和结束)发生冲突。例如：

```
var str = "he said "how could this be"";
```

这是一个错误的字符串格式，字符串内容中的双引号和字符串界限符发生了冲突，结果就是语法错误。避免这种情况最好的方法就是使用单/双引号混合，例如：

```
var str = "he said 'how could this be'";
```

这样就不会有问题了，但如果内容中必须要用双引号，或者单/双引号都要作为字符串的值出现的时候，就要使用转义字符了。

提示

计算机中的字符都是通过数值来进行表示的，包括英文字母和各种符号。早期的计算机内部都有一张 ASCII 码表，表中记录了每个字符所对应的数值。当计算机处理到字符信息时，便通过该表查询数值对应的符号，然后表现在显示器上。例如小写的 a 在 ASCII 表中对应的数值是 97，而大写 A 在 ASCII 表中对应的数值为 65。ASCII 编码表只能表示英文字符。ECMAScript 中所使用的 16 位编码是来自 Unicode 编码表的，它能比 ASCII 编码表表示更多的字符。

(5) Number

Number 是数值类型。ECMAScript 中的数值类型为 64 位双精度浮点类型，遵循二进制浮点数算术标准 IEEE754(美国电气和电子工程师协会标准)。IEEE754 标准详细描述了浮点数的组成及范围大小等。

数值类型可以通过整数、小数以及各种不同的进制格式来表示。ECMAScript 中没有针对整数的类别，这跟其他服务端编程语言是不大相同的——通常小数和整数会被分别存储在不同的类别中。

下面来看看 ECMAScript 中所能表示的各种数值类型以及不同的格式：

```
//十进制
var num = 10;

//十进制小数
var num = 1.99;

//八进制
var num = 010;

//十六进制
var num = 0xFD;

//科学记数法
var num = 9.99e+9;
```

不管参与运算的变量值是什么进制的数值，但计算结果仍然会是十进制，例如下面的例子：

```
//不同格式数值的混合运算
var num1 = 010;
var num2 = 0xFD;
alert(num1 * num2);
```

运行结果如图 3.8 所示。

Number 类型有 3 个特殊的常量值，分别是 NaN、+Infinity 和−Infinity。下面分别介绍。

① NaN

NaN 的全称是 Not a Number，非数值常量表示一个值并不是合法的数值形式，它通常用来验证一个变量的值是否是数值。虽然 NaN 本身是系统已经提供的常量，但通常不与它进行直接比较，而且这种比较也无法得到正确的结果，例如：

```
var str = 'abcd';
alert(str == NaN);
```

运行结果如图 3.9 所示。

图 3.8　不同格式数值混合计算的结果

图 3.9　确认变量是否为数值(1)

从图 3.9 中可以看到，显然，通过与 NaN 比较是不行的，要想得到正确结果，应该使用 isNaN 函数进行判断。例如：

```
var str = 'abcd';
alert(isNaN(str));
```

运行结果如图 3.10 所示。

② +Infinity

正无穷常量表示一个数值表达式的计算结果是无穷大，ECMAScript 规定大于或等于 2 的 1024 次方的数为无穷大，例如：

```
alert(Math.pow(2, 1024));
```

运行结果如图 3.11 所示。

图 3.10　确认变量是否为数值(2)

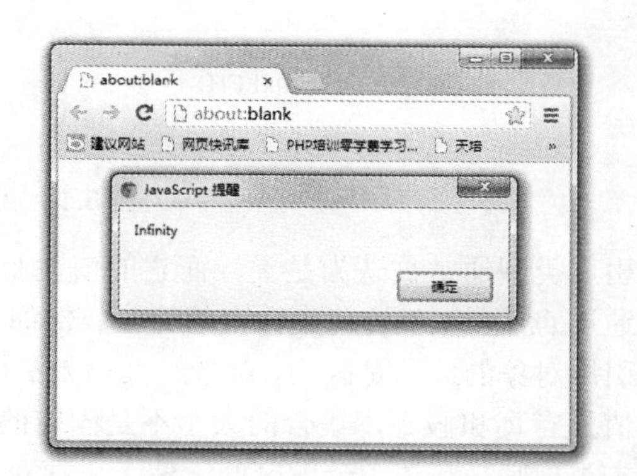

图 3.11　正无穷

③ -Infinity

负无穷常量与正无穷相反，但它们的数量级是相同的，例如：

```
alert(-Math.pow(2, 1024));
```

运行结果如图 3.12 所示。

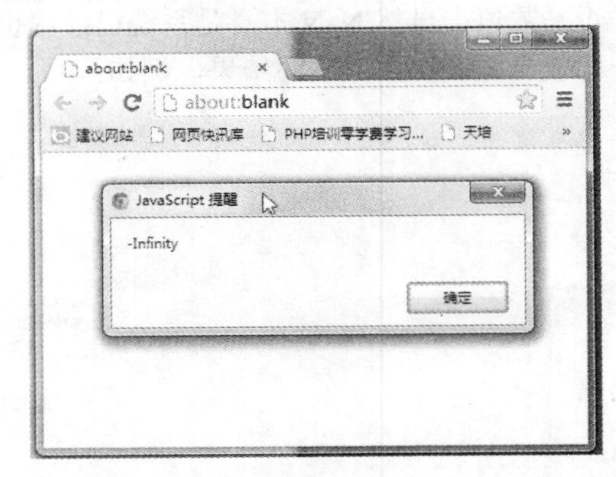

图 3.12　负无穷

2. 引用类型

相对于 ECMAScript 的 5 种基本类型，引用类型最大的不同在于变量值的存储方式。对基本类型来说，变量中存储的是值本身，如图 3.13 所示。

图 3.13　基本类型

而引用类型存储的是值所在内存空间的地址，也就是指针，如图 3.14 所示。

图 3.14　引用类型

引用类型通常被认为是类，而它的值就是对象。对象是一种特殊的值，相当于集合。可以通过.(点运算符)访问集合内部的值。例如 obj.name。

引用对象的地址是因为，对象的大小无法像基本类型那样确定，例如数值最大为 64 位，布尔值只有真和假等，集合的大小不是固定的，计算机在分配存储空间时是在堆上分配。而基本类型则是在栈上分配空间，便于迅速查找变量的值。

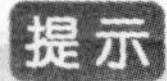

堆和栈是 C/C++编程中经常遇见的概念，也是计算机的基础知识。简单地说，它们都是存放数据的一种结构。不同的是，栈是由底层系统支持的，CPU 直接支持栈结构，这种

结构的特点是访问快速，但是所能存放的数据类型有限制，一般是浮点数、整数、指针这些基本类型。而堆是由上层系统所支持的，它的特点是使用灵活，可存放的数据类型多，可分配存储空间也比栈多，但效率比栈要低。

String 类型在 ECMAScript 中有点特殊，在其他编程语言中，它都是引用类型，因为字符串的长度不是固定的。但在 ECMAScript 规范中，它被定义为基本类型。但这只是对使用而言。

下面的例子演示了基本类型和引用类型在存储方面的差异：

```
//值传递
var a = 1;
var b = a;
a = 2;
alert(b);
```

运行结果如图 3.15 所示。

图 3.15 演示了基本类型的值传递，当把变量 a 的值赋值给变量 b 时，是把变量 a 所存储的值 1 赋给了变量 b，所以后面把变量 a 的值改为 2 的时候，对变量 b 没有影响，变量 b 的值仍然为 1。

而下面的代码就不同了：

```
//引用传递
var a = Object;
var b = a;
a.name = 'ylem';
alert(b.ylem);
```

运行结果如图 3.16 所示。

图 3.15　基本类型——值传递

图 3.16　引用类型——引用传递

图 3.16 演示了引用类型的引用传递，变量 a 的值为对象 Object 的指针，当把变量 a 赋值给变量 b 的时候，b 存储的只是与 a 一样的指针，都指向 Object。当通过变量 a 的引用把 Object 的 name 属性改变后，通过变量 b 的引用也发生了改变，因为它们引用的是同一个对象。

使用引用类型赋值时需要特别小心，因为被赋值的变量和原变量引用了同一个对象，修改任意一个引用时，另一个也会受影响。

3.3.2　类型转换

不同类型值之间的相互转换在实际开发中使用是非常频繁的。最简单的例子就是，从

网页输入框获取数值进行数学运算之前，获取的值必须进行转换，因为所有从网页中获取的文本数据，都是字符串类型的，必须先转换成数值类型。

1. 转换成数值类型

数据有两种方式被转换成其他类型，一种是“隐式转换”，另一种是“显式转换”。

(1) 隐式转换

在数据运算过程中，系统自动把不同的基本数据类型转换成相同类型进行运算。

例如：

```
//字符串转数字
alert('101'-1);
```

运行结果如图 3.17 所示。

系统会自动把参与运算的基本类型按照系统自己的逻辑进行类型转换，有时候可能不是开发者想要的结果，例如字符串转数值时，如果把字符串放在运算符的左边，结果就是一个字符串值，而不是数值了。

null 转数值的例子如下：

```
//null 转数值
alert(1 - null);
```

运行结果如图 3.18 所示。

图 3.17　字符串转数值

图 3.18　null 转数值

布尔值转数值的例子如下：

```
//布尔值转数值
alert(true + false + 1);
```

运行结果如图 3.19 所示。

undefined 转数值的例子如下：

```
//undefined 转数值
alert(1 - undefined);
```

运行结果如图 3.20 所示。

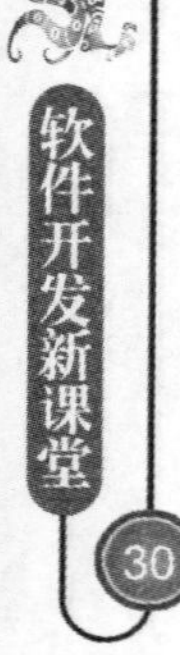

图 3.19　布尔值转数值

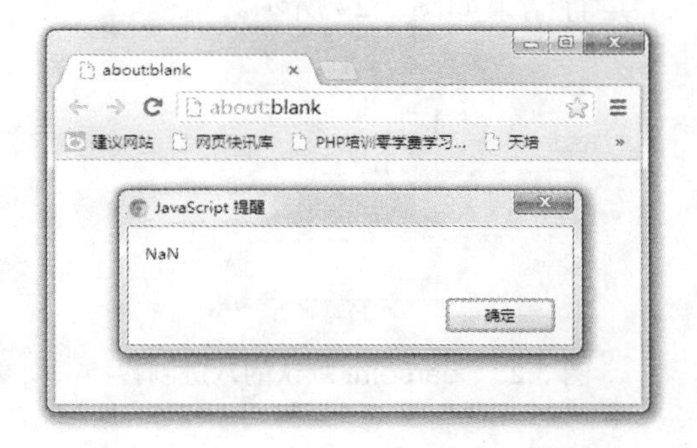

图 3.20　undefined 转数值

(2)　显式转换

系统无法总是猜中开发者的意图，所以有些时候，开发者需要自己对数据进行类型转换。最简单直接的办法是在字符串前面加正/负符号即可。除此之外，ECMAScript 还提供了两种函数用于基本数值类型的转换，分别是 parseInt()和 parseFloat()。

①　parseInt()

parseInt()是转换成整数的函数，只能对字符串类型进行转换，其他类型被转换的结构都将得到 NaN。

parseInt 的转换过程是，从字符串的第一个字符开始依次进行判断，如果发现字符不是数字字符，那么将停止转换，例如 parseInt('123a4')的转换结果就是 123。如果字符串的第一个字符是除了减号(表示负数)外的任何非数字字符，那么将得到 NaN 的结果，例如：

```
alert(parseInt('a123'))
```

运行结果如图 3.21 所示。除了 parseInt 的基本用法外，还可以进行转换进制的指定，例如把 16 位的字符转换为数值，如图 3.22 所示。

图 3.21　parseInt 函数的使用

图 3.22　parseInt 指定转换格式

实际上不仅是十六进制，还可以是八进制，甚至是十一进制，读者可以试着改变这个参数。但需要注意的是，不要以为默认的 parseInt 的结果一定是十进制数，如果字符串第一个字符是 0 的话，会被转换为八进制数，在使用时一定要注意，如图 3.23 所示。

②　parseFloat()

转换成小数的函数，除了转换结果是浮点数外，也无法指定转换格式，其他特性与 parseInt 没有区别，例如：

```
alert(parseFloat('1.12'));
```

运行结果如图 3.24 所示。

图 3.23 parseInt 默认的八进制转换

图 3.24 parseFloat 函数的使用

2. 转换成字符串类型

ECMAScript 没有用于转换字符串类型的函数，原因很简单，大部分的数据都是字符串类型的。转换成字符串类型很简单，只需要使用连接符号“+”连接一个字符串类型的值，就能将其他类型的值拼接成新的字符串，例如：

```
alert('ylem'+null+undefined+123+true)
```

运行结果如图 3.25 所示。

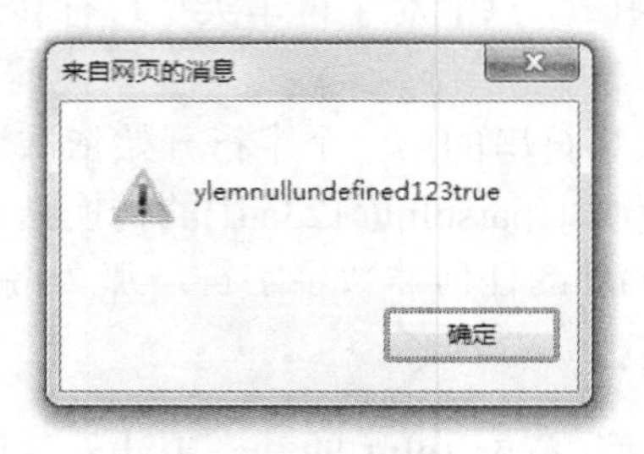

图 3.25 字符串类型的隐式转换

图 3.25 完美地诠释了字符串的威力，所有类型的值都被融合为一个大的字符串。

3. 转换成布尔类型

在 ECMAScript 中，除了 true 和 false 而外，还有很多值可以表示“真”或“假”，如表 3.1 所示。

表 3.1 很多值可以表示“真”或“假”

数据类型	布尔值为假时的值	布尔值为真时的值
Undefined	undefined	无
Null	null	无
String	‘’	非空字符串
Number	0 或者 NaN	非 0
Object(引用类型)	null	非空对象

3.4　关　键　字

每种编程语言都有自己规定的一些关键词汇，这些词汇起着指示和标识的作用，例如看见 var，就知道是要声明一个变量，而不是做别的事。这些词汇不能被用作其他名称，如变量名、函数名等。大部分编程语言的关键字都很相似，ECMAScript 第三版的关键字如下：

```
break       else        new         var
case        finally     return      void
catch       for         switch      while
continue    function    this        with
default     if          throw       delete
in          try         do          instanceof
typeof
```

3.5　标　识　符

所谓标识符，是站在计算机角度的一种称呼，用来在程序中查找指定标识的数据，例如查找一个变量。而对于编码人员来说，标识符实际上就是变量名、函数名。例如在程序中定义了两个变量 a 和 b，当程序运行时，系统依靠标识符 a 来确定变量 a 中存储的数据，而不会找到变量 b 中的数据。ECMAScript 规范使用 Unicode 编码作为程序的字符编码标准，也就是说标识符可以为中文，例如：

```
var 我帅么 = "必须的!";
alert("我帅么?" + 我帅么);
```

图 3.26　使用中文标识符

运行结果如图 3.26 所示。

虽然中文用起来很有亲切感，但除非世界人民都普及了中文内核的操作系统，否则最好不要使用中文作为标识符。

除了不能使用 ECMAScript 的关键字作为标识符外，也不能使用 ECMAScript 保留字作为标识符。

保留字是 ECMAScript 未来版本可能会实现的一些关键字，使用保留字可能会导致与未来的 ECMAScript 版本冲突，而且在有些环境中，使用保留字会被认为是语法错误，例如 IE 中。ECMAScript 第三版的保留字如下：

```
abstract      enum          int           short
boolean       export        interface     static
byte          extends       long          super
char          final         native        synchronized
class         float         package       throws
const         goto          private       transient
debugger      implements    protected     volatile
double        import        public
```

3.6 常　　量

前面我们已经学习了什么是变量，而相对地，在编程中还存在着“不变”的常量。什么是常量？让我们先从一个变量开始分析：

```
var num = 1+2;
```

这是一个变量声明加赋值的语句，对变量 num 来说，它可以存储 1+2 的结果，当然也可以存储 3+4 的结果。但对 1、2、3、4 来说，它们的值是无法改变的，1 永远都是 1，这就是常量。常量与变量一样，都存储在内存空间中，不同的是，变量通过变量名来调用一个值，而常量直接使用本身的字面名称来调用值。

在使用中，经常把常量值赋值给变量，使用变量来调用，因为有些常量的文本长度很长，例如：

```
var PI = 3.14159265358979323846264338327950288;
```

如果程序中经常需要使用圆周率来计算的话，显然，使用变量 PI 比使用那一串常量要好得多。

虽然这样使用起来方便，但变量的特性是可以改变所存储的值，这可是很危险的，如果不小心在使用 PI 之前改变了 PI 的值，将会影响整个程序。

在例如 C/C++/Java 这样的编程语言中，有专门为常量准备的关键字，这些关键字被加在变量的声明中，用来表示声明的变量值无法改变。遗憾的是，在 ECMAScript 标准的第三个版本中并没有出现类似的关键字。也就是说，目前的大部分浏览器(不排除对 ECMAScript 进行了扩展的)都无法从语法上实现限制。目前的办法就是，从开发者的角度不去改变被认为是常量的那个变量。通常这种变量使用全大写字符命名。

提示

虽然 ECMAScript 第三版没有提供给开发者这样的功能，但由语言本身实现的一些变量值却是只读的，这一点需要注意。

3.7 转 义 字 符

转义字符是一种特殊的字符常量。转义字符以反斜线“\”开头，后跟一个或几个字符。转义字符具有特定的含义，不同于字符原有的意义，这有点类似于键盘上的 Shift。

表 3.2 中列举了常用的转义字符。

除了基本的转义字符("\"+单字符)外，还有两种特别的格式。即\x 和\u。

\x 是用 2 位十六进制数字来表示字符，但不同浏览器对字符的支持不同，会出现不同的结果，例如：

```
//不同的浏览器结果不同
alert("\x10")
```

表 3.2　常用的转义字符及其含义

转义字符	Unicode	含　义
\b	\u0008	退格
\t	\u0009	横向跳到下一制表位置
\n	\u000A	回车换行
\v	\u000B	竖向跳到下一制表位置
\f	\u000C	走纸换页
\r	\u000D	回车
\"	\u0022	双引号符
\'	\u0027	单引号符
\\\\	\u005C	反斜线符
\xnn		十六进制代码 nn(n 是 0 到 F 中的一个十六进制数字)表示的字符
\unnnn		十六进制代码 nnnn(n 是 0 到 F 中的一个十六进制数字)表示的 Unicode

在 IE 和 FF 下的运行结果分别如图 3.27、3.28 所示。

图 3.27　IE6 的转义结果　　　　图 3.28　FF3 的转义结果

\u 是用 4 位十六进制数字来表示字符，实际上每个字符(包括转义字符)都对应一个此格式的编码，也就是 Unicode 编码，例如：

```
alert("he said \"how could this be\uff01\"");
```

运行结果如图 3.29 所示。

图 3.29　Unicode 编码的使用

3.8　运　算　符

除了加、减、乘、除外，ECMAScript 还拥有其他丰富的运算符，包括常见的大于、小于等比较运算符，还包括可以查看数据类型的 typeof 运算符，掌握并理解这些运算符，是学好 JavaScript 的基础。

3.8.1 算术运算符

虽然是算术运算符，但这已经超出了算术的范围，不过读者可以不必担心什么，它们都相当的简单，如表 3.3 所示。

基本的四则运算符在这里仍然有效，包括可以使用小括号进行优先级的改变。加号除了可以做四则运算外，还可以作为连接符来拼接字符串。

提示

需要注意的是，在 ECMAScript 的除法中，即使两个操作数都是整数，当无法整除时，结果是一个小数，而不是整数。此外，当除数为 0 时，并不会引发程序错误，而是得到一个 Infinity 的结果。

表 3.3 算术运算符

运 算 符	含 义	操作数类型	结果类型
+	加	整数、小数、字符串	整数、小数、字符串
-	减	整数、小数	整数、小数
*	乘	整数、小数	整数、小数
/	除	整数、小数	整数、小数
%	取模(余数)	整数、小数	整数、小数
++	数值加 1	整数、小数	整数、小数
--	数值减 1	整数、小数	整数、小数
+value	变量取正	整数、小数、字符串	整数、小数
-value	变量取负	整数、小数、字符串	整数、小数

1. 取模运算符%

取模运算符类似于除法运算符，需要两个操作数：除数和被除数。返回余数。取模运算符常被用来判断一个数是否能被整除。

2. 自增/自减运算符++/--

自增/自减运算符只需要一个操作数，必须是变量。对操作数的值加 1 或减 1。分为前缀和后缀两种用法，例如：

```
//前缀用法
var num = 1;
alert(++num)
```

运行结果如图 3.30 所示。又如：

```
//后缀用法
var num = 1;
alert(num--)
```

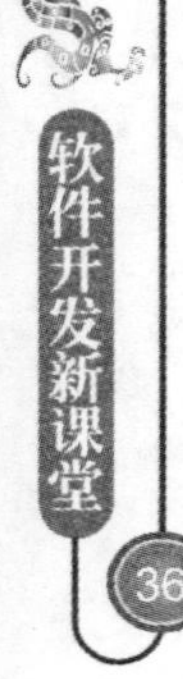

运行结果如图 3.31 所示。

图 3.30　自增/自减运算符的前缀用法

图 3.31　自增/自减运算符的后缀用法

下面演示前缀用法和后缀用法的混合用法：

```
//混合用法
var num = 1;
--num;
alert(num++)
```

运行结果如图 3.32 所示。

上面的代码详细介绍了自增/自减运算符的用法，对前缀运算符来说，可以直接认为是变量值加 1，但后缀运算符有些特殊，注意图 3.31 的结果并不是 0，而图 3.32 的结果也不是 1。这是因为后缀运算符的优先级比较低，当在一句代码中涉及多个操作时，后缀运算符会最后执行。所以先以 alert()输出了 num 的值，之后 num 的值才发生改变。

3. 变量取正/负运算符+value/-value

变量取正/负运算符只需要一个操作数，可以是常量。正/负符号最有用的地方在于可以很容易地将字符串类型的值转换为数值类型，例如：

```
alert(typeof +'1234')
```

运行结果如图 3.33 所示。

图 3.32　混合用法

图 3.33　字符串转换数字

如果字符串中的字符不是有效的数字字符，那么转换结果将得到 NaN。

3.8.2　赋值运算符

不论哪种编程语言，赋值运算符都是使用最频繁的运算符。只要是有变量的地方，基本上就会出现赋值运算符。

除了基本的赋值符号外，ECMAScript 还提供了这种复合赋值符号，在编写代码时，使用复合赋值运算符，可以简化代码，但在使用之前必须了解每种运算符的含义，如表 3.4 中

的分解表达式所示。针对位移运算和按位操作，本书稍后会详细介绍。

表 3.4　赋值运算符列表

运 算 符	含　义	分解表达式
=	赋值	a = b
+=	相加后赋值	a = a+b
-=	相减后赋值	a = a-b
*=	相乘后赋值	a = a*b
/=	相除后赋值	a = a/b
%=	取模后赋值	a = a%b
<<=	向左位移后赋值	a = a<<b
>>=	向右位移后赋值	a = a>>b
>>>=	无符号按位右移后赋值	a = a>>>b

3.8.3　关系运算符

关系运算符是对两个操作数进行关系判断，并产生布尔结果的一种运算符。例如，大于、小于、等于。JavaScript 中的关系运算符如表 3.5 所示。

表 3.5　关系运算符

运 算 符	含　义
<	小于
>	大于
==	等于
===	严格等于
<=	小于等于
>=	大于等于
!=	不等于
!==	严格不等于

ECMAScript 中的关系运算符不仅可以做数值间的比较，还可以做数值与其他类型值的比较，更可以做非数值类型间的比较，但通常这样的比较不具有意义。

读者更感兴趣的应该是严格等于和严格不等于，这种运算符在其他编程语言(C/C++、Java)中是没有的。

严格的意思就是不仅比较值本身，还会对值的类型进行比较，例如：

```
alert((1 === '1') + '\n' + (1 !== '1'))
```

运行结果如图 3.34 所示。

图 3.34 演示了严格比较运算符的使用方法，从另一个方面来说，如果要求不严格，可以使用非严格判断的等号或者不等号进行判断，例如，用户从页面输入了一个数值进行比

较，这时就可以直接用字符串进行比较，而不需要转换。

图 3.34　使用严格等于和严格不等于

3.8.4　逻辑运算符

与关系运算符相同，逻辑运算符的结果也是一个布尔值。三种逻辑运算符如表 3.6 所示。

表 3.6　逻辑运算符

运 算 符	含 义	表 达 式
&&	与	a && b
||	或	a || b
!	非	!a

实际上，关系运算也属于一种逻辑运算，但逻辑运算符可以处理更复杂的关系。简单地说，逻辑运算符可以计算多个关系运算的结果，例如要验证一个变量的值是既小于 5 又大于 1 的，这两种关系必须是同时满足的。但 ECMAScript 中可不存在 1<x<5 这种用法，而逻辑运算符可以完成这种操作。

1. 运算符&&

逻辑与。需要两个操作数，都是布尔类型。逻辑与对两个布尔值进行判断，如果两个布尔值都为真，那么逻辑与表达式的值就为真，如果其中任意一个条件为假或者都为假，那表达式的结果就为假。

2. 运算符||

逻辑或。需要两个操作数，都是布尔类型。逻辑或对两个布尔值进行判断，只要其中任意一个条件为真，那表达式的结果就为真。否则为假。

3. 运算符!

逻辑非。需要两个操作数，是布尔类型。逻辑非很简单，对操作的布尔结果取反。

逻辑运算符经常和关系运算符一起组成逻辑表达式。例如：

```
alert((1>2)||(1<3))
```

运行结果如图 3.35 所示。

图 3.35　逻辑运算

3.8.5　位运算符

位运算在各种编程语言中都被认为是一种高级操作，主要是因为位运算牵扯到更多的计算机内部原理，这可能妨碍了很多人学习编程的兴趣。如果读者不了解“位”的概念，可以先不必阅读此节，事实上在实际的开发中，位运算被使用的几率也很小。

位运算符的运算对象是各种进制的数值类型(包括八进制、十进制、十六进制)，但在处理时却使用值的二进制来处理。常用的位运算符如表 3.7 所示。

表 3.7　位运算符

运 算 符	含　义	表 达 式
&	按位与	a & b
|	按位或	a | b
~	按位非	~a
^	按位异或	a ^ b
<<	按位左移	a << x
>>	按位右移	a >> x
>>>	无符号按位右移	a >>> x

1. 按位与

对于两个数值，与操作会对两个数值的二进制位进行“逻辑与”操作，例如：

```
alert(2&3);  //结果为 2
```

一个二进制的位操作图可以很好地解释这一结果，如图 3.36 所示。

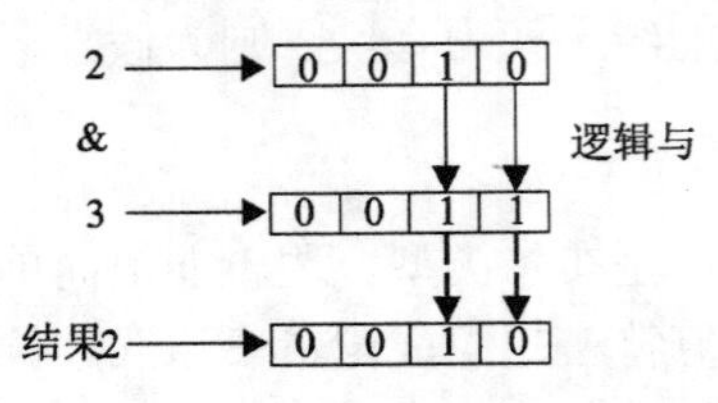

图 3.36　按位与运算模型

从图 3.36 中可以看到，“与”操作实际上就是对二进制数的每一位进行“逻辑与”操作，而因为是按照位来做运算的，所以叫“按位与”。

另一个更简易的办法就是把十进制数当作二进制数直接进行观察，例如：

```
alert(101 & 110); //结果是100
```

2. 按位或

“或”操作和“与”操作的运算方式是相同的，只是“逻辑与”操作换成了“逻辑或”。

3. 按位非

不同于其他位操作，“非”操作只有一个操作数，“非”运算会对操作数的每一位取反，0 变成 1，1 变成 0。

4. 按位异或

“异或”操作也采用两个操作数之间进行位操作的方式，只是运算方式发生了改变。如果两个位的值不同，那么结果位为真，例如：

```
alert(2 ^ 1); //结果是3，因为二进制10 ^ 01 的结果是11
alert(10 ^ 01); //结果是11。但这可不是二进制数
```

5. 按位左移

左移操作符可以按照二进制格式把一个数值的所有位向左移动，例如：

```
alert(1<<1); //结果是2
```

所有位向左移动后，原有的空位就补 0，如图 3.37 所示。

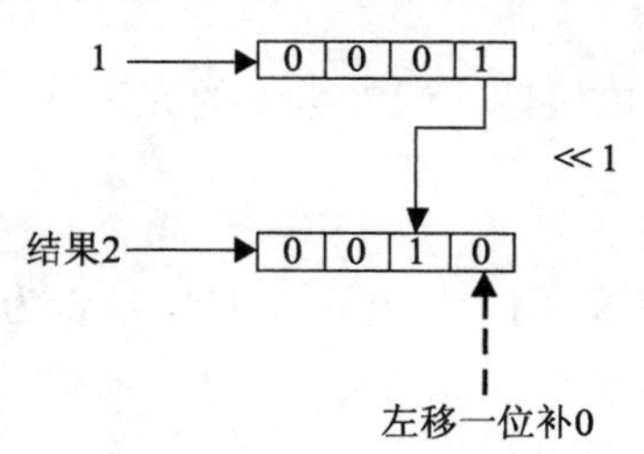

图 3.37　按位左移运算模型

每向左移动一次，相当于把原有数值乘以 2，如果在频繁的乘法运算中使用位移操作，那么计算效率将得到显著提高。

6. 按位右移

与按位左移相似，右移就是把数字位向右进行移动。需要注意的是，当右移作为除以 2 的运算时，余数是不显示的，例如：

```
alert(21 >> 1); //结果是10
```

但如果运算数包含符号，结果就不同了，例如：

```
alert(-21 >> 1); //结果是-11
```

7. 无符号按位右移

无符号右移在计算数字位移动时与有符号右移不同，这涉及符号与位以及补码等概念，这超出了本书所讲的范围，有兴趣的读者可以研究一下下面这句代码：

```
alert(-21 >>> 1); //结果是2147483637，也就是2^31 - (-21 >> 1)
```

3.8.6 其他运算符

除了前面所讲的常用运算符外，ECMAScript 还有一些特有的运算符，如表 3.8 所示。

表 3.8 其他运算符

运 算 符	含 义	表 达 式
[]	获取对象属性或数组元素	a['p']或 a[1]
instanceof	验证对象是否为类的实例	a instanceof b
typeof	查看数据类型	typeof a
new	构造对象	new A
void	取消返回值	JavaScript: void Exp
delete	删除元素	delete a
in	验证属性	'a' in b

1. 运算符[]

方括号运算符[]用于获取对象属性，或者数组的元素。

2. 运算符 instanceof

instanceof 为实例判断运算符，用于判断一个对象是否为一个类的实例。

3. 运算符 typeof

typeof 为类型检查运算符。用于查看值的数据类型，数据值可以是变量或者常量。

4. 运算符 new

new 为对象构造运算符。用于构造一个新的对象实例。

5. 运算符 void

void 为取消返回值运算符。void 运算符可以取消一个表达式的结果。如取消一个函数的返回值。例如：

```
alert(void parseInt('12a3'));
```

运行结果如图 3.38 所示。
图 3.38 中的结果是 undefined，并不是 12。这是因为 void 消除了函数的返回值。

图 3.38　void 运算符的使用

但 void 最有用的地方在于：通常 JavaScript 伪协议用于<a>标签的 href 属性，或者其他标签的 src 属性中，例如<img>标签。当在这些属性中使用伪协议时，所计算的表达式可能会产生某些非 undefined 的值。当 href 或者 src 属性得到这些值的时候，页面就会被替换成这些值，而页面本身就被覆盖掉了。例如：

```
<html>
   <body>
      <a href='JavaScript: void (1+2)'>超链接</a>
   </body>
</html>
```

读者可以尝试把其中的 void 去掉是什么效果，可以更容易地了解 void 的作用。

6. 运算符 delete

delete 为删除值运算符。这可不是 C 语言中的 delete，虽然它们貌似相同，但功能却差得很远。在 C 语言中的 delete 可以删除指针所指向的内存数据，释放内存空间。而 ECMAScript 的内存管理是自动的。

ECMAScript 中的 delete 用来删除对象的属性或者数组中的元素，例如：

```
delete obj.a;
delete obj['a'];  //通过方括号运算符来删除属性
delete array[0];  //删除数组中的第一个元素
```

当以 delete 操作过对象的属性后，再次调用这个属性会得到 undefined。说明对象已经没有这个属性了。注意，这跟属性值为空是不一样的。

虽然 delete 可以删除一个对象中所有的可删除属性(有些属性无法删除)，但对象本身还存在，如果要释放对象本身，可以将引用对象的变量赋值为 null。

7. 运算符 in

in 为属性验证运算符。in 运算符可以验证一个对象是否包含某属性。例如‘a’ in obj 就是验证对象 obj 是否拥有属性 a。

3.8.7　优先级和结合性

看下面的例子：

```
alert(1 + 2 * 3 - 4 / 5)
```

像数学运算样，程序中的运算符也有先乘除后加减的顺序，这种基本的结合性规则保证了计算机和现实世界拥有完全相同的处理思路。

如果想改变运算符本身的结合顺序，那就必须借助于小括号来达到目的，例如：

```
alert(1 + 2 - 3)
```

除了从左到右的基本结合规则外，从右到左也是会经常用到的，例如：

```
var x = 1 - 2 + 3;
```

结合性保证了计算机按照正确的顺序和逻辑来处理运算符和运算数之间的关系，而在多种运算符混合的代码中，不同的运算符还需要遵循运算符优先级的顺序进行处理。例如：

```
alert(1<2 && 3<4)
```

逻辑运算符的优先级默认低于关系运算符，所以两个逻辑运算被优先处理，结果就是true && true。

更多的运算符优先级可参考本书附录。

3.9 控制语句

程序是算法的实现，在实现算法时，经常会出现重复、选择分支等操作。这些操作控制着程序的流程向正确的方向进行。

ECMAScsript 提供了丰富的流程控制语句。

提示

从本章开始，大部分例子的代码都不是在伪协议中执行，而是在 HTML 文件的<script>标签中。

3.9.1 选择条件语句

选择语句用于分支流程的控制，根据分支条件的布尔结果，程序执行不同的操作，ECMAScript 提供了 3 种选择条件语句，这与大部分编程语言是相同的。

1. 基本 if 语句

语法：

```
if (条件为真) {
    语句1
} else {
    语句2
}
```

if 语句是使用最多的选择条件语句。其含义是：如果条件为真，那么执行语句 1，否则执行语句 2。

条件就是一个逻辑表达式。当程序流程不需要处理相对的关系(如果...否则...)时，可以省略 else。例如，每天回到家我们都会做基本上相同的事情：做饭→吃饭→看电视→睡觉。但在进门之前，每个人都会做一个 if 判断：如果房子太黑，会开灯。这个条件只是对开灯不开灯做出判断，所以不需要 else 条件子句。

有些读者可能会认为，if...else...刚好适用：如果房子黑就开灯，否则不开灯。逻辑没错，但请读者仔细思考一下，在 else 的条件里，我们做一个不开灯的动作。问题就是这个动作是什么？事实上是什么也不做。所以 else 子句在这里就没有意义。例如：

```
var light = true;
if(light) {
   alert('开灯');
}
//继续其他流程
```

else 的使用是根据场景的不同而决定的。我们来看一个猜大小的游戏：由电脑随机产生一个 3 以内的整数，使用者来猜。如果猜对了，系统提示正确，否则提示错误。代码如下：

```
var random = parseInt(Math.random()*3); //随机数
var input = 2; //输入
if(input == random) {
   alert('正确');
} else {
   alert('错误');
}
```

2. 多重 if 语句

语法：

```
if (条件为真) {
   语句 1
} else if (条件为真) {
   语句 2
} else if (条件为真) {
   语句 N
} else {
   语句 N+1
}
```

多重 if 语句表示在 else 之后可以再增加 if 条件的判断。用于不止两个分支时的情况。例如显示考试等级的分支，代码如下：

```
var score = 95; //成绩
if(score >= 95) {
   alert('A');
}
else if(score >= 85) {
   alert('B');
}
else if(score >= 60) {
```

```
    alert('C');
}
else {
    alert('D');
}
```

这段代码演示了多重 if 语句的使用，当前一个条件不满足的时候，会顺序判断接下来的条件是否满足，如果都不满足，则执行 else 语句。在整个语句中，一旦有条件满足，后面的 else...if...语句就不会执行。

需要注意的是，任何 else if 语句都可以在不改变原有流程的情况下被多个单独的 if 语句代替，例如：

```
var score = 95; //成绩
if(score >= 95) {
    alert('A');
}
if(score >= 85) {
    alert('B');
}
if(score >= 60) {
    alert('C');
} else {
    alert('D');
}
```

从结果上来说，两段代码没有区别。

但读者仔细分析一下这两段代码，如果多重 if 代码段中的第一个 if 条件就成立的话，下面的所有语句都不会执行。

而在单 if 代码段中，除了最后的 else 外，所有 if 都会被执行一遍，如果每个 if 语句中不是简单的一句提示信息而是大量操作的话，多个单 if 语句的性能显然比多重 if 要低得多，这就是区别。

3. 嵌套 if 语句

语法：

```
if (条件为真) {
    语句 1
    if (条件为真) {
        语句 2
    }
} else {
    语句 3
    if (条件为真) {
        语句 4
    }
}
```

嵌套 if 语句就是在 if 或者 else 语句内，再包含 if 语句，并且被包含的 if 或者 else 语句内也可以再嵌套。

嵌套语句通常用在需要判断具有先后条件的场景中，例如招聘流程。一般的招聘流程为先验证学历，然后面试，如果面试合格就开始试用。例如：

```
var edu = true;
var interview = true;
if(edu) { //外层 if
    if(interview) { //内层 if
        alert('开始试用!');
    } else //内层 else
        alert('淘汰!');
} else //外层 else
    alert('淘汰!');
```

上面的代码在两层 if 语句中都使用了 else 子句，因为一旦进入 if，else 则不会执行，它们是对立的。所以每个 else 只对同层的 if 起作用。

对嵌套 if 语句来说，程序可读性是比较差的，特别是当 if...else...语句很长，长到一屏幕都无法显示的时候，阅读这些代码就不是一件容易的事情。

好的办法是，对嵌套 if 进行反向逻辑分析，例如学历不够直接淘汰。这样，面试条件就不用嵌套在学历条件之中了，例如：

```
var edu = true;
var interview = true;
if(!edu)
    alert('淘汰!');
//新的 if，非嵌套
if(interview)
    alert('开始试用!');
else
    alert('淘汰!');
```

这段代码对先前的代码做了修改，这样程序的可读性就比刚才要好多了。

一个不成文的规约是：if 语句的嵌套深度不要多过 3 层。试想维护一段具有 10 层以上嵌套深度的代码是什么感觉。

4. switch 语句

语法：

```
switch(表达式) {
    case 匹配条件 1: 语句 1; break;
    case 匹配条件 2: 语句 2; break;
    ...
    ...
    case 匹配条件 n: 语句 n; break;
    default: 默认语句;
}
```

switch 语句是跟 if 类似的选择语句。其含义是：如果表达式的值与条件 1 的值相同，那么执行语句 1，否则继续检查下面的匹配条件。如果都不满足，执行默认语句，前提是代码中有 default 语句。

switch 的语法有些类似于多个 if 的顺序执行，但也不完全一样。因为如果没有 break 语句的控制，将会发生可怕的事情。

下面来看一个根据等级显示分数区间的例子：

```
//弹出输入框，并接收输入字符
var grade = prompt('请输入等级(A,B,C,D)', 'D');
//进行判断
switch(grade) {
   case 'A': alert('95 ~ 100'); break;
   case 'B': alert('85 ~ 95'); break;
   case 'C': alert('60 ~ 85'); break;
   default: alert('0 ~ 60');
}
```

读者可以试着把代码中的 break 语句去掉。这时如果输入 A 的话，将会发生可怕的事情：所有的 alert()语句都会被顺序执行一遍。因为没有 break 语句，程序在执行完匹配的语句后，所有后面的语句都会被执行，并且不管是否匹配。这可不是本例想表达的效果。

注意代码中的比较条件，读者可能已经看出来了，switch 只能对条件进行相等判断，而不像 if 语句那样支持复杂的逻辑表达式。

5. JavaScript 中的 switch

JavaScript 中的 switch 语句支持各种类型的 case 条件，包括所有基本类型和引用类型，这在其他编程语言中是不允许的，例如 Java 只支持字符和整数类型，而 JavaScript 就非常灵活了，例如：

```
var condition1 = null;
var condition2 = 1;
var condition3 = Object;
var condition4 = 'string';
switch(condition1) {
   case 'string': alert('string'); break;
   case null: alert(null); break;
   case 1: alert(1); break;
   case Object: alert(Object);
}
```

6. 用哪种更好

虽然switch和if语句都可以支持多分支的流程处理，也同样可以进行分支嵌套(在switch的语句中可以进行嵌套)，但根据 if 和 switch 在逻辑条件上的判断差异，决定了 switch 只能用在某些特定的方面，而 if 则可以用于更多的条件判断。

在开发代码时，只有一条原则：在完成功能的前提下，尽量减少代码量。

7. 条件表达式

语法：

```
变量 = 布尔值 ? 值1 : 值2
```

除了 if 和 switch 两种条件语句外，ECMAScript 还提供了一种? :条件表达式，用来完成简单的 if 操作。即如果布尔值为真，那么将问号后的值 1 赋给变量，否则将冒号后的值 2 赋给变量。值 1 或值 2 可以是表达式产生的结果，例如：

```
alert(1 ? 1+2 : 3+4);
```

运行结果如图 3.39 所示。

图 3.39　使用条件表达式

需要注意的是，条件表达式的分支中并不能执行非赋值的语句，也就是说，在问号或者冒号后面如果是语句的话，这个语句必须产生一个值，否则程序将出现语法错误。

3.9.2　循环语句

除了选择语句外，控制程序流程另一个重要的语句就是循环语句，可以说只要有条件语句的地方，基本上都会出现循环语句。

1. 什么是循环

循环语句的出现是为了帮助程序员完成需要多次重复的工作。还记得前面学过的猜数字大小的游戏吧？是时候做加强版了。新的规则是：由电脑随机产生一个 10 以内的整数，让使用者来猜，有 3 次机会。如果猜对了，系统提示正确，否则提示错误，然后查看是否还有猜的机会，如果有则继续，否则程序结束。程序流程如图 3.40 所示。

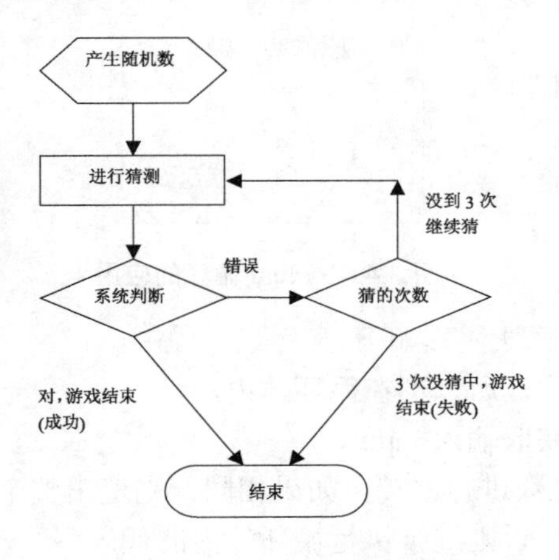

图 3.40　猜数字的流程

在这个规则中，如果系统发现使用者仍然有机会，就会重复前面的动作，直到猜出正确结果或者 3 次都猜错。而循环的一个重要特征就是：必须在某些条件下可以结束。否则将导致可怕的死循环，换句话说，就是会导致死机或者系统崩溃。

2. while 循环

语法：

```
while(执行表达式) {
   语句
}
```

while 循环是比较容易理解的一种循环控制语句。即当“执行表达式”的值为真时，就重复执行“语句”。有了循环，就可以完成图 3.40 中的算法了。代码如下：

```
var loop = 3; //定义循环次数
var random = parseInt(Math.random()*10); //生成随机数
//开始循环
while(loop) {
   loop--;  //循环次数减 1
   var input = prompt('请输入数字(0-9)', '');  //获取输入
   if(random == input) {
      alert('猜中');
      break;  //跳出循环
   }
   if(!loop) {  //判断 loop 是否等于 0
      alert('三次都没猜中，游戏结束');
      break;  //跳出循环
   }
   alert('猜错，请重试');
}
```

运行结果如图 3.41 所示。

图 3.41　while 循环的应用

根据图 3.40 整理出的算法流程如下。

(1)　随机数只生成一次，所以不在循环体内。

(2)　进入循环后，先获取输入 input。

(3)　使用 input 跟随机数进行比较，如果相同，则退出整个循环，使用 break 语句。循环体内的代码将不再执行。否则继续执行循环体内的代码。

(4)　如果未猜中，则判断猜测次数是否已经用完，如果用完结束程序。

(5) 若没有猜中，猜测次数也没用完，则提示错误后，重复循环。转到第 2 步。

需要注意的是，一个循环必须有条件让它停止，例如猜数字中的次数判断，而次数必须在循环中进行改变，往结束的方向改变，就像代码中的 loop 变量。

3. do-while 循环

语法：

```
do {
   语句
} while(表达式)
```

do-while 循环是 while 循环的一种变体。跟 while 语句的唯一区别就是它会先执行一次。不管表达式的值是真是假，语句都将先被执行一次，然后再判断表达式的真假，这点读者可以从语法中看出。

4. for 循环

语法：

```
for(初始化表达式; 执行条件表达式; 更新表达式) {
   语句
}
```

看起来 for 循环的语法有点太复杂了。不用怕，先回想一下 while 循环，再回想一下猜数字的例子。现在对照 while 循环，来看 for 的语法。

for 语句中的三个表达式都可以为空，但分号不能少，也就是说，for 可以这样写：

```
for(;;) {
   //语句
}
```

这就相当于：

```
while(true) {
   //语句
}
```

也就是死循环，下面再来分析可选的三个表达式的含义。

在 while 版本的猜数字游戏中，我们在 while 循环体外定义了变量 loop，用来限制循环次数，而初始化表达式中可以直接定义 loop，初始化表达式就是提供给开发者在 for 循环之前进行初始化的地方，例如：

```
for(var loop=3; ; ) {
   //语句
}
```

而执行条件表达式就跟 while 中的执行表达式相同了，是一个逻辑表达式，每循环一次语句会检测此表达式是否为真，例如：

```
for(var loop=3; loop>0;) {
   //语句
}
```

更新表达式就是用来改变循环条件的地方，例如改变 loop。每循环一次，更新表达式就执行一次，直到循环结束，例如：

```
for(var loop=3; loop>0; loop--) {
    //语句
}
```

下面使用 for 语句来重新编写猜数字游戏，代码如下：

```
var random = parseInt(Math.random()*10); //生成随机数
for(var loop=3; loop>0; loop--) {
    var input = prompt('请输入数字(0-9)', ''); //获取输入
    if(random == input) {
        alert('猜中');
        break;  //跳出循环
    }
    if(loop == 1) { //判断 loop 是否等于 1
        alert('三次都没猜中，游戏结束');
        break;  //跳出循环
    }
    alert('猜错，请重试');
}
```

从上面的代码中可以看到一些跟 while 语句不同的变化，例如 loop 变量的声明位置、loop 的更新位置，以及执行条件的判断。除了这些，for 和 while 语句在循环体内的代码基本上是相同的。

而不同的地方正是 for 语句所提供的便利。但读者需要注意的是两个例子中的 loop 变量的使用范围是不同的。

有些场景使用 for 语句是比较方便的，例如针对算法中讲到的阶乘算法，是时候做一下小修改了：输出 10 以内所有偶数的积，包括 10。

代码如下：

```
var out = 1;
for(var i=1; i<=10; i++) {
    if(i%2) continue;
    out *= i;
}
alert(out);
```

注意代码中使用的 continue 语句。它有些类似于 break，都用于中断流程，不同的是 break 会直接停止循环，哪怕循环条件还可能会执行几百次，而 continue 语句只会中断本次循环。

代码中对计数器 i 进行了判断，如果 i 不能被 2 整除，证明它是奇数，执行 continue 语句，结束本次循环。

换句话说，continue 被执行后，本次循环立即结束，下面的代码都不会被执行。运行结果如图 3.42 所示。

虽然 while 语句也可以做到如图 3.42 所示的效果，但从格式上来说，for 语句显得更紧凑，更像一个整体。

图 3.42　for 循环应用

5. for...in 循环

语法：

```
for(var in object) {
    语句
}
```

for...in 语句跟先前讲的 3 种循环语句都不同，它只能用于对象。for...in 语句可以通过循环，将对象所有的属性显示出来，例如：

```
var loop = 5;
var params = '';
for(var i in window) {
    loop--;
    params += i + ":" + window[i] + '\n';
    if(loop==0)
        break;
}
alert(params);
```

代码显示了 window 对象的前 5 个属性的名称和值，运行效果如图 3.43 所示。

图 3.43　for...in 循环的应用

for...in 与 for 和 while 语句相比，使用频率是很低的，而且 for...in 语句的效率也不高，所以在开发时除非必要，否则最好不使用 for...in 语句。

6. label 循环

语法：

```
label: 语句
...
break label;
```

或者：

```
label: 语句
...
continue label;
```

当开发者想在嵌套了多层的条件语句或循环语句中全身而退时，问题就出现了：break 只能跳出一层循环或条件语句，而不是所有，这时开发者只能写上很多个 break 语句来跳到嵌套语句的最外层。

好在语言的创造者早已想到了这个问题。ECMAScript 为 break 和 continue 增加了新的功能：可以让程序流跳到指定的地方。

例如：

```
var output;
var loop = 0;
outer:
for(var i=0; i<10; i++) {
    for(var j=10; j>0; j--) {
        for(var k=0; k<10; k++) {
            //满足条件时，中断所有循环
            if(i==j && j==k && j<2) {
                output = i*j*k;
                break outer; //跳出外层循环
            }
            loop++;
        }
    }
}
alert(output + ":" + loop);
```

注意存在于最外层的 for 语句前的“outer:”，它就是 label 语句的关键。本例特意加上了循环次数变量 loop，用来观察 label 语句使用前和使用后的差别。运行结果如图 3.44 所示。

使用 label 语句的结果

不使用 label 语句的结果

图 3.44　label 语句的应用

图 3.44 分别显示了使用 label 语句和不使用的结果。可以看到很大的差别，在得到正确结果后，如果不使用 label 语句进行中断，循环次数将达到 1000 次，对比 191 次来说，这

无疑浪费了巨大的资源。

需要注意，在使用 label 语句的时候，break 只能跳到它所在的最大作用域范围外，换句话说，就是只能跳出它所在的最外层的大括号，而不是随便什么地方。如果把“outer:”放在语句声明 loop 之前，例如：

```
outer:
var loop = 0;
```

那就成为了一个不可能完成的任务。因为 break 的是程序的流程，流程只能向下不能向上。

3.9.3　with 语句

语法：

```
with(object) {
    语句
}
```

with 语句并不是用来控制程序流程的语句，它的作用是简化代码的编写。with 语句需要一个对象作为它的参数。当 with 语句体内的代码都需要引用这个对象时，with 的作用就显示出来了，例如：

```
//不使用 with 语句
alert(Math.pow(Math.abs(-2), 2));

//使用 with 语句
with(Math) {
    alert(pow(abs(-2), 2));
}
```

上面两段代码具有相同的效果，可以看到，with 语句体内的引用越多，效果越明显，但读者要明白，这只是代码编写上的一种变通，如果频繁地使用 with 语句，将导致程序整体性能的降低。

3.9.4　异常控制语句

虽然是脚本语言，但作为一种使用频率很高并且能够创建出大型应用的便捷脚本语言，JavaScript 提供了目前主流编程语言都有的异常控制功能。

异常控制可以帮助开发者预防那些可能出现的错误，例如使用未定义的变量或者在循环语句中导致循环变量变成非数值从而引发程序错误等。一旦开发者捕获了这些错误，就可以做出一些处理，例如可以弹出提示框告诉用户什么地方出现了错误。对用户来说，这就是人性化。

1. 异常的产生

程序中的任何错误都会引发异常，在 ECMAScript 版本 3 中错误被分为很多类型，常见的错误包括语法错误、类型错误、对象引用错误等。

(1) 语法错误

语法错误是初学者最容易犯的一种错误。常见的错误方式如表 3.9 所示。

表 3.9 常见的语法错误

错误代码	错误分析	正确代码
int num = 1;	JavaScript 中声明变量不区分类型	var num = 1;
Function x(int a) {}	关键字大小写错误，参数无类型	function x(a) {}
for(i=0; i++) {}	缺少判断条件	for(i=0; i<1; i++) {}

语法错误很常见但也最容易避免，只要在编写代码时仔细检查，或者使用有提示功能的开发工具，就可以最大限度地避免语法错误的发生。

(2) 类型错误

类型错误通常都与对象有关。如果对基本类型的变量使用对象操作符 new：

```
JavaScript: alert(new 1);
```

系统就会抛出一个严重的类型异常，如图 3.45 所示。

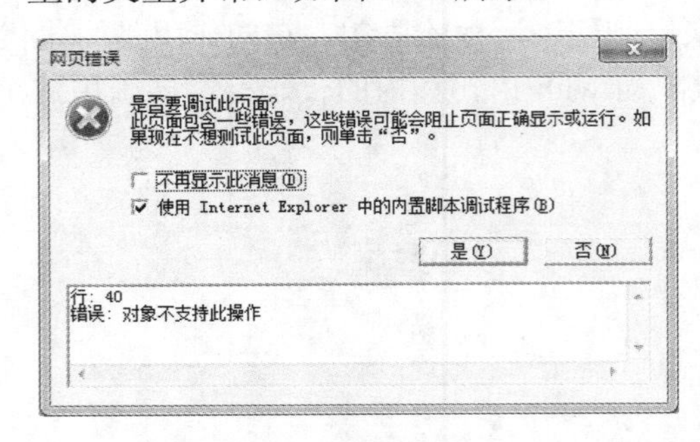

图 3.45 IE 中的异常提示

错误提示的意思是说 1 不是一个构造函数(关于构造函数，见本书第 4 章)。这种错误通常是不会出现的，当然前提是在学习过对象的概念以后。

(3) 对象引用错误

这个错误也是由对象引起的，通常是使用了对象不存在的属性。简单地说，就是程序中使用了一个不存在的东西，例如在函数中使用了一个未声明的变量。

提示

在 JavaScript 中，有些其他语言中的异常是不会出现的，例如除数为 0 的时候将得到一个“Infinity”的值，而不是抛出错误。不同类型的数据之间运算也不会报错，例如数值和字符做运算，将得到一个“NaN”的值。

2. 异常的捕获

语法：

```
try {
    语句
```

```
} catch(e) {
   异常处理
} finally {
   异常处理
}
```

使用 try-catch 语句可以对异常进行捕获，捕获异常可以防止错误对 try-catch 语句外的其他流程造成影响，它就像个家长一样，随时观察着自己的孩子。

未使用异常捕获时，一旦程序发生错误，程序流就会被中断，之后的代码就不会被执行了，例如：

```
var process = "";
process += "进入->";
var j = i; //i 是一个未定义的变量，发生异常，中断程序流
process += "永远不会执行的语句->";

//程序流被中断，未弹出提示框
alert(process);
```

遇见这种情况的最好解决办法就是通过增加代码间的 alert()语句，这样当哪个 alert()语句没有执行时，便可以快速地定位错误代码，例如：

```
var process = "";
process += "进入->";
alert("跟踪点 1");
var j = i;  //i 是一个未定义的变量，发生异常，中断程序流
alert("跟踪点 2");
process += "永远不会执行的语句->";

//程序流被中断，未弹出提示框
alert(process);
```

执行的结果是只有“跟踪点 1”可以出现在提示框中，而之后就发生了异常。

使用 try-catch 语句后，不但可以防止程序流被中断，还能得到错误的具体信息，例如：

```
var process = "";
try {
   process += "进入->";
   var j = i;  //i 是一个未定义的变量，发生异常
   process += "永远不会执行的语句->";
} catch(e) {
   process += "异常处理 1->";
   //未被捕获的异常，可以解除下面的注释来观察效果
   //var j = i;
} finally {
   process += "异常处理 2";
}
//程序流未被中断，弹出提示框
alert(process);
```

运行结果如图 3.46 所示。

图 3.46　运行结果(错误提示)

使用 try-catch 语句对错误代码进行监控后会捕获异常，错误就只会影响 try 后面的大括号内的语句执行，并没有影响 try-catch 语句外的 alert()语句执行，所以浏览器弹出了提示框。

从图 3.46 中可以看到异常出现后 try-catch 语句的执行顺序。

(1)　在错误语句之后的语句是不会被执行的。

(2)　抛出的错误被 try-catch 语句捕获后进入 catch 子句，catch 子句可以获取发生异常的具体信息，例如：

```
//e 是一个错误对象，当异常发生时，系统会自动将一个错误对象当作 catch 子句的
//参数传递过来。异常对象见本书第 4 章
try {
   //...
} catch(e) {
   //显示错误信息
   alert(e.message)
}
```

(3)　无论异常是否发生，最后 finally 子句都会被执行。但它是可以省略的，就像 if 语句中的 else 子句也不是必须要有的那样。

虽然 catch 语句本身是用来捕获异常的，但 catch 子句中包含的代码同样可能发生异常，这些异常需要进行再次捕获，否则将影响外层的异常捕获，例如代码中 catch 子句中注释的语句部分。就需要在 catch 子句中嵌套 try-catch 语句。

3.10　数　　组

无论在哪种编程语言中，数组绝对都是使用频率最高的数据结构。数组通常用来存储列表等信息，它就像一个电子表格其中的一行，包含了若干个单元格，每个单元格都可以存放不同的数据，每个单元格都有一个索引值，用来标识自己，跟 String 类型的索引值一样，也是从 0 开始。

3.10.1　数组的创建及使用

有两种方法可以创建数组，一种是使用对象的创建方法，另一种是使用特殊的符号来创建。本节只介绍后一种方法。使用对象来创建数组将在第 4 章进行介绍。

如果读者有过其他语言的编程经验，会发现 ECMAScript 中创建数组是多么简单。

创建一个一维数组的代码如下：

```
var a = [1, '2', true];
alert(a.length);
```

运行结果如图 3.47 所示。这里演示了如何创建一个基本数组。只要用一对方括号将数据包起来，并且多个数据用逗号隔开，就可以完成一个数组的定义了。从中可以看到，数组有些类似于 String 类型，每个元素都有索引，并且都有 length 属性。不同的是，String 类型的值无法直接访问某个字符，而数组则可以访问某个元素。

例如：

```
var array = [1, '2 '];
alert(array[0] + array[1]);
```

运行结果如图 3.48 所示。

图 3.47　创建数组

图 3.48　使用数组

图 3.48 演示了如何使用数组中的元素。事实上，数组中的元素只能被这样获取，换句话说，数组就得这么用。

3.10.2　JavaScript 的数组

也许读者有过其他语言的编程经验，也许没有，但无论如何，下面的信息都是 ECMAScript 中数组的特殊之处。要掌握数组，必须牢记这些信息。

(1)　ECMAScript 中的数组可以存放任何类型的数据。

(2)　访问数组中的元素必须通过索引，当访问到一个不存在的索引时，例如 a[-1]，并不会报错，而是返回一个 undefined 值。

(3)　如果试图赋值给一个不存在的索引值，也不会引发程序错误，而是自动地扩展数组，例如：

```
//初始数组为只包含一个数字 1
var arr = [1];
//设置数组的第 4 个元素为 1
arr[3] = 1;
alert(arr[2] + '\n' + arr);
```

运行结果如图 3.49 所示。

上面的代码首先创建了一个只有一个元素的数组，它的最大索引值是 0，但接着却给索引值为 3 的元素赋值为 1，这时，系统自动扩展数组长度，并将索引值为 3 的元素赋值为 1，而未被赋值的数组元素的值为 undefined，如图 3.49 所示。在开发时应特别注意。

图 3.49　数组元素的赋值

(4) 在 Java 或者 C++等语言中，数组必须区别变量进行特殊声明，例如：

```
//Java 代码
int[] nums = {1, 2, 3, 4};
```

而 ECMAScript 中的数组不需要特别的声明，它就是一种变量值。

3.10.3　多维数组

ECMAScript 中的数组没有支持多维数组的语法，但不要忘了 ECMAScript 中的数组可以存放任何类型的数据，其中也包括了数组，也就是说，数组的某个元素可以是另一个数组，例如：

```
var arr1 = [1, 2, 3];
var arr2 = [4, 5, 6];
var arr3 = [arr1, arr2];
alert((arr3[0] === arr1) + '\n' + arr3[1][1]);
```

运行结果如图 3.50 所示。

图 3.50　多维数组

数组 arr3 的两个元素也分别是不同的数组，输出结果显示了 arr3 的第一个元素就是数组 arr1。多维数组的访问看起来比较奇怪，连续使用方括号。仔细分析一下就很容易理解了：首先，arr3[1]表示 arr3 数组的第二个元素，这个元素本身是一个数组，那么访问这个数组的元素当然也使用方括号了。

3.11　函　　数

在编写程序的过程中，经常会遇见某段代码需要反复使用，例如要计算某个数的阶乘，难道每次计算阶乘的时候都要写一个循环语句吗？这样无论对开发者还是运行系统来说，

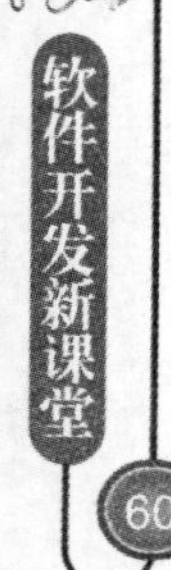

都不是好事情。这时候我们可以把通用的代码只写一次，然后将这些代码放入一个代码块，每次只调用这个代码块就代替了那一串繁琐的语句。这种代码块或者语句的集合就叫函数。

函数包括自定义函数和系统函数，像整数转换函数 parseInt()这样的函数，就是系统函数，它是语言本身提供的，而不是哪个 JavaScript 代码编写者提供的。自定义函数就是自己或者其他人创建好，提供给他人使用的函数。例如现在流行的各种 JavaScript 开发框架，其中就有大量的自定义函数。

3.11.1　函数的创建及使用

语法：

```
function 函数名(形式参数 1, 形式参数 2, …, 形式参数 n) {
    语句
    return 返回值;
}
```

ECMAScript 的函数定义很简单，只需要使用关键字 function 来标识一个函数名，之后就可以在大括号内编写想重复使用的代码了，例如：

```
//创建阶乘函数
function n$(n) {
    if(n == 0) {
        return 1;
    }
    var out = 1;
    for(var i=1; i<=n; i++) {
        out *= i;
    }
    return out;
}
//调用函数
var n0 = n$(0);
var n10 = n$(10);
var n15 = n$(15);

alert('0 的阶乘为: ' + n0 + '\n' + '10 的阶乘为: ' + n10 + '\n'
  + '15 的阶乘为: ' + n15);
```

运行结果如图 3.51 所示。

图 3.51　函数的创建及使用

图 3.51 演示了函数的典型使用方式。计算不同数值的阶乘时，不能每次都编写一个 for 语句来计算，而函数则用最小的代价完成了这件事。调用函数通过“函数名()”就可以了。

读者需要注意的是，函数名的命名规则与变量名完全相同，但是通常函数名是动词，变量名是名词。

3.11.2 函数的参数

对于函数外部的语句来说，函数内部语句是不可见的，它们需要一种沟通机制，参数就是它们沟通的桥梁。通过参数，外部语句可以传递不同的数据给函数处理，就像上面演示的那样。

参数也是一种变量，但这种变量只能被函数体内的语句使用，并在函数被调用时赋值，通常它们被称为形式参数。在上面的例子中，首先在函数创建时声明了形式参数 n，函数内部的语句都可以使用这个 n，但目前这个 n 是没有值的，它的值取决于调用函数时给它传递的值，见上面调用函数部分。

如果函数需要多个参数，可以使用逗号隔开，参数声明和参数赋值是有先后顺序的，所以在调用函数时，一定要准确地给每个参数传递正确的值。例如：

```
//求两个数字的差值
function sub(a, b) {
    return a - b;
}
alert(sub(3, 5));
```

运行结果如图 3.52 所示。

调用函数 sub 时，传递了两个参数 3、5，分别对应着 a、b。一旦对参数进行赋值时搞错了顺序，那么将导致错误的结果。

提示

ECMAScript 中的参数声明不需要关键字 var。但参数的命名与变量命名规则相同。

很多神奇的事情都会在 JavaScript 中发生，下面介绍 ECMAScript 中对函数参数的定义。

(1) 参数名可以重复，但通过此参数名获取的值为实际传递参数值的最后一个，如果实际传递参数值的个数少于重名参数个数，那么通过此参数名获取的值为 undefined。

(2) 即使函数声明了参数，调用时也可以不传递参数值。

(3) 调用函数时可以传递若干个参数值给函数，而不用管函数声明时有几个参数，并且实际传递的参数值还都可以在函数内获得。

这些神奇的特性都依赖于 ECMAScript 对函数的实现。在函数被调用时，一个 arguments 对象就会被创建，见本书第 4 章。每个函数都有一个自己的 arguments 对象，负责管理它所在函数的参数以及其他一些属性，包括获取的所有实际参数值。例如：

```
function arg() {
    var result = '';
    for(var i=0; i<arguments.length; i++) {
        result += arguments[i] + ',';
```

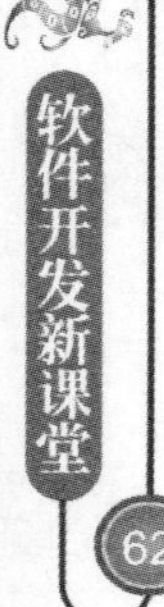

```
    }
    alert('调用者传递了' + arguments.length + '个参数,分别是: ' + result);
}
arg(2, 3, 4, 5, 3, 8, 7);
```

运行结果如图 3.53 所示。

图 3.52　多参数传递

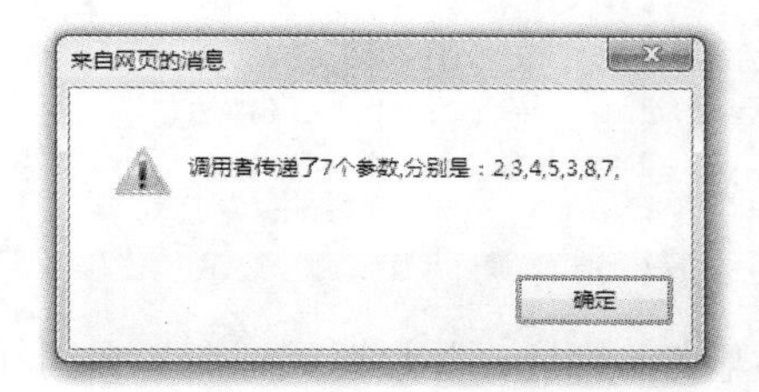

图 3.53　arguments 对象参数

3.11.3　函数返回值

对于函数外部的语句来说，函数内部语句是不可见的，它们需要一种沟通机制，参数就是它们沟通的桥梁。通过参数，外部语句可以传递不同的数据给函数处理，就像上面演示的那样。

参数也是一种变量，但这种变量只能被函数体内的语句使用，并在函数被调用时赋值。

除了参数，返回值也是函数的组成部分之一。参数是外部语句对函数内部语句的信息传递，而返回值刚好相反。在先前的阶乘函数中，函数返回了不同数字阶乘的运行结果，并将结果赋值给变量。返回值可以是任何类型的数据，包括所有基本类型和引用类型。

与参数一样，return 语句并不是必需的，也许函数体内的语句只想显示一句话而已，那就不需要返回值。

但即使不写 return 语句，函数本身也会有返回值 undefined。例如：

```
function nr() {
    //什么也不做
}
alert('函数返回值为: ' + nr());        //结果见图 3.54
```

图 3.54　函数的返回值

3.11.4 内部函数和匿名函数

在 ECMAScript 规范中，函数也是一种数据类型，称为 function 类型，见本书第 4 章。读者可以暂时把函数理解为包含 N 条语句的数组。

既然函数是一种数据类型，那么它也可以被赋值给变量，函数的另一种创建方法如下：

```
//创建一个匿名函数
var func = function() {
    alert('func');
}
func();
```

既然函数是一种数据类型，那么同样可以被当作函数的返回值返回，例如：

```
//返回函数类型的值
var func = function() {
    return function() {
        alert('这是一个内部匿名函数');
    }
}
func()();
```

运行结果如图 3.55 所示。

上面两段代码分别演示了内部函数和匿名函数。在 ECMAScript 规范中，函数内部允许创建其他函数，因为本质上函数只是一种变量而已，可以当作一个变量值来看。当函数不被直接引用时，函数名可以为空，见上面的 return 语句。在这个语句中，函数被创建后，作为返回值返回给外部语句，函数 func 内部没有需要对这个函数进行引用，所以函数名可以为空。

调用函数的这句代码看起来有些怪，func()()。实际上读者回想一下数组元素的访问方式就明白了。func()这句代码有一个返回值，是一个匿名函数。而函数的调用就是通过一对小括号，所以 func()()这句代码的意思就是调用函数 func 返回的匿名函数。

聪明的读者也许想到了什么，看看下面吧，会有惊喜的：

```
(function(){alert('创建后直接运行')})()
```

运行结果如图 3.56 所示。

图 3.55 内部匿名函数

图 3.56 创建函数后直接运行

为什么图 3.56 中的代码可以这样写？相信读者已经知道了。就是用小括号将函数定义

括起来，当作一个函数类型的值，然后要调用这个值时，就再使用一对小括号。

3.11.5　回调函数

回调函数是 JavaScript 中最常见的概念。简单地说，就是开发者无法确定什么时候在哪调用函数，而是委托给其他代码进行控制。这听起来有些奇怪，代码怎么知道什么时间调用函数呢？举个简单的例子：当网页的浏览者点击一下按钮，会发生什么呢？也许会弹出一个窗口，也许会关闭当前的窗口，也许还会显示什么图片之类的内容等。问题是这些动作是由谁控制的？当然是脚本代码。但什么时候用户点击按钮，这在写代码时可并不知道，所以动作被委托给了按钮，当按钮被按下时，动作就会被执行，如图 3.57 所示。

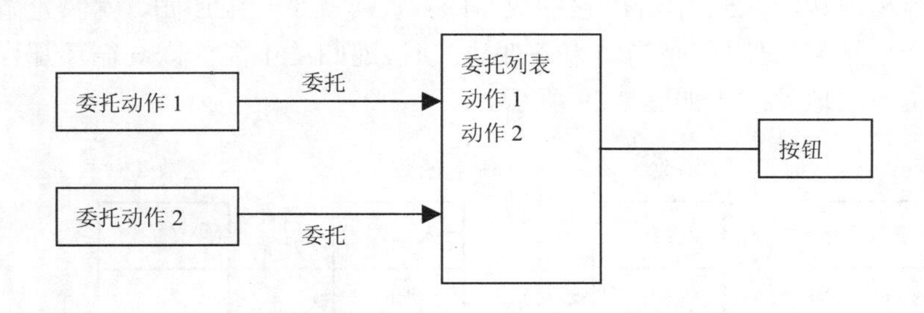

图 3.57　回调模型

JavaScript 中的回调函数通常是跟事件联系在一起的，例如，单击按钮事件、敲键盘事件等。在这些事件发生以后，就会调用回调函数。

例如：

```
<html>
<body>
<script>
    function func() {
        alert('回调函数');
    }
</script>
<input type=button value='点我' onclick='func()'/>
</body>
</html>
```

当按钮被单击时，就会去委托列表中调用已经被委托的回调函数，至于单击按钮触发回调函数的细节，将会在本书的事件章节中详细介绍。

3.11.6　递归算法

递归是编程中的一个重要概念，虽然使用率不高，但往往都出现在很重要的地方，或者说，某些算法必须用递归才好实现。

简单地说，递归就是在函数体内再次调用函数本身的一种方法。递归的执行程序流如图 3.58 所示。

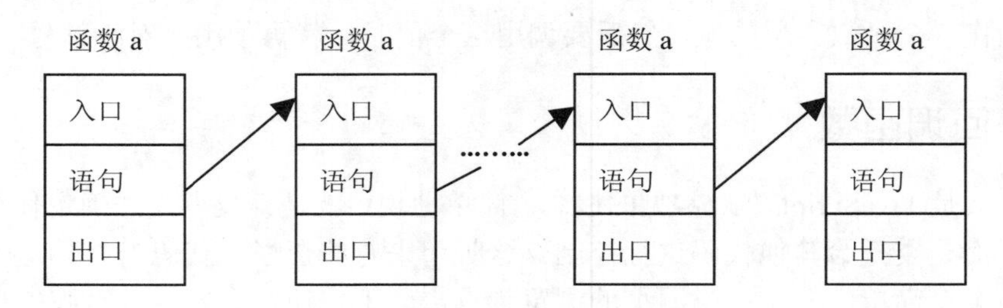

图 3.58　递归调用

从图 3.58 中可以看到，当在函数体内再调用函数的时候，当前函数的执行就被中断了，或者说卡住了，无法继续执行，转而执行新的函数了。

读者可以很容易地从图 3.58 中看出它的致命缺点，那就是无限递归，就像死循环一样。所以递归也要有一个结束条件。但是当结束条件达成时，递归并不能像嵌套循环那样用 break 跳出来，只能一层一层地返回，如图 3.59 所示。

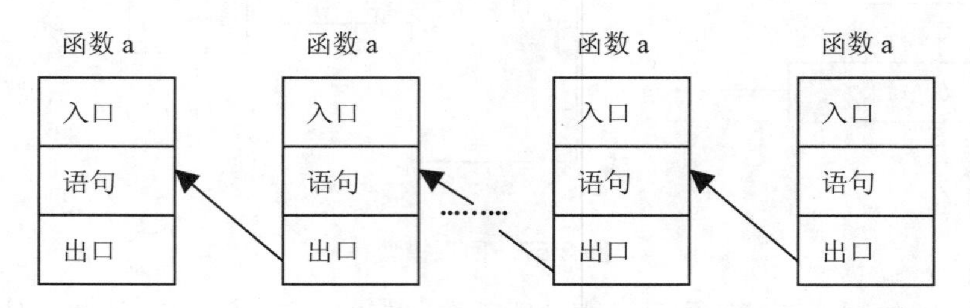

图 3.59　递归返回

直到递归返回时，所有函数中被卡住的语句才会继续执行。例如：

```
function n$(n) {
    //判断 0 的阶乘
    if(n == 0) {
        return 1;
    }
    //返回运算结果
    if(n>1) {
        return n$(n-1)*n;
    }
    else
        return 1;
}
alert(n$(10));
```

上面的代码演示了如何使用递归算法来求解阶乘。如果读者第一次接触“递归”这个概念，那现在理解起来难免会困难一些。

先来看个故事：话说唐僧师徒一行，遇妖斩妖、遇魔杀魔，西去之路已无大敌，一天，唐僧突然想起唐皇留给他的任务：求解 10 的阶乘是多少？唐僧就说“悟空啊，有一难题一直困扰着为师，你快些想个办法，不然罚你去西天做俯卧撑”。然后将题目告诉了悟空。悟空心想：“我只知道 10 的阶乘就是 10 乘以 9 的阶乘，可是我不知道 9 的阶乘是多少啊”。

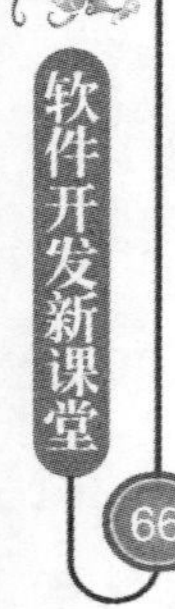

然后对八戒说道："呆子，师傅说了，你快些打探出 9 的阶乘是多少，不然罚你去瑶池打酱油"。八戒也只知道 9 的阶乘是 9 乘以 8 的阶乘，可 8 的阶乘是多少他也不知道，于是就一路打探下去。最后，不知在哪里得知了 1 的阶乘，然后就往返相告，八戒知道了 8 的阶乘结果是 40320，于是告诉孙悟空："猴哥，9 的阶乘就是 40320×9"，而后悟空告诉唐僧 10 的阶乘就是 40320×9×10。终于，唐僧知道了结果。

上面的故事是想告诉读者下面几点：

- 递归是同一算法的重复，但必须有一个不断改变的递归因子，这样递归才能结束。
- 后一个问题的解决依赖于前一个问题的解决。
- 递归的效率很低，看故事就知道了。但有些问题使用递归是最好的办法。

3.11.7　变量的作用域和生命周期

看下面的代码：

```
var num = 10;
function func(num) {
   var num = 9;
   return num;
}
alert(func(5) + num);
```

对没有任何编程语言经验的读者来说，上面代码运行的结果是多少，可能在运行前无法确定。

事实上，在实际的开发中，变量名发生重复的可能性极大，当然，出现上面这样的情况也很少，甚至不应该出现，这里只是为了讲解需要。当代码数量达到一定程度的时候，变量名不重复的可能性很小。

对于代码的运行环境来说，例如浏览器，系统怎么能知道程序想要的是同名变量中的哪一个呢？这就需要一个规则，而这个规则就是变量的作用域，也就是变量的有效范围。要了解上面的运行结果，就必须了解 ECMAScript 对变量作用域制定的规则。

每一句 ECMAScript 代码都运行在一个包围这些语句的"容器"中，例如函数体中的语句就被函数包围着，而直接写在<script>标签中的语句也被一个全局容器包围着，当然这个全局容器在一个页面中只有一个，跟<script>标签的个数无关。ECMAScript 把这样的"容器"称为代码的执行环境。

执行环境之间可能存在着包含与被包含的关系，如图 3.60 所示。

全局环境表示代码所在页面的范围，包含函数环境。函数环境中又可以包含语句环境和函数环境。

当变量在它所处的环境中被声明时，它的作用域也就明确了，规则如下：

- 在全局环境中声明的变量，在任何其他环境中都可以使用，并且变量存在时间也是最长的。
- 在函数环境中声明的变量，只能在函数体中使用，程序流程离开函数体后，变量所占内存空间被释放。可以使用任何在外围环境中声明的变量。

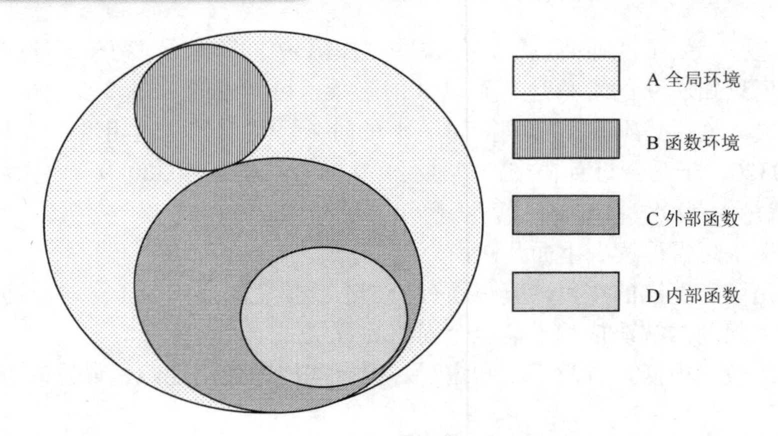

图 3.60　变量的作用域

像 Java 一样，ECMAScript 也通过一对大括号来确定变量的作用域，例如：

```
var g = 1;  //在全局环境中声明的变量
function outer() {
    //在函数环境中声明的变量
    var o = 2;
    function inner() {
        var i = g + o;  //在嵌套函数环境中声明的变量
        alert(i);  //得到结果 3
    }
    inner();
    //在外部函数环境调用嵌套函数环境中声明的变量，将引起程序错误
    alert(i);
}
outer();
//在直接包含函数的环境(inner 直接被 outer 函数环境包含)之外调用函数，将引起程序错误
inner();
```

如果读者认为，只要是声明在一对大括号中的变量，在括号外就无法访问到的话，那么，如果这是 Java 语言，恭喜你猜中，可惜这是 JavaScript，一个充满了惊奇的语言。

在 ECMAScript 中，只有两种执行环境，全局环境和函数环境，每个函数都是一个执行环境，包括嵌套函数。换句话说，其他情况下即使变量声明在一对大括号中，在括号外部仍然可以访问这些变量，例如：

```
for(var i=0; i<5; i++) {
    var num = 20;    //在 for 语句中声明的变量
}
alert(num);  //在 for 语句外部调用变量，仍然可以得到 num 的值
```

对异常语句也同样可以：

```
try {
    var num = 20;    //在 try 语句中声明的变量
    a = b;  //引起一个异常
} catch(e) {
    alert(num);  //在 catch 语句中调用变量，将得到 20
```

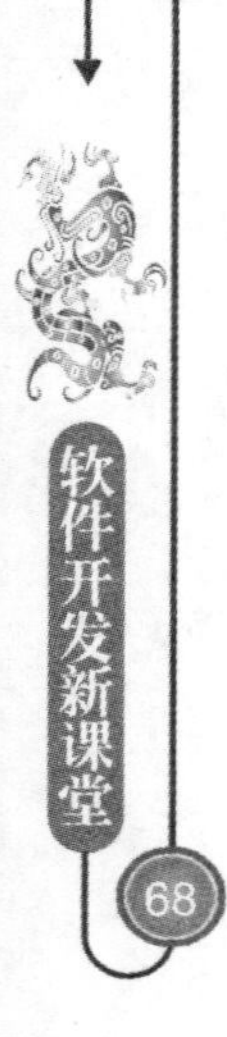

```
} finally {
    alert(num);    //在 finally 语句中调用变量，将得到 20
}
alert(num);    //在 try 语句外部调用变量，将得到 20
```

除了上面所演示的这两种语句外，一对大括号也无法构成一个执行环境，例如：

```
{
    var num = 1;
}
```

而这些都是与 Java 等语言不同的地方。

对于多个重名变量的情况，除了了解变量的作用域，读者还要了解 ECMAScript 是如何在多个执行环境中得到正确的结果。

图 3.60 可以告诉我们答案。在某个执行环境中声明的变量，就好像被放置在这个范围中的某个地方，而不是其他范围。也就是说，在不同的范围存在同名的变量是正常的，而当遇见需要调用变量的语句时，系统就需要一个规则来确定调用哪个变量。大部分的编程语言都采用“就近原则”，下面就给出 ECMAScript 中如何确定变量的值。

(1) 确定调用变量这条语句所在的执行环境 E。

(2) 在 E 中查找指定名称(变量声明时的名称)的变量值。

(3) 如果未查到，并且 E 已经是全局执行环境，返回 undefined，否则扩大查找范围为包含 E 的执行环境，将这个新的执行环境称为 E，并转到第二步。

(4) 如果查到变量值，返回给调用语句。

对函数来说，特殊的地方在于，如果形式参数与函数体内声明的变量重名，那么会优先使用声明的变量，而不是参数，但它们之间没有执行环境的包含关系，这主要是由于 arguments 对象的原因，读者只要记住这个规则就可以了。通过这个规则，本节开头的例子就可以直接得出 19 这个运行结果了。

3.12 注　　释

注释是一种特殊的代码语句，它在程序中的作用就是解释说明，不参与任何程序运算，就像 HTML 代码中的<!-- -->标签不会被显示在页面上一样。

提示

随着技术的进步，注释的作用也发生了些改变，虽然本质上还是提供了一个解释说明的功能，但使用一些工具，可以对特定格式的注释语句进行解析，来生成一种类似说明书的文档，在 Java(Eclipse)和 JavaScript(JSDoc)中都有这种工具。

ECMAScript 支持行注释和块注释两种。一旦代码被注释后，就不再被解释器执行。

1. 行注释(//...)

行注释只能对指定行的代码进行注释，如果要注释多行，则必须写多个注释符，例如：

```
//这是一个行注释
```

```
var i = 0;
i = 1;
alert(i);
```

行注释符“//”后面可以写任何字符，并且被注释的任何字符也不被解释器执行，在代码编写中可以通过这种注释来对代码进行不同情况下的调试。

通常，注释都使用在要注释的代码之上或者之后。

2. 块注释(/* ... */)

行注释很方便也很实用，但前提是很少的行需要注释，如果超过 10 行的代码(不一定是程序代码，可能是说明文字)都需要进行注释，使用行注释显然是很不方便的，块注释就是更好的选择，例如：

```
/*
ECMAScript 规定在全局环境下，也就
是直接写在<script></script>标签
中的代码(不在函数中)是可以不用声
明而直接使用的。例如下面的代码
*/
i = 0;
//显示结果
alert(i);
```

块注释以组合符号“/*”开头并以“*/”结尾，中间为被注释的内容，需要注意的是“/”和“*”之间不能有空格，对行注释也一样。

一个良好的编码习惯就是对代码加上简洁清晰的注释，没有人能保证几年之后自己能在短时间内看明白自己以前写的代码，而注释就可以大大缩短回忆的时间。通常在函数或者整个代码块开始之前都加上一个详细的说明，例如：

```
/*
比较两个数值大小的函数
参数 a: 数值类型的值
参数 b: 数值类型的值
返回值: 两个数值中最大的一个
*/
function max(a, b) {
    return a>b ? a : b;
}
```

对函数注释而言，其重点就是描述函数的用途，以及每个参数的范围和函数的返回值。如果使用 WebStorm IDE 进行编码，它会自动生成注释(内部集成了 JSDoc)，看起来就像下面这样：

```
/**
* 比较两个数值大小的函数
* @param {Number} a 数值类型的值
* @param {Number} b 数值类型的值
* @return 两个数值中最大的一个
*/
```

```
function max(a, b) {
    return a>b ? a : b;
}
```

这种双*号注释方式是 JSDoc 要求的注释风格，这样可以保证为 max 函数生成一份可供人阅读的文档，如图 3.61 所示。

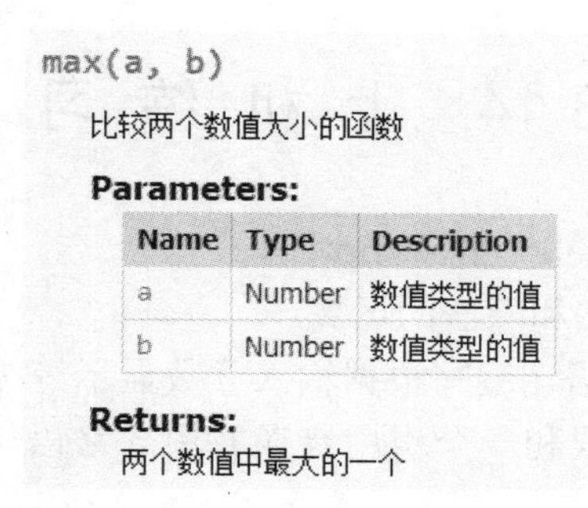

图 3.61　JSDoc 生成的 JavaScript API 文档

提示

在 ECMAScript 的注释中千万不要出现“</script>”，它会被认为是“<script>”的结束符，从而导致整个 JavaScript 代码出现问题。这真是一个令人不爽的“Bug”。

3.13　严 格 模 式

严格模式是 ECMAScript 第 5 版引入的新特性，目的是为了减少由于语言本身导致的安全问题和可能引起的运行时错误。

开启严格模式很简单，只需要在代码块的第一行加上：

```
"use strict";  //必须是第一行
function strictFunc() {
    a = 3;
    return a;
}
alert(strictFunc());  //会得到一个语法错误
```

虽然是新版本的浏览器才支持严格模式，但是使用字符串声明的方式确保了低版本浏览器的兼容性。

为了减少对现有代码的影响，严格模式允许定义在不同的作用域内，这样就不会对其他域内的代码产生破坏：

```
"use strict";  //影响该文件
function strictFunc() {
    "use strict";  //只影响函数内的代码
    a = 3;
    return a;
}
```

现在，是时候使用严格模式了。

提示

使用严格模式会带来很多好处，但是如果你正在维护一份旧代码，那么一定要小心开启严格模式，要确定它所带来的影响。

3.14 上 机 练 习

(1) 使用转义字符输出“Hello JavaScript”。

(2) 使用位运算符进行乘法和除法的运算。

(3) 分别使用 if 和 switch 语句编写根据输入分数显示等级的程序。

(4) 分别制造一个语法错误和一个引用错误并用异常语句进行捕获。引用错误包括使用一个未定义的变量。

(5) 使用循环语句输入一个二维数组中的所有值。数组内容如下：

```
[[1,0,1,0,0],
[0,1,1,1,0],
[1,0,0,1,1],
[0,1,0,0,0],
[1,0,1,1,1]];
```

(6) 创建一个拥有布尔类型返回值的函数，并用返回值参与问题(3)的逻辑判断。例如：

```
if(getGrade(69)=='A') alert('A');
```

(7) 利用递归函数编写求 10+9+...+1 结果的程序。

(8) 测试严格模式和标准模式的区别。

第4章

JavaScript的对象

学前提示

对于大多数使用 JavaScript 做 B/S 开发的人员来说，通常很少涉及处理对象和类。因为 JavaScript 提供了非常丰富的系统函数，大部分工作都可以由这些函数来完成，而即使没有合适的函数，也可以自己定义函数来进行处理。

实际上当你在 JavaScript 中创建了一个函数的时候，已经创建了一个对象，甚至是一个类。本章就将为读者揭开 JavaScript 中“一切皆为对象”的神秘面纱。

知识要点

- 面向对象的核心理论
- JavaScript 中的类与对象
- 对象的操作
- 系统内置对象的使用
- 原型链继承体系

4.1 面向对象

在介绍 JavaScript 对象之前，读者有必要了解“面向对象”的概念。面向对象是存在于软件工程中各个阶段的一种思想、一种方法，包括分析阶段、设计阶段和开发阶段等。

在面向对象的概念出现以前，人们一直使用“面向过程”的方法来分析和设计软件。面向过程的方法在解决问题之前往往都要对所解决的问题有所了解，然后把问题分解为若干个小问题再解决，在问题复杂度高的情况下，做到这点可不容易。这种方法接近于人们的一般思维方式，比较容易把握。

但更多的时候，软件用户的需求连用户自己也不清楚，导致的直接后果就是设计方案可能会经常变动，也许代码都快写完了还需要变动。

面向对象则从面向过程的反方向出发，从问题的局部进行分析，逐渐加深对系统的理解，随着需求的变化和新的理解，对现有系统进行扩展。

关于面向对象和面向过程的理论知识，读者最好进行深入了解；但是现在只要了解面向对象的特性就够了。面向对象的方法有下面几个特性。

1. 抽象性

面向对象的分析首先会“抽象”问题，找出问题的本质属性，就是最不容易发生改变的特性。比如说，要设计一款汽车展示软件，应该会有很多种类的汽车，各种外形和性能。怎样设计出既能满足需求又能减少修改量的软件呢？

不管是什么样子的汽车、什么牌子、多大排量，但汽车总有一些通性，例如有至少 4 个轮子、1 台发动机这些属性，还有换挡、刹车这些行为(也就是方法)。在最初的需求未明确之前，我们能做的就是创建一个“类”，用来描述具有相似性的一类事物。即使需求变了，通性也不会变，这就是抽象。

2. 继承性

继承性也可以理解为扩展性。汽车有 4 轮的，当然还有比 4 轮多的，在描述多轮汽车时，我们就可以派生出一个新的类(子类)来描述这一类汽车，然后新类继承了原有类(父类)的其他特性。当然，派生什么类取决于设计人员对需求的分析，可以按用途分类，也可以按其他方面分类。继承可以大大减少重复编码的工作量，因为不需要修改的地方直接从基类继承而来就可以了。

3. 多态性

多态性是指相同操作方式带来不同的结果。从形式来说，有两种多态，分别为重载和覆盖。这两个词在以后的编程中应该会经常遇到。

覆盖是指子类对父类的行为做了修改，虽然行为相同，但结果不同，例如改进性能的同系列车就比原先的某些方面更优秀。

重载是指某一个对象的相同行为导致了不同的结果。典型的例子就是“+”号，它既可以作为算术运算的加号，还能作为连接字符串的连接符。多态性一方面加强了程序的灵活

性和适应性，另一方面也可以减少编码的工作量。

4.1.1　类

类是用来描述抽象的一种载体，它记录了哪些属性和行为是具有通性的。在大部分面向对象语言中，都有类(class)这个关键字(ECMAScript 第三版规范只作为保留字，并没有实现)，用来创建用户自己的数据类型。例如汽车类，或者其他什么类。例如：

```
class Car {
    String color; //属性
    void shift() { //行为
        //换挡
    }
}
//创建一个 redCar 对象
Car redCar = new Car();
```

不同的对象有不同的颜色，但是它们都有 color 属性，只是值不同而已。同样，换挡的行为也有不同的结果，这些对象总是拥有换挡的行为。

可以看到，一个类并不是一个单纯数据的集合，它还包括了行为，这是面向对象的另一个特点——封装性。

封装防止了程序相互依赖而产生的变动影响，保证了局部的完整性。对封装块外部来说，只需要关心这个模块能干什么事(行为)，而对封装块内部的数据变化(属性)不需要了解，也不应该干预。这才能保证局部运行的顺畅，如果每个局部模块都运行良好，那整体系统自然也就好了。封装就是为了减少各个模块间的依赖。

类是描述一类事物的共同特性的，它是抽象的、没有具体含义的。而对象是类的实例。例如汽车是对这种机动工具的总称，而某人开的汽车就很具体了，它有具体的颜色、大小、品牌等。面向对象语言的重要特性就是可以创建类，但遗憾的是 ECMAScript 中目前没有实现 class，而只有对象。所以 ECMAScript 规范中把自己定义为“基于对象”的脚本语言，因为不能创建类，只能使用对象。实际上，ECMAScript 中也有这种类似于“类”的抽象化描述机制，只是具体的实现不同而已，本书将继续使用“类”这个术语，因为很多人更熟悉它。

4.1.2　对象

对象从概念上讲，就是类的实现，把抽象的变为具体的，就像 redCar 那样。ECMAScript 将对象定义为：无序属性的集合，属性可以是任何类型的值，包括其他对象或者函数，当函数作为对象属性时被叫作“方法”，也就是对象的行为。每个属性都可以没有或者拥有多种不同的特性，如表 4.1 所示。

ECMAScript 规范为对象定义了很多内部属性，虽然这些属性只是针对语言的实现者定义的，它们无法通过代码访问到，只能被运行代码的系统来访问，但了解这些属性可以更清晰地明白代码的含义，如表 4.2 所示。

表 4.1 属性的特性

特 性	特性类型	特性归属	描 述
Value	任何类型	数据	属性的值
Writable	布尔值	数据	属性为只读。无法改变属性值
Enumerable	布尔值	数据/访问器	不能用 for...in 循环枚举属性，即使属性值为对象类型
Configurable	布尔值	数据/访问器	无法使用 delete 删除该属性
Get	函数	访问器	设置一个 getter 访问器
Set	函数	访问器	设置一个 setter 访问器

表 4.2 对象的属性

属 性	属性类型	描 述
Prototype	对象	对象的原型，用来实现继承功能的关键对象
Class	字符串	描述对象类型的字符串值，使用 typeof 操作符返回的结果
Extensible	布尔值	设置是否允许对象扩展属性
Get	函数	返回属性值。获取指定属性名的值
Put	函数	设置指定的属性值。为指定的属性赋值
CanPut	函数	返回指定属性是否可以通过 Put 操作设置值
HasProperty	函数	返回对象是否有指定的属性
Delete	函数	从对象中删除指定属性
DefaultValue	函数	返回对象的默认值，只能是原始值，不能是引用类型
Construct	函数	通过 new 操作符创建一个对象。实现了这个内部属性的对象被称为构造函数(可以理解为类)
Call	函数	执行关联在对象上的代码，通过函数表达式调用(也就是通过函数名调用函数)。实现了这个内部方法的对象被称为函数
HasInstance	函数	返回给定的值是否扩展了当前对象的属性和行为(可以理解为给定的对象是否为本类创建的对象)。在 ECMAScript 本地对象中，只有 Function 对象实现了这个属性

表 4.2 中的内容应该能够帮助读者更深入地了解 ECMAScript。例如：

- 拥有 Construct 属性的对象，可以通过 new 操作符来调用，所以这种对象可以理解为类。例如 new Object()中的 Object 对象。本书此后所说的“类”都是指这种对象。
- 拥有 Call 属性的对象，可以通过函数调用表达式调用，也就是函数。例如 parseInt()。

4.1.3 创建对象

语法：

```
var 对象名 = new 构造函数();
```

ECMAScript 创建对象与绝大多数面向对象的语言是一样的。都使用 new 关键字来实例化一个类，创建该类的一个对象。但在 ECMAScript 中，更确切的说法是，以 new 关键字调用构造函数来创建一个对象。例如：

```
var obj = new String();
obj = new Object; //Object 本身也是对象
```

```
alert('obj 对象的构造函数为: ' + obj.constructor);
alert('Object 对象的原型为: ' + Object.prototype);
```

当构造函数不需要传递参数时，可以省略那一对小括号，但这是不推荐的。

4.1.4　在 ECMAScript 5 中创建对象

在 ECMAScript 第 5 版中，提供了新的定义对象的方法，使用这种方法，我们可以创建出具有只读特性或者不可删除特性的对象属性，甚至可以在对属性赋值前进行检测，当然这里所说的不是调用对象的时候检测，下面来看看这令人振奋的新特性吧：

```
var ken = Object.defineProperties({}, {
    sex: {
        value: 'male',
        writable: false  //只读
    },
    weight: {
        set: function(w) {
            if(w>90) alert('r u kidding me...');
            this.value = w;
        },
        configurable: false
    }
});
ken.sex = 'female'; //在严格模式下浏览器会报错
ken.weight = 100;  //赋值时检测
Delete ken.weight;  //在严格模式下浏览器会报错
```

利用新的 API 可以从语法上控制一个变量的稳定性，防止意外的篡改，而在先前想要实现这样的功能，就只能用不兼容的__defineGetter__和__defineSetter__来实现了。

提示

使用 defineProperties 定义属性的特性时，以表 4.1 为准。

4.1.5　对象属性

从对象定义的角度来看，它可以理解成一个包含很多值的集合。而实际应用中就是使用集合中的某一个属性参与程序的执行。下面就介绍如何使用对象属性进行运算以及如何控制属性自身。

1. 访问属性

无论是函数还是变量，作为对象的属性，它们都可以通过“.”号进行访问，如果对象的属性仍然是一个对象，那么还可以通过重复使用“.”号来进行连续访问，例如：

```
var a = new Object;
//显示对象 a 的 constructor 属性(对象)的 prototype 属性
alert(a.constructor.prototype);
```

点“.”号可以翻译成“……的……属性”，这样有助于理解“.”号的使用。在上面的代码段中，“.”号被用在了不同的级别中。从左到右，每个“.”号都表示一个新的对象级别，级别越多，表示引用的对象越多，如图 4.1 所示。

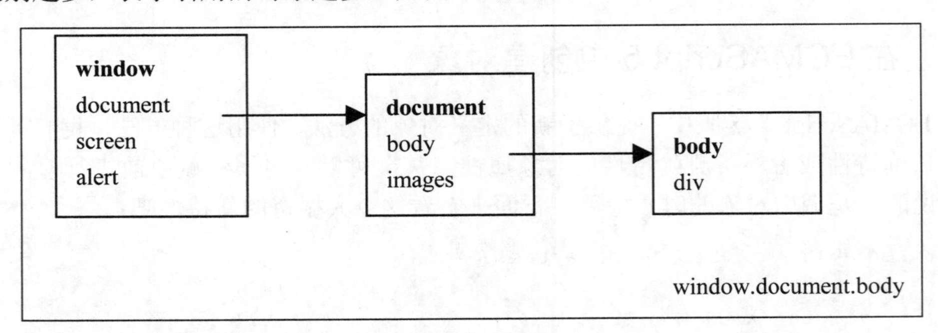

图 4.1　对象引用

应当尽量少地进行多级别连续引用，这样可以防止由引用链中某个对象为空而导致的程序错误，例如：

```
//如果对象 b 或者 c 为 null 的话，将引发一个对象引用错误
a.b.c.d
```

解决的办法就是在不确定的对象前使用 if 语句进行判断。

除了大部分面向对象语言中通用的“.”号属性访问方式外，在 ECMAScript 中还可以使用一种类似数组访问的特殊方式，例如：

```
var a = new Object;
a.x = 1;
alert(a["x"]); //显示为 1
```

使用方括号访问对象属性与访问数组值的唯一区别就是方括号中的值：一个是字符串，另一个是整数。

使用这种方式同样可以进行多级别的对象引用，例如：

```
var a = new Object;
//显示对象 a 的 constructor 属性(对象)的 prototype 属性
alert(a["constructor"]["prototype"]);
```

2. 添加属性

在 ECMAScript 中，对象的属性都与普通的函数或其他变量一样，都可以动态地生成，例如：

```
var a = new Object;
a.x = 1; //生成变量属性
a["func"] = function() { //生成函数属性
    ++this.x; //this 表示对象 a 本身
}
a.func();
alert(a.x); //显示为 2
```

直接对指定的属性名赋值，就可以生成一个对象的属性，这可不需要使用 var 关键字进行声明。

3. 删除属性

删除属性首选 delete 运算符。当然从资源释放的角度来说，只要把需要删除的属性设置成 null 就可以了，这与对象的释放有关，如图 4.2 所示。

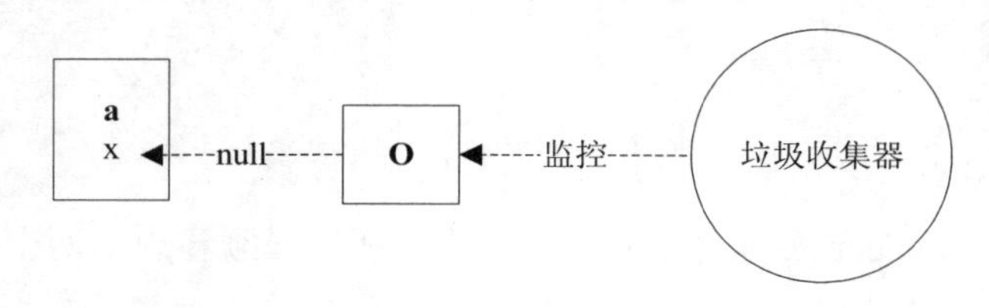

图 4.2　对象释放

例如：

```
var a = new Object;
a.x = new Object;
//释放属性所引用的对象
a.x = null;
```

一旦一个对象不再被引用，那么这个对象所占的空间就会被自动释放掉了。

4.1.6　释放对象

在任何编程语言中，释放不再使用的内存空间都是很重要的一件事情。ECMAScript 像 Java 一样，提供了自动回收内存的机制——垃圾收集器。垃圾收集是语言本身的一种机制，这种机制可以帮助编码人员处理内存的分配。

程序通过 new 来申请内存空间(实例化对象)，而垃圾收集器则在对象不用时释放内存空间。垃圾收集器是由脚本的运行环境(浏览器)启动的。对编码人员来说，它是透明的，不可见的。它会自动运行，并且也只能自动运行在后台，它会监视程序中的对象使用情况，当对象不再使用的时候，垃圾收集器会自动地清除数据，释放内存空间。

读者现在关心的应是什么样的对象是不再使用的？还有，垃圾收集器什么时候运行？

当对象不再被任何变量引用的时候，这个对象就被认为不再被使用了，垃圾收集器就可以回收这个对象所在的内存空间了。

每当函数执行完毕，垃圾收集器都会释放函数中的局部变量，当然这不包括作为函数返回值返回的引用类型(对象)。例如：

```
function func() {
    var str = new String('局部变量');
    alert(str);
    var obj = new Object;
    return obj;
}
var obj2 = func();
```

函数执行后，String 类型的局部变量 str 对象就被释放了，但 obj 对象仍然被函数外部变量引用，无法释放。

垃圾收集器什么时候运行代码是无法控制的，但只要将变量赋值为 null，就可以删除变量的引用，没有被引用的对象才会被收集。例如：

```
//创建变量
var obj = new Object();
var obj2 = obj;
//释放引用
var obj = null;
var obj2 = null;
```

代码中，同一个 Object 实例对象有两个引用，所以必须释放这两个引用，垃圾收集器才认为这个对象不再被使用。

4.1.7 本地对象

在 ECMAScript 中，根据对象的作用范围，对象被分为本地对象和宿主对象。ECMAScript 把本地对象定义为独立于宿主环境的实现对象。包括：

```
Global          Object          Function        Array
String          Boolean         Number          Math
Date            RegExp          Error           EvalError
RangeError      ReferenceError  SyntaxError     TypeError
```

ECMAScript 只是一种语言规范，它规范了变量怎么定义、函数怎么定义、各种语法等，而使用这种语言做什么，规范是不做限制的。如果读者愿意，完全可以按照规范实现一个自己的语言，用来做自己想做的事情。

所以我们看到了很多不同的实现，就像 Flash 实现了 ECMAScript 来辅助动画的制作，这里的 Flash 就是宿主。而对于浏览器中的 ECMAScript 来说，浏览器就是宿主。

ECMAScript 把不依赖宿主而实现的对象称为本地对象，可以理解为在任何宿主中都通用的对象，但就像前面说的，对象的具体实现还是由不同的宿主来做，规范的只是一个标识符而已。

一部分的本地对象在宿主执行 ECMAScript 代码之前就已经创建好了，这部分对象称为内置对象。而另一部分对象则是在代码运行过程中产生的。

4.2 内 置 对 象

本章将介绍在实际开发中经常使用的 ECMAScript 内置对象，为即将开始的实际开发打下基础。

4.2.1 Global 对象

Global 对象是 ECMAScript 对象模型中的最高级，它拥有最大的执行环境，一切声明的

变量和函数都是它的属性，它就像宇宙包含着其他星体一样包含着所有对象。Global 对象具有以下特性：

- Global 对象没有 Construct 属性，所以它无法通过 new 操作符被当作类来调用。
- Global 对象也没有 Call 属性，所以它也无法像函数那样调用。
- 最重要的是，Global 对象只是一个概念，表示全局对象，它是根据宿主的实现而产生的。在浏览器中的 Global 对象就是 window 对象。

Global 对象拥有很多属性，如 NaN、Infinity、undefined 属性，以及 parseInt()、parseFloat()等方法属性。当程序开始运行之前，Global 对象就已经被系统创建了，并且它的属性也都已经被赋值了，所以在程序中可以直接使用 parseInt 等函数。

1. 全局执行环境

ECMAScript 使用不同的执行环境来解决标识符重复的问题。事实上，在 ECMAScript 规范中，只有两种执行环境——全局环境和函数环境。

相对于函数环境来说，全局环境对标识符的管理更容易理解：

- 在全局执行环境中的代码执行之前，系统会为执行环境创建一个用来管理当前执行环境中所有标识符的对象，也就是管理当前执行环境中声明的所有变量和函数。这个对象就是 Global 对象，在浏览器中就是 window 对象。
- 任何在全局执行环境中声明的变量和函数都会作为 Global 对象的属性存在，属性名就是定义时使用的标识符，属性值就是变量值或函数对象。
- 如果出现重复定义的变量或者函数，只要标识符相同，后定义的值就会覆盖原先的值。

例如：

```
function a() {alert('a')}
function a(x, y) {alert('aa')} //标识符是否重复与参数无关
var a = 10;
alert(a);
```

alert 函数的最终结果将显示 10，并且不会引发任何程序错误，因为在 ECMAScript 中，这几句代码只是改变了 Global 对象的 a 属性的值而已。

2. 浏览器中的 Global 对象

现在是验证理论的时候了。也许下面列出的验证点正是读者想要了解的。

(1) 证明在浏览器的全局执行环境中声明的函数和变量都是 window 对象的属性。

(2) 证明 parseFloat 函数是 window 对象的属性，例如：

```
//声明和定义 window 对象的属性。全局属性
var PI = 'PI 的值为:';
var value = '3.1415926';
function getPI() {
    var value = '3.14'; //注意这里的局部变量
    alert((this === window) +"\n"+this.PI+this.parseFloat(this.value))
}
window.getPI();
```

运行结果如图 4.3 所示。

图 4.3　window 对象及其属性

上面证明了 window 对象就是浏览器中符合 ECMAScript 规范中描述的全局对象。对于浏览器中的 ECMAScript 代码来说，全局对象是每个页面都有一个的，当页面通过<frame>或者<iframe>标签进行嵌套的时候，情况就发生了一些改变，在 BOM 中将介绍这些特性。

读者需要注意的是，上面的函数中声明了一个跟全局变量同名的局部变量，但是调用时使用的是 this.value，而不是 value。

3. this 指针

this 关键字表示对某个对象的引用，可以把它理解为一个引用类型的变量，但它的值是由系统确定的，也就是说，this 无法被赋值。

在 Java 或者 C++中，this 很傻很单纯，只能在类中使用，并且仅是引用类实例化后的对象，这与 ECMAScript 中描述的通过构造函数实例化的对象是一样的。

在 ECMAScript 中，this 很强很复杂，任何地方都能使用 this。并且根据 this 出现的位置，它的含义也不同，下面列出了 this 在 ECMAScript 中的不同含义。

(1)　在全局执行环境中使用 this，表示 Global 对象，在浏览器中就是 window 对象。

(2)　当在函数执行环境中使用 this 时，情况就有些复杂了。如果函数没有明显的作为非 window 对象的属性，而只是定义了函数，不管这个函数是不是定义在另一个函数中，这个函数中的 this 仍然表示 window 对象。如果函数显式地作为一个非 window 对象的属性，那么函数中的 this 就代表这个对象。

例如：

```
var o = new Object;
o.func = function() { //对象 o 的 func 属性为一个函数
    alert("作为属性的函数: " + (this === o)); //判断 this 是否为函数所绑定的对象
    (function() { //创建一个内部匿名函数并执行
        alert("普通函数: " + (this === window)); //判断 this 是否为 window 对象
    })();
}
o.func();
```

运行结果如图 4.4 所示。

非 Global 对象属性

普通函数

图 4.4　使用 this 指针

(3) 当通过 new 运算符来调用函数时，函数被当作一个构造函数，this 指向构造函数创建出来的对象。

4.2.2　Object 对象

Object 对象是所有对象的基础，任何其他对象都是从 Object 对象扩展而来，或者说是继承。而这一切的实现都是由“原型”来完成的。

1. 原型对象

原型是对象的一个属性，也就是 Prototype 内部的属性，每个对象(包括宿主对象)都有这个内部属性，它本身也是一个对象。

在 ECMAScript 中，每个对象都不是直接包含具体的属性，而是通过原型进行属性的共享。这句话看起来有些难以理解，既然对象不直接包含属性，那它的属性都从哪来？这实际上是 ECMAScript 语言本身的一种机制，先来分析一个最常见的例子，代码如下：

```
Object.prototype.num = 20;
alert("添加原型属性: " + Object.num);
Object.num = 10;
alert("添加对象属性: " + Object.num);
```

运行结果如图 4.5 所示。

添加原型属性

添加对象属性

图 4.5　添加属性

提示

不像 Java 或者 C++等语言，ECMAScript 中的对象是可以动态地添加属性的。这正是解释型语言灵活性的体现。

在给对象的原型添加属性后，直接通过“对象.属性”方式访问的结果就发生了改变。

这就是先前所说的 ECMAScript 语言本身的一种机制，这种机制规定了当程序需要调用对象的属性时，系统会从对象的原型属性中去查找指定名称的属性，如图 4.6 所示。

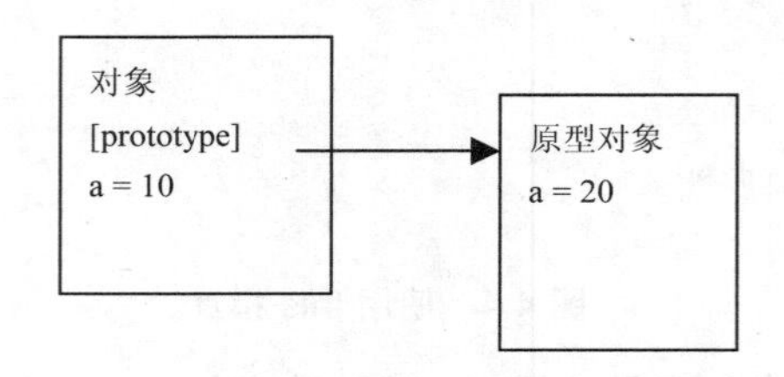

图 4.6　原型引用

实际上，当获取一个对象的属性时，系统首先检测对象是否直接包含这个属性，如果不包含，那就去对象的原型属性中再查找这个属性，如果也没找到，就会返回 undefined。这就是为什么图 4.5 会出现两个不同的值。

从这点上看，原型似乎没有多少存在的必要，因为对象具有直接包含属性的能力，但就像前面对 Prototype 内部属性的介绍一样，它是用来实现继承的关键对象。

2. 原型链

要理解 ECMAScript 如何实现继承，必须先区分一个概念：每个对象都具有 Prototype 内部属性，但并不是每个对象都可以通过“对象.prototype”访问到这个属性，只有拥有 Construct 内部属性的对象(也就是构造函数)，才能直接访问到 Prototype 属性，因为这些对象可以被理解为类，而在面向对象的概念中，只有类才能被继承、扩展，这就是 ECMAScript 的面向对象的解决方案。

事实上，没有 Construct 内部属性的对象也能访问到与它相关的 prototype 对象，但首先要了解 ECMAScript 的原型继承体系，如图 4.7 所示。

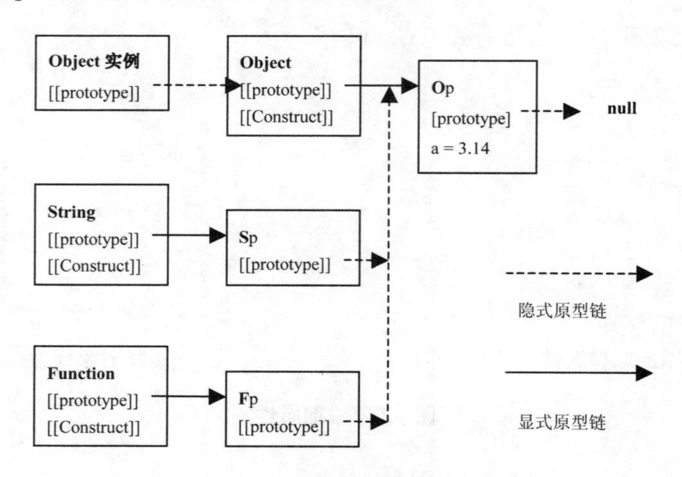

图 4.7　原型链继承体系

图 4.7 描述了部分 ECMAScript 本地对象的继承情况，实际上，所有的本地对象都是这样继承自 Object 对象的。Op/Sp/Fp 分别表示相应构造函数的原型，可以看到，它们最终都

继承自Object的原型。

任何对象都有Prototype属性，当然也包括prototype对象本身。当程序试图获取String对象中属性名为a的属性时，系统会执行如下步骤。

(1) 查找String对象本身是否有名为a的属性，如果有，返回程序。

(2) 查找String对象的prototype属性对象(Sp)中是否有名为a的属性，如果有，返回程序。

(3) 查找Sp对象的prototype属性对象中是否有名为a的属性，如果没有，则继续查找下一个原型对象的prototype属性对象，直到它为null。

每个对象都隐式或者显式地关联有一个原型对象，并且这个原型对象可能也隐式或者显式地关联有另一个原型对象，这称为原型链。原型链使得原型中的属性得以共享，例如：

```
Object.prototype.a = 3.14;
alert("Object对象的实例: " + new Object().a);
alert("String对象: " + String.a);
```

运行结果如图4.8所示。

String对象的属性a

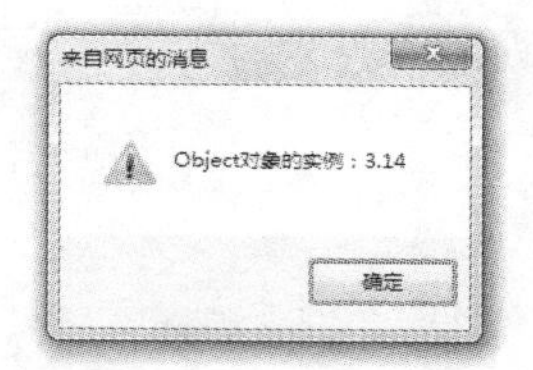

Object实例对象的属性a

图4.8 原型属性共享

当扩展了Object的原型后，所有本地对象都拥有了这个属性，因为所有的本地对象都继承自Object对象。但原型链是有先后顺序的，也就是说扩展了Object的原型，String就可以得到新的扩展，反之则不行。

Object对象是整个ECMAScript原型继承体系中的最高级，它不继承于任何其他对象，因为Op的prototype属性为null，如图4.7所示。而任何其他对象都继承于Op。

3. 原型扩展

有两种方式可以扩展原型，不管哪一种方式都会对原型所在的原型链产生影响。

(1) 属性扩展

对构造函数的原型对象进行属性扩展后，扩展结果对继承此原型的对象都有效。

通常，用在扩展ECMAScript对象的功能，例如ECMAScript中的字符串类型，都没有trim()(去掉字符串中的空格)方法，而通过原型的扩展功能，就可以给ECMAScript中的字符串都扩展此功能，例如：

```
String.prototype.trim = function() {
    //逻辑处理
}
```

然后就可以像这样使用：

```
"a b ".trim()
```

(2) 对象赋值

当用户进行自定义类的扩展时，最直接、最简单的方法就是直接对构造函数的原型进行赋值，例如：

```
String.prototype = Object.prototype
```

这样，String 类就完全继承了 Object 类的所有属性，很遗憾这个例子无法运行，因为所有的内置对象的 prototype 属性都有只读特性。

4.2.3 Function 对象

当开发者使用 function 关键字定义了一个函数的时候，在系统内部的实际上是创建了 Function 类的一个对象实例，也就是说，ECMAScript 中的函数也是对象，例如：

```
var func = new Function("a", "b", "return a-b");
alert(func(3, 4));
```

运行结果如图 4.9 所示。

图 4.9 使用 Function 对象的实例

在 ECMAScript 中，无论是通过 function 关键字定义一个函数或者通过 Function 类创建一个函数，它们都是等价的。但通过 Function 类创建函数具有无可比拟的动态性，它允许在程序运行期间动态地创建函数。

语法：

```
var 函数名 = new Function(形式参数1, 形式参数2, …, 形式参数n, 函数体);
```

通过 Function 构造函数创建一个函数，从形式来说读者更容易理解为创建了一个对象实例，但这刚好解释了对象的 Call 属性：函数是一个包含了“参数列表”以及“函数体”的对象，而它们都是以字符串的格式作为函数对象的属性存在。

除了通过“函数名()”的方式来调用函数外，函数对象还拥有两个方法属性，用来实现动态的函数调用。

(1) apply(this 参数, 函数参数数组)

apply 方法可以动态地改变函数中的 this 引用，例如：

```
var obj = new Object();
var func1 = new Function("a", "b",
  "alert(\"func1: \" + (this === window) + \" , \" + (a-b))");
var func2 = function(a,b) {alert("func2: "+(this === obj)+ " , " +(a-b))}
```

```
func1(3, 4);
func2.apply(obj, [3, 4]);
```

运行结果如图 4.10 所示。

直接调用函数

使用 apply 方法调用函数

图 4.10　使用 apply 方法

apply 方法有两个参数，一个是改变函数中的 this 引用，再一个就是传递给函数本身的参数列表，它们被放在一个数组中。在需要动态改变函数中 this 引用的情况下，就可以使用这个方法，但更多的时候，开发者可能并不喜欢用数组来传递函数参数。

(2)　call(this 参数, 函数参数 1, 函数参数 2, …, 函数参数 n)

call 方法就是 apply 的最佳替代者，它可以不用传递数组，例如：

```
var obj = new Object();
var func1 = new Function("a", "b",
 "alert(\"apply: \" + (this === window) + \" , \" + (a-b))");
var func2 = function(a, b) {alert("call: "+(this === obj)+ " , " +(a-b))}
func1.apply(null, [3, 4]);
func2.call(obj, 3, 4);
```

运行结果如图 4.11 所示。

使用 apply 方法调用函数

使用 call 方法调用函数

图 4.11　使用 call 方法

call 与 apply 的区别就是传递参数的形式不同，对它们来说，当“this 参数”不是一个有效对象时，函数中的 this 引用指向 Global 对象。

1. 函数执行环境

相对于单纯的全局执行环境，函数执行环境多了至少一层被包含的关系，对于嵌套函数来说，被包含的层数可能会很多。这对于函数执行环境中的标识符管理来说会更复杂。

(1)　像全局执行环境那样，在函数执行环境中的代码执行之前，系统会也为执行环境创建一个用来管理当前执行环境中所有标识符的对象。ECMAScript 规范中，称这个对象为

活动对象。不像 Global 对象，活动对象无法通过代码访问到，但它的作用跟 Global 对象是相同的。

(2) 任何在函数执行环境中声明的变量和函数都会作为活动对象的属性存在，属性名就是定义时使用的标识符，属性值就是变量值或函数对象。

(3) 如果出现重复定义的变量或函数，只要标识符相同，后定义的值就覆盖原先的值。

(4) 当在函数执行环境中检索一个标识符 P 时，也就是调用一个名字为 P 的属性，如果活动对象没有名为 P 的属性，那么系统会扩展检索范围为包含当前执行环境的上层环境。如果直到 Global 对象都没有 P 属性，那么将引起程序错误。例如：

```
function func() {
    var parseInt = function(x){alert(x<<1^2|3&4>>>x)}
    parseInt(1);
}
func();
```

使用 parseInt 的结果并不是解析整数，而是弹出一个对话框并显示运算结果。因为 parseInt 是 Global 对象的属性，当在函数执行环境中给活动对象定义了重名的属性时，系统会优先检索当前环境中的属性。所以在 func()函数中使用 parseInt 属性时，它的值已经被改变了。如果要使用解析整数的那个 parseInt，必须使用 window.parseInt()。

2. arguments 对象

当一个函数要被执行的时候，系统会在执行函数体代码前做一些初始化的工作，其中之一就是为函数对象创建一个 arguments 对象属性。

arguments 对象只能使用在函数体中，并用来管理函数的实际参数。

(1) caller/callee 属性

caller 属性并不是 arguments 对象的，而是函数对象本身的属性，它显示了函数的调用者，如果函数在全局执行环境被调用，那么它的值为 null，如果在另一个函数中被调用，它的值就是那个函数，例如：

```
var a = new Function("alert('a:' + a.caller)");
function b() {
    a(); alert('b:' + b.caller)
} b();
```

运行结果如图 4.12 所示。

函数环境

全局环境

图 4.12 函数环境

如果在函数体外部使用 caller 属性，将始终得到 null。

callee 是 arguments 对象属性，表示正在执行的函数，也就是函数本身，例如：

```
(function () {
    alert(arguments.callee)
})()
```

运行结果如图 4.13 所示。

图 4.13　匿名函数环境

在匿名函数中，无法获取函数对象的引用，所以 arguments 对象提供了 callee 属性，通常它与直接引用函数对象是等价的，起码在功能上是这样，但它们并不是同一个对象，所以最好使用 callee 属性，而避免直接引用函数对象。

(2)　length 属性

length 是 arguments 对象属性，表示函数被调用时实际传递的参数个数。可以使用一个小于 length 的整数，采用数组元素的访问方式来访问 arguments 对象，例如：

```
function argc() {
    alert(arguments[0] + arguments[1]);
}
argc(1, 2);
```

读者需要注意的是，虽然 arguments 对象使用起来很像数组，但它并不是 Array 类型的一个实例。

3. 构造函数

构造函数在 ECMAScript 中的定义见对象的 Construct 属性描述。每个对象都有一个指向创建自己的构造函数的属性：constructor。通过“对象. constructor”就可以访问到这个构造函数。

构造函数是创建一切对象的工具，当使用 new 操作符来调用构造函数 F 创建对象的时候，构造函数 F 会执行一系列步骤来完成这个对象的创建。

(1)　创建一个本地对象 O(为对象分配内存空间等系统操作)。

(2)　设置 O 的 Class 属性为“Object”或者其他本地类型，例如“Number”、“String”等。这是根据构造函数的类型来确定的。

(3)　设置 O 的 Prototype 属性为 Object.prototype 或者其他本地对象的原型，例如 Number. prototype、String.prototype 等。这是根据构造函数的类型来定的。

(4)　调用 F 的 Call 属性，将 O 作为 this 的值。

(5) 如果 Call 的返回值的类型是对象(指函数体内的 return 语句)，返回这个对象。

(6) 返回 O。

下面来看看如何创建和使用构造函数，代码如下：

```
function Constructor() {
   this.a = 1;
   return new Array();
}
var obj = new Constructor();
alert("obj 对象是否为 Array 类的实例: " + (obj instanceof Array)
  + "\n\n 属性 a: " + obj.a);
```

运行结果如图 4.14 所示。又如：

```
function Constructor() {
   this.a = 1;
}
var obj = new Constructor();
alert("obj 对象是否为 Array 类的实例: " + (obj instanceof Array)
  + "\n\n 属性 a: " + obj.a);
```

运行结果如图 4.15 所示。

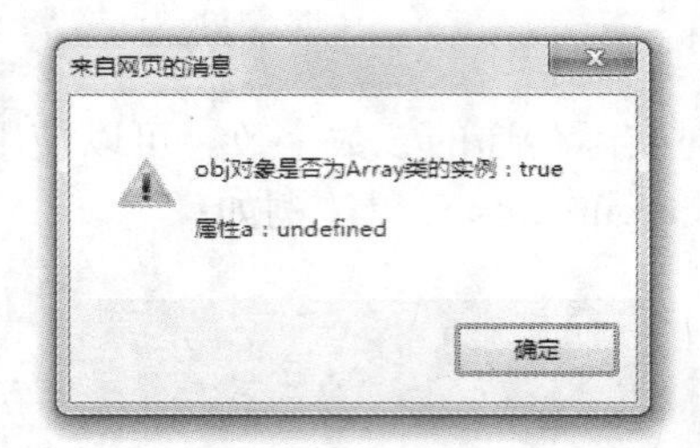

图 4.14　构造函数的执行(1)

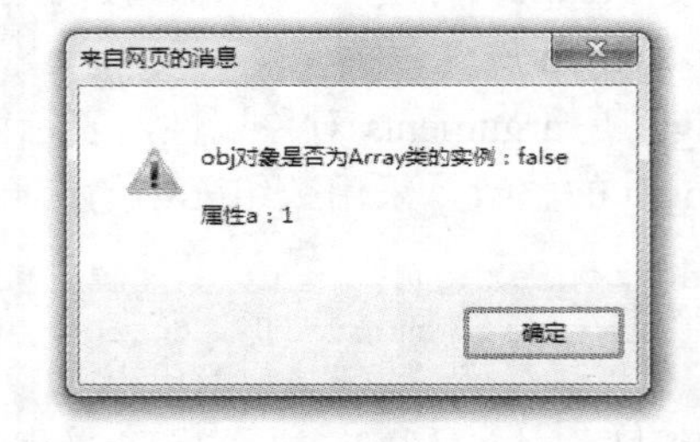

图 4.15　构造函数的执行(2)

图 4.14 对应的代码主要是为了讲解构造函数执行流程中的第 4、5 两步，“调用 F 的 Call 属性”可以理解为调用函数 Constructor。

如果函数的返回值是对象，那么构造函数的结果将得到这个对象(第 5 步)，并且函数中的 this 跟这个对象没有任何关系(第 4 步)。

如果函数没有返回值或者返回值不是对象(例如返回一个整数)，那么构造函数的结果将是构造函数执行流程中创建的新的本地对象，并且函数中的 this 指向这个对象，如图 4.15 所示。

构造函数是站在系统角度的一种称呼，它实际上就是一个包含了函数体本身(用户定义的函数或者内置对象的 Call 属性)以及一些额外语句的被系统调用的函数，当使用 new 操作符来调用一个函数的时候，系统就调用了跟这个函数相关的构造函数，如图 4.16 所示。

对编码人员来说，重要的不是知道系统如何开辟内存空间的复杂过程，只要知道构造函数能创建一个继承了 Object 原型属性的对象就可以了。

在 ECMAScript 中有两类构造函数，一类是系统已经定义好的，例如 Object、Function 等，另一类就是可以由用户自己定义的函数对象。

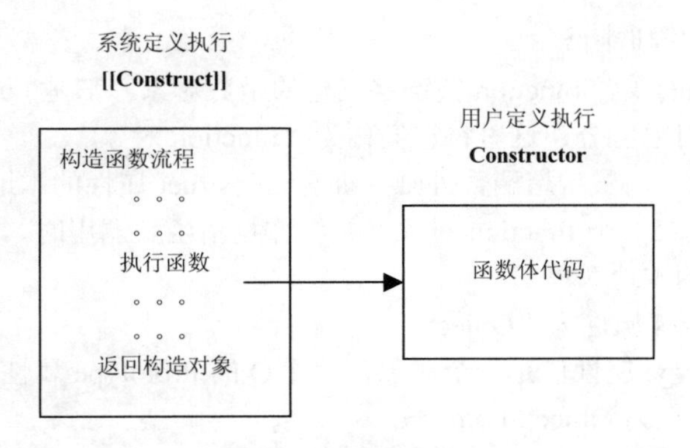

图 4.16　构造函数的执行

(1)　内置构造函数

内置构造函数指拥有 Construct 内部属性的内置对象，它们的 Prototype 属性可以直接访问到(通过“对象.prototype”，例如 Object.prototype)。但这个属性是只读的，也就是不能被赋值。

这些构造函数的执行过程如下，以 Function 对象为例。

①　创建一个新的本地对象 F。

②　设置 F 的 Class 属性为 Function。

③　设置 F 的 Prototype 属性为 Function.prototype。

④　设置 F 的 Construct 属性为“Function 实例构造函数”。

⑤　设置 F 的 constructor 属性为 Function 对象。

⑥　设置 F 的 prototype 属性为一个 Object 对象实例，并且这个对象的 constructor 属性值为 F。

⑦　返回 F。

例如：

```
function Constructor() {
   //...
}
alert(Constructor.prototype.constructor === Constructor); //结果为 true
alert(Constructor.prototype instanceof Object);
//原型对象是 Object 构造函数的实例
```

上面的代码演示了一个构造函数的原型属性的构造器是它自身，但这并不是说原型对象是由构造函数自身创建的，实际上是由 Object 构造函数创建的。因为 ECMAScript 默认构造函数创建出来的新对象都可以拥有最基础的 Object.prototype 的属性扩展，而原型的构造器是构造函数自身，对编码者来说意义不大，它仅是语法规范的一种实现。

第 4、6 步只有 Function 构造函数才会执行，因为 ECMAScript 规定 Function 对象的实例也是构造函数。

对于其他对象，它们没有 Construct 属性，也就不能使用 new 操作符来调用，例如使用构造函数 Object 创建的对象 var obj = new Object(); 就不能再使用 new 操作符来调用了，如果程序中出现 new obj()这样的表达式，将会得到“obj 不是构造函数”的错误提示。

(2) Function 实例构造函数

通过 new Function()或者 function 关键字创建的函数对象，都是 Function 构造函数的实例，为了与 Function 对象区分，这里将它们称为“function 对象”。

function 对象是除了内置构造函数外唯一拥有 Construct 属性的本地对象(有些宿主对象也有 Construct 属性)，当一个 function 对象 F 被当作构造函数调用时，它的执行过程如下。

① 创建一个新的本地对象 O。

② 设置 O 的 Class 属性为“Object”。

③ 如果 F.prototype 属性值是一个对象，设置 O 的 Prototype 属性为 F.prototype，否则设置 O 的 Prototype 属性为 Object.prototype。

④ 调用 F 的 Call 属性。将 O 作为 this 的值。

⑤ 如果 Call 的返回值的类型是对象(指函数体内的 return 语句)，返回这个对象，它的 constructor 属性为创建它的构造函数。

⑥ 设置 O 的 constructor 属性为 F.prototype.constructor 对象。

⑦ 返回 O。

下面来看看构造函数的执行过程，代码如下：

```
//定义函数
function Constructor() {
    this.a = 3;
}
//调用构造函数
var obj = new Constructor();
alert("属性 a: " + obj.a + "\n 属性 b: " + obj.b
  + "\n 构造函数: " + obj.constructor);
```

运行结果如图 4.17 所示。

若构造函数执行前扩展了原型，情况就不一样了，例如：

```
//当作原型的对象
var p = new Object();
p.a = 1;
p.b = 2;
//定义函数
function Constructor() {
    this.a = 3;
}
//改变构造函数的原型
Constructor.prototype = p;
//调用构造函数
var obj = new Constructor();
alert("属性 a: " + obj.a + "\n 属性 b: "
  + obj.b + "\n 构造函数: " + obj.constructor);
```

运行结果如图 4.18 所示。

图 4.17 演示了默认情况下的 function 构造函数的执行。而图 4.18 在调用构造函数之前，改变了它的原型，换句话说，就是扩展了原型(p 本身是 Object 构造函数的实例，也就拥有

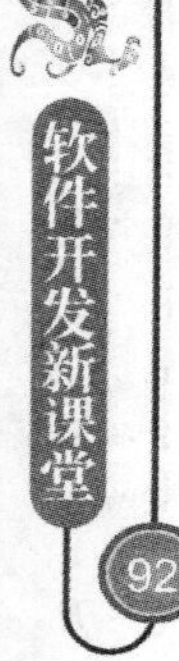

了 Object.prototype，又添加了两个属性 a 和 b，货真价实的扩展)，所以 obj 对象获取了原型中的属性 b，并且对象的 constructor 也发生了改变，因为它同样继承了对象 p。

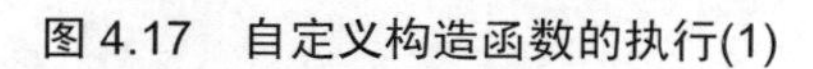
图 4.17　自定义构造函数的执行(1)

图 4.18　自定义构造函数的执行(2)

4. 类的模拟

对于大部分简单的脚本来说，甚至都没有使用构造函数的必要，例如验证输入信息、浮动广告等。在这些脚本中，只要定义几个函数，然后在单击按钮时回调就可以了。

但对于复杂的网页来说，它们通常都有一些特效或者强大的功能，随之而来的是可能多达几千行的脚本代码，这对于代码的组织和重复利用就提出了要求。使用面向对象的方法可以有效地提高代码的利用率以及维护性。

面向对象中最重要的概念是继承，继承可以只对基类做需要的扩展，而不需要重写整个基类的代码，例如：

```
//扩展原型
Object.prototype.shift = function() {
    alert(this.color);
}
var redCar = new Object();
redCar.color = "红色";

var blueCar = new Object();
blueCar.color = "蓝色";

redCar.shift();
blueCar.shift();
```

上面的代码扩展了 Object 构造函数的原型，使 shift 方法可以重用，但这导致了一个新问题。如果想要创建一个具有不同行为的 shift 方法给另一个类型的对象(例如飞机)就不行了。因为属性同名了。并且内置构造函数的 prototype 对象只能扩展，不能替换。

满足这些要求的只有 function 对象，它本身是构造函数，而且 prototype 属性可以扩展和替换，最重要的是从格式上都是最贴近类的，例如：

```
//创建 Car 类型
function Car() {
    this.color = null; //可以省略
    this.shift = function() {
```

```
        alert(this.color + "汽车");
    }
}
var redCar = new Car();
redCar.color = "红色";

var blueCar = new Car();
blueCar.color = "蓝色";

redCar.shift();
blueCar.shift();

//创建 Plane 类型
function Plane() {
    this.shift = function(){
        alert(this.color + "飞机");
    }
}

var redPlane = new Plane();
redPlane.color = "红色";

var bluePlane = new Plane();
bluePlane.color = "蓝色";

redPlane.shift();
bluePlane.shift();
```

提示

通常类名的首字母是大写的，如果是多个单词组成的，则每个单词首字母都要大写。

对于 ECMAScript 代码来说，可以省略 this.color = null;这一句，因为 ECMAScript 对象可以动态地创建属性。而在 Java 或 C++语言中，要改变一个属性，必须先声明这个属性。

function 构造函数最大限度地模拟了 class 的实现，但上面也有一些问题，就是构造函数内部添加属性的时候都是用 this，这导致的问题是貌似通用的方法实则是为每个对象都创建了一个。

解决方法是将方法添加到这个构造函数的原型上，之后由构造函数创建的所有对象就都可以共享这个方法了，例如：

```
//创建 Car 类型
function Car() {

}
//创建共享方法
Car.prototype.shift = function() {
    alert(this.color + "汽车");
}
```

这种格式在 C++代码中比较常见，而在 Java 代码中的格式更类似于下面这样：

```
//创建Car类型
function Car() {
    if(Car.prototype.shift){ //if语句内只会执行一边
        Car.prototype.shift = function() {
            alert(this.color + "汽车");
        }
    }
}
```

两段代码的效果是相同的，但将方法定义放在类定义之内看起来更像一个整体。

4.2.4 Array对象

在ECMAScript中，数组也是对象，这就是为什么数组的长度可以自动变更的原因。当使用一对方括号来创建一个数组的时候，实际上是调用了Array构造函数来创建一个Array类的实例。使用Array构造函数创建Array实例对象有两种方式。

语法：

```
var 数组名 = new Array(元素1, 元素2, ..., 元素n);
```

或者：

```
var 数组名 = new Array(数组长度);
```

两种构造函数都可以创建一个数组对象，当然也可以不传任何参数给构造函数，只创建一个长度为0的空数组。

1. 删除数组元素

最简单的删除数组元素方法就是将指定索引的数组元素赋值为null，或者使用delete操作符，例如：

```
var arr = new Array(1, 2, 3);
arr[1] = null;
delete arr[2];
alert("数组长度为：" + arr.length);
```

运行结果如图4.19所示。

图4.19的代码可以删除指定数组元素对所存储对象的引用，以此达到释放对象的目的。但图4.19向读者传达了一个信息——这无法动态地维护数组的长度信息，当开发者需要维护这一属性时，例如一个排队系统中要即时地统计排队人数，不能人没了还留个空地方。这就需要使用Array实例对象的属性，例如：

```
var arr = new Array(1, 2, 3);
arr.splice(1, 1);
alert("数组长度为：" + arr.length + "\n内容为：" + arr);
```

运行结果如图4.20所示。

关于splice方法的具体使用说明，可见本书的附录。

图 4.19　删除对象引用

图 4.20　删除数组元素

2. 线性结构

ECMAScript 中的数组是十分强大的对象类型之一，它遵循脚本易于学习和使用的原则，赋予了它很多的功能，一个数组就可以模拟所有线性结构。

线性结构是对线性存储的数据结构的统称，线性结构包括常见的队列结构(用来模拟先进先出的排队结构)、栈结构(用来模拟先进后出的盘子堆放结构)等。

Array 实例对象的方法允许从数组的两端访问或者删除数组元素，这种特性直接就可以达到模拟线性结构的要求。关于 push()、pop()、unshift()、shift()方法的使用说明，见本书的附录。

3. 排序算法

大部分的程序可能都要用到排序算法，例如按价格大小显示数据、按姓名笔画显示人名等，在 ECMAScript 中，做数据排序是一件十分简单的事情，只需要指定一个排序规则就可以了，例如：

```
var arr = new Array(4, 9, 3, 8, 15);

//从小到大排序
arr.sort(function(a,b){return a-b;});
alert("从小到大: " + arr);

//反置数组中的元素顺序
arr.reverse();
alert("从大到小: " + arr);
```

运行结果如图 4.21 所示。

升序

降序

图 4.21　数组排序

4.2.5　String 对象

在继续学习内置对象 String 的构造函数之前，读者必须先清楚几个概念。

(1)　通过一对双引号(或单引号)创建的变量是 String 类型的一个值，String 类型表示字符串类型，是基本类型。

(2)　内置对象 String 是一个构造函数，类型是 Function。

(3)　通过 new 操作符来调用 String 构造函数创建的 String 实例对象，是 Object 类型的一个值，Object 类型表示对象类型，不是基本类型，例如：

```
//定义一个 String 基本类型的变量
var str = "abc";

//通过 String 构造函数创建一个 Object 类型的字符串对象
var strObj = new String("abc");

alert("str 的类型：" + (typeof str)
  + "\nstrObj 的类型：" + (typeof strObj)
  + "\nString 构造函数的类型：" + (typeof String));
```

运行结果如图 4.22 所示。

图 4.22　String 类型和 String 对象

传统意义上的基本类型是不能拥有属性的(这是由数据存储方式所决定的)，但字符串类型作为一种基本类型也拥有很多属性，是为什么呢？

ECMAScript 把字符串类型定为基本类型主要是从系统的实现和性能方面考虑的。而对于使用，则是从易用性出发的。

关于字符串方法属性的使用，见本书的附录。

4.2.6　Date 对象

1. Date 实例对象

通过创建 Date 构造函数的实例对象，可以获取计算机中的时间，例如：

```
var now = new Date();
alert(now);
```

运行结果如图 4.23 所示。

图 4.23　获取当前的时间

ECMAScript 中的日期使用标准的 UTC 时间，以此保持世界范围的通用性。

提示

UTC(Coordinated Universal Time)和 GMT(Greenwich Mean Time)是计算时间的两种方式，无论采用哪种计时方式，UTC 时间与中国当地时间都会有时差，但由于我们使用的计算机中已经处理了 UTC 时间与本地时间的差别，所以对程序来说，总能获取到本地的当前时间，对 JavaScript 脚本来说，可以不必太担心不同时区的问题，因为脚本总是运行在客户端，而不是服务器上。

每个 Date 实例对象都只是计算机的一个毫秒级快照，换句话说，每个 Date 实例对象只是保存了它被创建时的时间信息，如果想总是显示当前最新时间，就需要不停地获取时间快照。

关于日期对象的方法属性的使用，见本书的附录。

2. 时间比较

时间的比较很简单，可以直接使用比较符号，例如时间先后比较：

```
var a = new Date();
var b = new Date(1900, 1, 1);
alert(a>b) //结果为true
```

时间相等比较：

```
var a = new Date();
var b = new Date();
alert(a==b) //结果为false
```

虽然可以直接使用大于或者小于号对两个时间对象进行比较，但不能直接使用等号来判断两个时间对象是否相等，因为这个操作会被系统认为是比较 a、b 两个变量是否引用了同一个对象，所以结果永远都是 false。

问题的关键在于，当使用大于或者小于号比较两个时间对象时，系统内部会对两个对象进行转化，转化为一个用毫秒数表示的整数进行比较，这个毫秒数是根据 ECMAScript 规范中所定的时间基点得出的。

ECMAScript 规范中规定 UTC 时间的 1970 年 1 月 1 日午夜为时间基点，它的毫秒数表示为+0，之后的时间就是以毫秒数累计，每天增加 86400000(24*60*60*1000)毫秒。而时间进行比较时的依据就是当前时间距离基点的毫秒数，越多的毫秒数表示日期越大。所以更精确的时间比较，就是先将日期对象转换为毫秒数，然后再进行比较，例如：

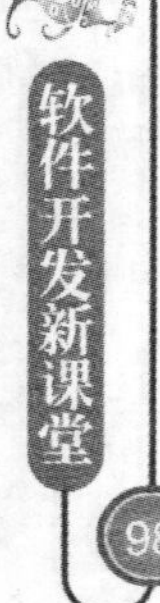

```
var a = new Date();
var b = new Date();

//连续获取两个时间快照，在正常情况下不会达到毫秒误差，所以结果是 true
alert(a.valueOf() == b.valueOf())
alert("当前年份：" + a.getYear()
  + "\n 距时间基点相差" + parseInt(a/(24*60*60*1000*365)) + "年");
```

运行结果如图 4.24 所示。

图 4.24　使用时间基点

4.2.7　RegExp(正则表达式)对象

正则表达式是 ECMAScript 提供的一种对字符串处理的强大工具。相比检测用户名长度这样的小把戏来说，正则表达式可以提供检测一个字符串是否是一个 E-mail 地址这样的强大功能。并且可以对字符串中的数据进行替换、检索等操作。

1. 创建正则表达式对象

有两种方式来创建一个正则表达式对象。

语法：

```
var 对象名 = /表达式/;
```

或者：

```
var 对象名 = new RegExp(表达式);
```

使用斜杠来创建一个正则表达式对象实际上就调用了 RegExp 构造函数来创建一个对象，所以它们是等价的。例如：

```
//创建方式 1
var regExp = /^http[s]?:\/\//;
alert(regExp.test("http://")); //结果为 true

//创建方式 2
regExp = new RegExp("^http[s]?:\/\/");
alert(regExp.test("https://")); //结果为 true
```

代码中，使用正则表达式对象检测一个字符串是否以“http://”或者“https://”作为字符串的开头。可以看到，一对斜杠中写的都是“匹配表达式”，并不是字符串类型的值，这就导致如果匹配模式需要动态改变的时候，通过斜杠创建的表达式就无能为力了，而这

正是 RegExp 构造函数的作用，例如：

```
var head = "http";
var regExp = new RegExp("^" + head + ":\/\/");
```

通过使用变量 head 来组成匹配表达式，regExp 对象就不限于只能匹配“http://”或者“https://”了。这种方法经常被用在匹配表达式的一部分无法在编码时确定，例如匹配表达式要根据用户的输入来确定的情况。

2. 匹配表达式

正则表达式对象由两部分组成，进行匹配的匹配表达式以及如何处理匹配的函数，对于函数的使用，读者可以查阅本书附录。它们很容易理解，而作为正则表达式核心的匹配表达式就不那么容易理解了。

可以把匹配表达式作为一种特殊的语言来学习，因为匹配表达式有它自己的语法。

(1) 内容匹配

① 基本内容匹配

匹配表达式由字母、数字和符号组成，对于简单匹配字符串内容来说，匹配表达式可以直接写要进行匹配的字符串内容，例如：

```
var str = "hi~ everyone";
str = str.replace(/hi/, "hello"); //正则表达式中的 hi 并不是一个字符串类型的值
alert(str);
```

运行结果如图 4.25 所示。

图 4.25　简单匹配

一个基本的匹配表达式就是这么简单。

② 元字符匹配

元字符是 ECMAScript 提供的用来辅助匹配表达式的一种字符，它们不能被直接理解为字面意思，像 hi 那样。用于匹配内容的元字符如表 4.3 所示。

每一个元字符都表示匹配表达式中的一个匹配项，对于字符集来说也是这样的。使用一对方括号包围一些指定的字符，就可以构成一个匹配字符集，表示一个匹配项只能由字符集中的字母/数字/符号构成，字符集中未出现的字母/数字/符号将无法匹配这一项。

字符集的构成可以通过“-”号来指定一个范围。

- [A-Z]：匹配所有大写字母。
- [a-z]：匹配所有小写字母。
- [0-9]：匹配所有数字。

表 4.3　匹配内容的元字符

元 字 符	匹配含义	例　子
\s	单个空格符，包括 tab 键和换行符	/a\sb/ 匹配“a b”，而不匹配“ab”
\S	除了单个空格符之外的所有字符，与 \s 相反	/a\Sb/ 匹配“axb”，而不匹配“a b”。x 为非空格的任意字符
\d	0 到 9 的数字	/\d\s\d/ 匹配“1 2”，而不匹配“12”或者“1 a”
\D	非数字	/\d\D/ 匹配“1x”，而不匹配“11”
\w	字母、数字或下划线	/\w\w/ 匹配“x_”，而不匹配“x+”
\W	非字母、数字或下划线	/\w\W/ 匹配“x+”，而不匹配“x_”
.	除换行符之外的所有字符	/../ 匹配“x+”、“1 ”等
[...]	字符集中的任意一个	/[0-5][a-c]/ 匹配“3c”，而不匹配“6d”
[^...]	否定字符集中所有	/[^0-5][^a-c]/ 匹配“6d”，而不匹配“3c”
|	或操作符两边任意一个	/[0-5]|[a-c]/ 匹配“3”或者“b”，而不匹配“3b”
[[Scope]]	对象	作用域链定义了一个函数的执行环境

也可以直接指定字符集中允许出现的匹配项。

- [@(^)]：匹配字符集中的所有字符。
- [a-c0-3]：匹配字母 abc 以及数字 0123。

但如果符号“^”出现在字符集的开头，那它表示的就是另一个意思了，例如[^1-5]匹配除了 1 到 5 之外的所有字母/数字/字符。

(2)　位置匹配

位置元字符用来匹配指定的匹配表达式位于字符串的哪个位置，例如匹配项 ab 就位于字符串“abc”的开头。用于匹配位置的元字符如表 4.4 所示。

表 4.4　匹配位置的内容元字符

元 字 符	匹配含义	例　子
^	字符串的开头	/^ab/ 匹配“abc”，而不匹配“cab”
$	字符串的结尾	/bc$/ 匹配“abc”，而不匹配“bca”
\b	字符串的开头或结尾	/\bab/ 匹配“abc”，而不匹配“cab” /bc\b/ 匹配“abc”，而不匹配“bca”
\B	非字符串的开头或结尾	/\Bab/ 匹配“cab”，而不匹配“abc” /ab\B/ 匹配“abc”，而不匹配“cab”

(3)　频率匹配

记数元字符用来控制一个匹配项可以在字符串中出现的次数，这使得表达式更加灵活和通用。用于匹配频率的元字符如表 4.5 所示。

表 4.5　匹配频率的内容元字符

元 字 符	匹配含义(符号左边的一个字符)出现次数	例　子
*	0 次或多次	/ab*c/ 匹配“abc”、“ac”、“abbc”，而不匹配“axc”
?	0 次或一次	/ab?c/ 匹配“abc”、“ac”，而不匹配“abbc”、“axc”
+	1 次或多次	/ab+c/ 匹配“abc”、“abbc”，而不匹配“ac”、“axc”
{n}	n 次	/ab{2}c/ 只匹配“abbc”

续表

元 字 符	匹配含义(符号左边的一个字符)出现次数	例 子
{n,}	n 次或多次	/ab{2,}c/ 匹配“abbc”、“abbbc”，而不匹配“abc”
{n,m}	最少 n 次，最多 m 次	/ab{1,2}c/ 只匹配“abc”和“abbc”

(4) 转义字符和匹配项控制

① 转义字符

正如我们所知道的，元字符占用了很多可能会进行匹配的符号，例如^、/、[]、{}等。直接使用这些字符不会被语法解析器认为是匹配项，避免产生错误的方法就是在符号之前加上一个反斜杠，构成一个转义字符。例如：

- /\/\// 匹配一个双斜杠。
- /\(1\+2\)/ 匹配一个算术表达式。

② 匹配项控制

当使用记数元字符来控制匹配项出现的频率时，可能会发生这样的情况，例如：

```
var str = "abbad";
var r1 = str.replace(/ab+/, "");
var r2 = str.replace(/(ab)+/, "");
alert("不想要的结果: " + r1 + "\n 想要的结果: " + r2);
```

运行结果如图 4.26 所示。

图 4.26 匹配项控制

出现上面的情况是因为记数元字符只匹配它左边的一个匹配项，匹配项可以是单个的字母/数字/字符，也可以是一个复合体(注意，不是字符集)。ECMAScript 使用一对小括号来组成一个复合的匹配项，系统在进行匹配时会作为一个整体来匹配它，而不是单个的元素。

需要注意的是，在小括号内使用一对方括号会被认为是元字符，而不是匹配项，例如/([1-3]+)/，但反过来就不一样了。在方括号内使用一对小括号会被认为是匹配项，而不是元字符，例如/[(1ac)]/。

4.2.8 Math 对象

Math 对象提供了丰富的数学计算函数，举例说明如下。

- Math.tan(n)：计算 n 的正切值。
- Math.sin(n)：计算 n 的正弦值。
- Math.sqrt(n)：计算 n 的平方根。

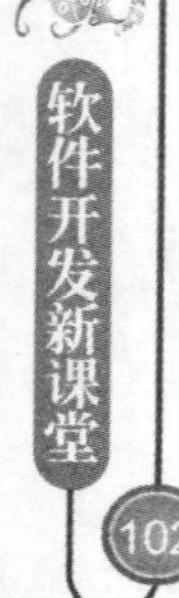

- Math.pow(n, m)：计算 n 的 m 次方。
- Math.abs(n)：计算 n 的绝对值。

这些方法都是通用的，而不是针对每个对象做出不同的处理。所以 Math 被实现为一个静态类。

很多面向对象语言的实现中，在不创建对象而直接使用类方法的情况中，类被称为静态类，它的方法称为静态方法。静态方法用来提供统一的处理方法，而不是针对每个对象做出不同的处理。

在 ECMAScript 中，静态类实际上就是一个不具有 Construct 属性的对象，也就是不能对它使用 new 操作符。任何一个对象都可以被实现为一个静态类。

从使用的角度来说，静态类只是为了给一些通用的方法加上一个前缀，便于管理。在 ECMAScript 中，如果不加前缀，那这些方法就成了 Global 对象的属性，这将导致重名的可能性直线上升。

4.2.9　Error 对象

Error 对象不仅仅是在发生错误时由系统创建并传递给 catch 子句作为参数的，实际上错误是可以被主动创建的，例如：

```
//创建 Error 类实例
var custError = new Error("自定义错误");
//抛出异常
throw custError;
```

一个自定义错误被创建并通过 throw 关键字抛了出来。与系统错误一样，自定义错误同样可以使用异常捕获语句进行捕获，区别只是系统错误是由运行环境抛出来的。

自定义错误机制允许用户使用异常捕获的方式来处理不同程序流的分支，注意是业务上的分支，而不是程序错误。

但是比起使用 if 语句进行程序控制来说，异常捕获会耗费更多的系统资源，所以在实际的应用中几乎不会使用自定义错误。

Error 对象拥有很多属性，但其中能够被所有浏览器支持并且有使用价值的属性只有 message，它包含了错误发生的具体原因。

例如：

```
<script>
    try {
        //创建 Error 类实例
        var custError = new Error("自定义错误");
        //抛出异常
        throw custError;
    } catch(e) { //系统传递的错误对象
        //显示错误信息
        alert(e.message);
    }
</script>
```

运行结果如图 4.27 所示。

图 4.27 message 属性

4.2.10 JSON 对象

JSON 是目前最流行的网络文本交换格式，与 XML 相比，它可以节省大量的空间来传输结构更紧凑的数据。

在 JavaScript 编码中，我们经常会用到把 JSON 格式的字符串解析为一个 JavaScript 对象，或者把一个 JavaScript 对象序列化成一个字符串传递到服务器并保存到数据库。

针对以上两种高频操作，ECMAScript 5 中新增的内置对象专门解决这些问题。

该对象只有两个方法：

```
JSON.parse('{"name":"ken","sex":"male"}');  //把字符串解析成对象
JSON.stringify({name:"ken",sex:"male"}); //结果就是 parse 的参数
```

总地来说，对象是一个比较复杂的概念，特别是 ECMAScript 中的对象。即使有过面向对象语言开发经验的读者，可能也会有些不清晰。

首先应该从概念上理解什么是类、什么是对象以及它们之间的关系。接着就要具体到 ECMAScript 语言中的定义：ECMAScript 中并没有类，但是某些对象会具有 Construct 属性，也就是可以作为“构造函数”(也就是类)来创建该类的实例(新的对象)。

之所以被创建出来的对象能称为“类的实例”，是因为实例对象的行为和属性与创建它的类的行为和属性相同，而这一切在 ECMAScript 中就是由 prototype 来实现的。通过 prototype 属性，不仅实现了类和对象的概念，更可以进行继承和其他面向对象特性的实现。

那么现在是时候提出两个看似简单的智力问题了。

- 第一个问题：Object 和 Math 对象哪个能被当作类？答案是 Object，因为它具有 Construct 属性，也具有 prototype 属性。
- 第二个问题：Function 类的实例能被当作类吗？答案是可以，因为 Function 构造函数创建的新对象同样具有 Construct 属性。

4.3 上 机 练 习

(1) 对同一个 Function 对象实例，描述通过函数方法调用和构造函数方法调用的不同。主要是系统内部处理的不同。

(2) 区分哪些对象拥有 constructor 属性，哪些对象拥有 prototype 属性。
(3) 除了通过点“.”号来访问对象的属性外，还能通过什么方式访问对象属性？
(4) 在同一个 HTML 页面中存在几个 Global 对象？如何使用 Global 对象？
(5) Object 对象和 Function 对象的继承关系是什么？
(6) 在 JavaScript 中如何比较日期的大小？
(7) 使用正则表达式来验证一个 HTTP 地址是否正确。

第 5 章

浏览器中的 JavaScript

学前提示

对 Web 开发者而言，HTML 就是一切基础的基础。对 JavaScript 而言，它同样是开发前的基础，每个 HTML 元素在 JavaScript 中都是一个可操作的对象，我们可以通过 JavaScript 来改变元素的大小、颜色、位置甚至删除元素。

除了 HTML 中存在的标签外，JavaScript 中还提供了 HTML 标签中没有的一些对象，或者说这些对象是概念性的，例如浏览网页的历史信息等。

本章将详细介绍这些对象的使用方法以及 W3C 标准和非标准的区别。

知识要点

- BOM——浏览器对象模型
- DOM——文档对象模型
- DOM 接口方法的使用

5.1　BOM——浏览器对象模型

随着 JavaScript 在客户端的流行，页面上越来越多的内容都可以通过 JavaScript 进行修改，并且这种修改是不用提交服务器的。对网页开发者来说，这可以制作出更多吸引用户的、时尚的功能。但对浏览器的创造者来说，目前以及日后可能加入的那些大量可被控制的页面元素(HTML 标签)可能会给开发者造成混乱，所以他们为浏览器定义了浏览器对象模型(Browser Object Model，BOM)，如图 5.1 所示。

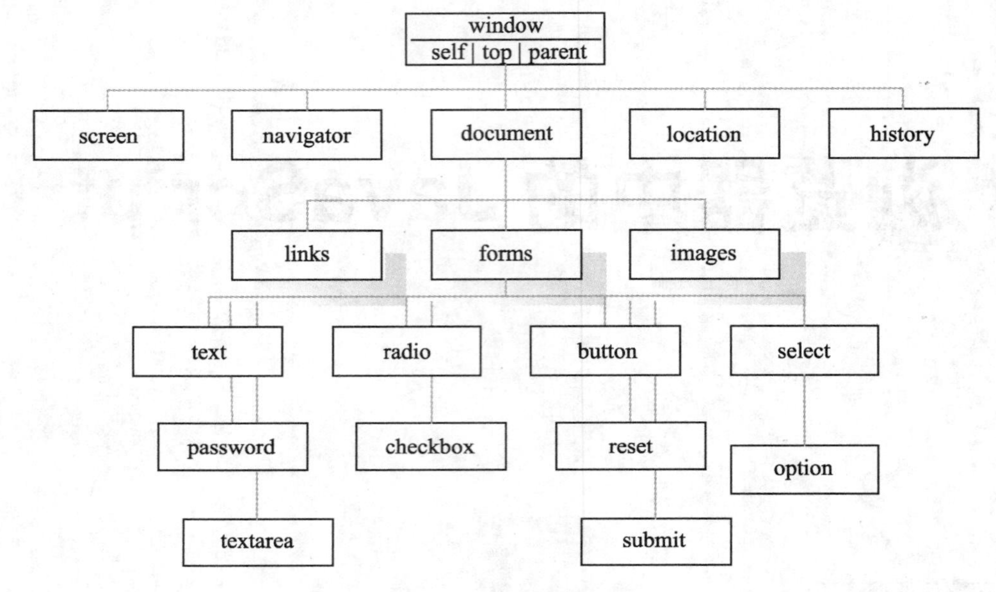

图 5.1　BOM 的结构

BOM 并不是标准，因为它所关注的是浏览器的整体结构，包括浏览器窗口的属性和行为。所以每个浏览器都有自己的 BOM，它们并不是完全一致的，图 5.1 只是列出了大多数浏览器都兼容的部分。

这些对象就是 ECMAScript 规范中所指的宿主对象，它们与 ECMAScript 一同构成了浏览器客户端的 JavaScript。

5.1.1　window 对象

window 对象是 BOM 模型中的顶层对象。可以把它理解为包含文档(document)的窗口容器，一个浏览器窗口就是一个 window 对象的界面表现。即使文档没有加载，窗口依然存在。只要打开一个浏览器窗口，window 对象就存在了，它所关注的是窗口本身。

1. window 对象的方法

除了 ECMAScript 规范中提供的 Global 本地对象方法外，宿主(浏览器)还为 window 对象添加了适用于浏览器的方法。这些方法都是关注于浏览器窗口本身的，如表 5.1 所示。

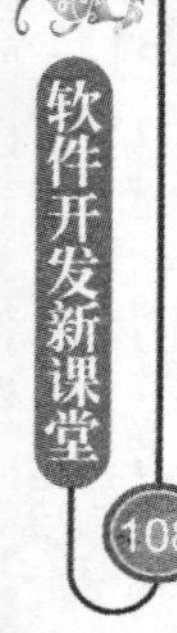

表 5.1 window 对象的常用方法

类 型	方 法 名	含 义	例 子
控制窗口的大小与位置	moveBy	使窗口移动指定偏移	moveBy(-10, 10)：使窗口向左、下各移动 10 个像素，相对于显示器的左上角
	moveTo	使窗口移动到指定位置	moveTo(10, 10)：使窗口移动到距离显示器左、上边界各 10 像素的位置
	resizeBy	使窗口尺寸改变指定偏移	resizeBy(-5, -5)：使窗口的宽、高各减少 5 个像素
	resizeTo	使窗口尺寸改变为指定大小	resizeTo(40, 50)：使窗口的宽为 40 个像素，高为 50 个像素
与用户交互的窗口	alert	弹出一个提示窗口来显示信息。通常用来提示用户某事已经做完，例如提交信息的成功提示	alert(“提交成功”)
	confirm	弹出一个确认窗口来显示这个信息。通常用来提示用户即将做某事，并征求用户是否同意，例如是否提交所填写的信息	confirm(“是否提交以上信息？”)
	prompt	弹出一个输入窗口来接受用户的输入信息。通常用来提示用户输入	prompt(“请输入姓名”, “ylem”)
打开新窗口	open	通过程序控制打开一个指定 URL 地址的浏览器窗口(通常会被浏览器拦截)	open(“http://www.baidu.com”, “_blank”) 在新窗口打开百度
全局函数	setTimeout	允许延时执行函数	setTimeout(function(){alert(“时间到”)}, 1000)：延时 1 秒调用匿名函数
	setInterval	允许在指定的间隔时间后，重复执行函数	setInterval(function(){alert(“时间到”)}, 1000)：每隔 1 秒调用一次匿名函数

提示

alert()函数的另一个用途是可以对编码进行跟踪。当脚本没有执行预定的任务时，就表示什么地方出现了脚本错误，例如调用函数之前、函数执行中、函数返回时等，在这些地方可以添加 alert()方法来输出一些变量或者参数，用于表示当前流程并没有出错。这种方法是定位错误最快的，当然不一定是最有效的，对于递归或者遍历树节点这样的操作，还是使用调试工具比较好。

window 对象的方法有很多，表 5.1 中的方法主要是为了介绍 window 对象在 BOM 结构

中的位置以及它所关注的方面，下面就来完成一个在各种聊天软件中很流行的“震屏”效果。

操作步骤如下。

(1) 改变窗口大小为 400*400 像素：

```
window.resizeTo(400, 400); //改变窗口大小
```

(2) 定义参数：

```
var loop = 0; //震动次数
var timer; //定时器引用
var offX;
var offY;
var dir = 1; //震动方向。1 正，-1 反
```

(3) 使用 setInterval 函数来重复移动窗口位置，达到震动效果：

```
//震屏特效
timer = setInterval(function() {
    window.moveTo(500, 180); //改变窗口位置
    if(loop > 100) { //震动次数超过 100 次就停止定时器
        clearInterval(timer);
    }
    //随机获取震动方向
    dir = Math.random()*10 > 5 ? 1 : -1;
    //随机获取 X 轴移动量
    offX = Math.random()*20*dir;
    //随机获取 Y 轴移动量
    offY = Math.random()*20*dir*-1;
    window.moveBy(offX, offY); //移动偏移
    loop++; //震动次数增加
}, 10) //每隔 10 毫秒震动一次
```

2. 框架集中的 window 对象

当页面被通过 frameSet 或者 iframe 进行嵌套的时候，每个页面都对任何其他页面有一个引用，而相互引用的入口就是 window 对象。

页面间的嵌套关系见图 5.2。

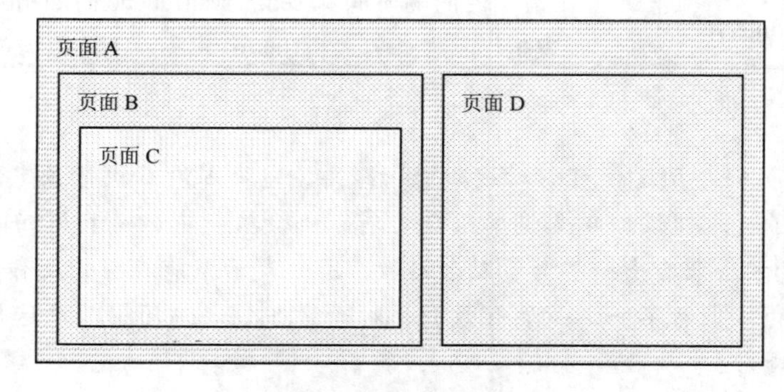

图 5.2 页面间的嵌套关系

(1) 页面 A 中编写的脚本：

```
frameA.contentWindow
```

frameA 是页面 A 中的 iframe 或者 frame 对象的引用，可以访问到页面 B 和页面 D 的 window 对象，但无法直接访问页面 C。

(2) 页面 B 中的脚本：

```
frameB.contentWindow
```

frameB 是页面 B 中的 iframe 或者 frame 标签对象的引用，可以访问到页面 C 的 window 对象。下面的代码可以访问到页面 A 的 window 对象：

```
//window 表示页面 B 自身
window.parent
```

(3) 页面 C 中的脚本：

```
//window 表示页面 C 自身
window.parent
```

可以访问到页面 B 的 window 对象。

下面的代码可以访问到页面 A 的 window 对象：

```
window.top
```

(4) 页面 D 中的脚本：

```
//window 表示页面 D 自身
window.parent
```

可以访问到页面 A 的 window 对象。

嵌套结构也是一个树型结构，不同分支上的页面如果要相互访问，必须先得到共同节点的引用，例如页面 B 要访问页面 D，必须先得到页面 A 的引用，例如：

```
window.parent.frameA.contentWindow
```

5.1.2 location 对象

location 对象用来管理当前打开窗口的 URL 信息。程序中可以获取或者改变这些信息，例如：

```
alert(location.href);
```

获取或者设置当前窗口的 URL 地址。

例如让当前窗口打开一个百度页面，就可以这样写：

```
window.location.href = "http://www.baidu.com";
```

除此之外，location 对象还有一些方法，例如：

```
location.reload();
```

用来刷新当前页面。

5.1.3 history 对象

history 对象用来管理当前窗口最近所访问过的 URL 记录，这些 URL 记录被保存在 history 列表中，history 对象使得脚本程序可以模拟浏览器工具栏的前进和后退按钮，例如：

```
history.go(1);  //使当前窗口转到最近一次访问的 URL 地址
```

虽然只有一句代码，但要见到 history 的效果，读者需要按照下面的步骤来做。

(1) 打开包含上面一句代码的 HTML 文件，文件的 URL 地址可能是一个本地地址，例如“D:\test.html”。

(2) 在地址栏输入一个新的 URL，例如百度，并打开这个地址，这时浏览器应该显示这个 URL 的页面内容。

(3) 单击浏览器工具栏中的后退按钮，这时页面会自动又转到第 2 步，而不是退回第 1 步，因为起始页面中有一个后退语句，当地址从百度退回到起始页面时，页面中的后退代码又返回到百度。

5.1.4 navigator 对象

navigator 是一个可以刺探浏览器用户“隐私”的对象，当然这些隐私只是一些操作系统和浏览器的信息，如表 5.2 所示。

表 5.2 navigator 对象的属性和方法

属性和方法	描 述
naviagtor.userAgent	获取操作系统的版本、浏览器类型/版本等信息
naviagtor.cookieEnabled	获取浏览器是否支持 Cookie
navigator.platform	获取用户所使用的操作系统类型
navigator.javaEnabled()	获取浏览器是否支持 Java

脚本可以使用这些信息做出很多人性化的功能。

(1) 获取浏览器信息：

```
function getBrowserInfo() {
   var browserRE = /(firefox|opera|msie|safari).?([0-9]\.?)+/;
   return navigator.userAgent.toLowerCase().match(browserRE)[0];
}
```

(2) 获取操作系统信息：

```
function getOSInfo() {
   var os = "未知";
   var userInfo = navigator.userAgent;
   var windows = (navigator.platform == "Win32")
      || (navigator.platform == "Windows");
   os = null;
   if(windows) {
```

```
        var win2K = userInfo.indexOf("Windows NT 5.0") > -1;
        if(win2K) os="windows 2000";
        var winXP = userInfo.indexOf("Windows NT 5.1") > -1;
        if(winXP) os="windows XP";
        var winVista = userInfo.indexOf("Windows NT 6.0") > -1;
        if(winVista) os="windows vista";
        var win7 = userInfo.indexOf("Windows NT 6.1") > -1;
        if(win7) os="windows 7";
    }
    return os;
}
alert("您所使用的\n 浏览器是：" + getBrowserInfo()
  + "\n 操作系统是：" + getOSInfo());
```

就像图 5.3 所显示的那样，脚本经常使用这些信息来处理不同浏览器间的差异，这是很有效的办法，并且有时也是唯一的办法。

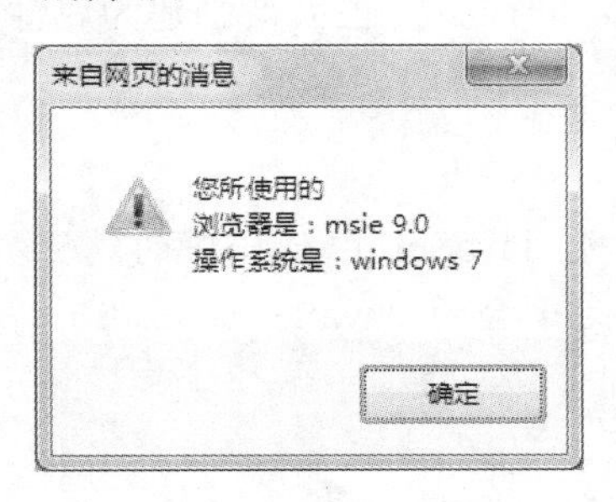

图 5.3　获取用户信息

5.1.5　screen 对象

有时脚本需要控制一个浏览器窗口的位置，例如震动窗口的效果，或者只是简单地将窗口定位到显示器窗口的正中间。screen 对象就提供了这样的功能，脚本可以通过它获取用户所使用的显示器的分辨率，以及有效分辨率，如表 5.3 所示。

表 5.3　screen 对象的属性

属 性 名	描　述
screen.height	显示器当前分辨率下的高度
screen.width	显示器当前分辨率下的宽度
screen.availHeight	显示器当前分辨率下的有效高度。指除去任务栏的高度，在 Windows 操作系统中就是最下面的一条任务栏
screen.availWidth	显示器当前分辨率下的有效宽度

5.1.6　document 对象

document 对象包含了页面中的可见内容。例如页面标题栏(title)以及表单(form)等。

当浏览器在界面上为用户呈现了 HTML 标签所产生的效果时，在 JavaScript 代码中也

描绘了一幅对象结构图(见图 5.1)，而这些对象以同样的层次结构(标签的嵌套层次)存储在document 对象中。

1. HTML 标签对象

当 HTML 代码被浏览器翻译的时候，每个 HTML 标签都被创建为一个 BOM 树中的节点，这些节点递归地构成了一个对象树，而树根就是 document 对象。document 对象本身并不是某个对象化的 HTML 标签，它只是作为访问这些标签对象的入口，例如 document.body。

对于下面的代码：

```
<font size=+2>
    <b>ylem</b>
</font>
```

当<font>标签被创建为一个对象 O 时，标签名 font 就被定义为 O 的属性，属性名是 tagName，属性值就是“font”。同样 size 也会被创建为属性。而标签<b>被创建为<font>的子节点，可以通过 O.firstChild 进行访问。

提示

标签中的属性名并不一定是 JavaScript 代码中的属性名，并且不同平台(浏览器)中的属性名也可能不同，在开发指定平台的 JavaScript 应用时，应该查阅相关平台的方法使用说明。

2. DocType 文档类型

在大部分的 Web 页面中，最上面都有一句类似下面的代码段：

```
<!DOCTYPE html PUBLIC "-//W3C//DTD XHTML 1.0 Transitional//EN"
"http://www.w3.org/TR/xhtml1/DTD/xhtml1-transitional.dtd">
```

DOCTYPE 是 document type(文档类型)的简写，上面一句代码向系统声明了当前页面的文档格式。换句话说，就是浏览器会根据这个声明来对 HTML 代码做出相应的处理，不同的声明会有不同的处理，这些处理可能会影响 HTML 标签的表现，也就是说，对于同一段 HTML 代码，不同的声明可能会得到不同的页面效果。

声明必须被放在<html>标签之前，并且<!DOCTYPE>标签不需要闭合，像<!DOCTYPE xxx />这样。

在代码中加入声明的好处是，在不同的浏览器可以获得最大限度的兼容性，而这主要是针对页面效果的，包括 HTML 标签和 CSS 样式表。

3. document.documentElement 对象

documentElement 表示文档树的根节点，通常是 HTML 节点。当使用<!DOCTYPE>对页面进行声明以后，会发生一些改变，原本使用 document.body 可以获取的显示窗口尺寸(不包括工具栏、状态栏以及左右边距)现在却必须使用 document.documentElement 来获取。

读者可以通过下面的代码来观察 body 和 documentElement 的区别：

```
//显示页面中的内容
```

```
alert(document.documentElement.innerHTML);
alert(document.body.innerHTML);
```

4. document.body 对象

body 对象就是<body>标签的对象化。它的重要性比 documentElement 大得多。

正因为这样，document 对象具有对 body 对象的直接引用 document.body，而不是通过 document.documentElement.body 来获取。

body 对象是可见窗口的容器，它有很多属性，这些属性都是直接关系着用户所见到的页面。例如：

```
body.bgColor //获取或设置页面背景色
body.clientWidth //获取页面中显示窗口的宽度
body.clientHeight //获取页面中显示窗口的高度
```

5.1.7　BOM 对象

每个 BOM 对象都拥有很多的属性和方法，对正常人来说，不可能记住每个对象的所有属性，重要的是知道一个对象能做什么，至于怎么做，完全可以查阅相关帮助来解决。

JavaScript 的核心就通过操作 BOM 对象来控制页面，但需要特别注意的是，每个 BOM 对象的属性和方法都有一些是针对浏览器的，在不同的浏览器中，获取同样的数据可能会通过不同的属性名，并且相同的属性名在不同的浏览器中会有不同的解释。一个好的做法就是尽量使用 DOM 的属性和方法，避免使用浏览器特定的属性或者方法。

5.2　DOM——文档对象模型

与 BOM 关注浏览器的整体不同，DOM 只关注浏览器所载入的文档，也就是 HTML 标签对象。DOM 并不是 BOM 的替代品，它只是把能够统一的东西尽量标准化。从逻辑上说 BOM 和 DOM 的关系，就是不管用什么设备生产馒头，生产出来的馒头必须符合国家馒头标准，这样才能减少由馒头引发的食品卫生案件。

DOM 的出现是由于各家公司没有统一的对象接口标准，W3C(http://www.w3.org)收到了很多成员公司关于如何将文档对象向脚本开放的建议，也就是如何访问这些对象，当然它们的愿望是使用统一的方式。

DOM 作为一种解决方案，被 W3C 作为标准发布，并被广泛使用。

DOM 是文档对象模型(Document Object Model)的简称，官方对 DOM 的解释是：应用于 HTML 或者 XML 的一种与平台、语言无关的接口(方法和属性)，用来动态地访问文档的结构、内容和样式。

在 DOM 规范中，“文档”是一个很抽象的概念，对 HTML 来说，文档就是指 HTML 标签对象。DOM 把 HTML 文档定义为带有元素、属性和文本的树型结构，如图 5.4 所示。

换句话说，一个 HTML 文档就是一个 HTML 文件，像 ECMAScript 规范那样，DOM 规范只是规定了一些名字(属性名和方法名)以及这些名字的含义，还有它们操作的对象。对

浏览器中的 DOM 来说，它是被浏览器实现，并添加在每个 BOM 对象上的属性和方法。这些属性和方法在每个浏览器中都有相同的名称和含义，用这些属性和方法进行编码会最大程度地兼容各个浏览器。

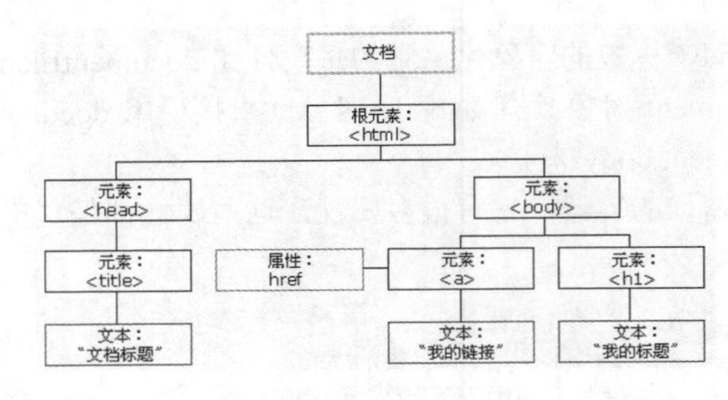

图 5.4　HTML 文档

5.2.1　W3C DOM

当 1998 年 W3C 发布了第一个版本的 DOM 后，很多操作都可以跨浏览器了，这包括了基本的文档对象访问、修改、添加和删除。但浏览器用来吸引开发者的差异并没有消失，而且还在增多。不可避免地，W3C 接着发布了第二、第三个 DOM 版本。

每个新版本都增加了可控制的对象范围，包括控制样式、事件等。W3C 将这些功能按类型划分，并将 DOM 按等级划分来包含这些功能，目前有三个 DOM 等级，分别是 DOM Level 1、DOM Level 2、DOM Level 3。

目前的大部分主流浏览器都能够很好地支持 DOM Level 2，所以在开发 JavaScript 程序时，应尽量使用 DOM2 的方法和属性。

5.2.2　测试 DOM 支持度

W3C 的网站提供了测试每个浏览器对 DOM 的支持情况，可以通过下面这个地址查看自己所使用的浏览器对 DOM 的支持情况：

```
http://www.w3.org/2003/02/06-dom-support.html
```

5.2.3　与平台和语言无关

DOM 是与平台和语言无关的，它表现在 DOM 不仅仅是用在 JavaScript 中，任何编程语言都可以实现 DOM 接口，来对文档进行管理。例如 Java、.NET 等。而作为开发者，可以从 JavaScript 中的 DOM 操作转移到 Java 中的 DOM 操作。这是一件很容易的事情。

5.2.4　文档的加载

编写 JavaScript 代码之前，了解文档模型的构成顺序是非常重要的。看下面一段代码：

```
<script>
    //获取 id 属性为“n”的元素引用
```

```
    alert(document.getElementById("n"));
</script>
<div id="n">
</div>
```

alert()函数显示的结果将得到 null，因为在 JavaScript 代码执行的时候，文档树中还没有形成 id 为“n”的元素。而这就跟文档对象模型的产生有关。

图 5.4 描绘了一个 HTML 文档对象模型。浏览器会依据 HTML 代码，从上到下顺序的产生相应的 DOM 模型，而 JavaScript 代码却可以在任何地方被执行，这就是危险所在。当你想设置 document.body 的背景色时，首先需要获取 body 对象的引用，而如果代码是出现在<head>里，那么程序是不会被执行的。

脚本的创造者显然意识到了这一点，所以大部分的浏览器都支持 document 对象的一个回调事件——文档构建完成通知。这个事件会在浏览器构建完整个 DOM 后触发。

换句话说，开发者仍然可以把 JavaScript 代码放在<head>里，只是需要等待通知才执行，例如：

```
<head>
    <script>
        document.onreadystatechange = function() {
            if(document.readyState == "complete") {
                alert("DOM 模型构建完毕！");
            }
        }
    </script>
</head>
<body>
    <div id="before">
        立即显示
    </div>
    <script>
        for(var i=0; i<10000; i++) {
            //可以注释此句以观察不同的效果
            document.getElementById("before").innerHTML = "立即显示";
        }
    </script>
    <div id="after">
        延迟显示
    </div>
</body>
```

提示

DOM 模型构建完毕并不代表图片就可以完整地显示在页面上。对于较大的图片，也许还在慢慢加载。实际上图片<img>也有它自己的完成通知回调事件。

如果注释掉上面代码的 for 循环体中的语句，就可以迅速让 DOM 构建完毕。实际上 DOM 模型的构建与 JavaScript 代码的执行是串行的，也就是说，如果在<head>里执行了大量的脚本代码，就有可能会阻碍浏览器生成<body>以及<body>里的元素。对用户而言，他

们会看到一个令自己不知所措的白色页面，因为脚本的执行阻碍了浏览器对页面的可视效果渲染。解决的办法就是尽量把 JavaScript 放在 HTML 代码的最后。

5.3 DOM API 接口的使用说明

API 是应用程序接口(Application Programming Interface)的简称，通常指被开发者所使用的已经定义好的函数。

但这里要介绍的不仅仅是 DOM 的函数，还包括属性，使用属性和函数的配合，才能最有效地利用 DOM 的跨平台特性。

5.3.1 DOM 文档

在 DOM 规范中，文档是由一个文档对象以及文档对象的数据构成的。在 HTML 文档中，文档对象就是 document 对象，文档对象的数据就是 document 对象的所有子节点，有些不同的是，DOM 中的节点不仅是 HTML 标签，还包括了文本、注释等。

document 对象不仅是 DOM 模型中的根对象，也是管理所有子对象的中心。在 DOM 规范中，文档对象可以用来访问所有的节点、创建或者删除节点、改变节点树的结构等。

提示

在 DOM Level 2 中，节点 Node 是一个原型对象，也就是 Node 类。通过扩展 Node.prototype，可以很容易地给宿主对象添加属性。遗憾的是 IE6 没有实现这个标准。读者可以通过 alert(Node)来检查浏览器是否支持 Node 类。

5.3.2 节点信息

在 DOM 中，每个节点(Node)都有一些用来描述自身的属性及访问节点信息的方法，其中比较重要的属性和方法如表 5.4 所示。

表 5.4 节点属性

属 性 名	描 述
nodeType	节点类型，包括文档节点、元素节点、文本节点等
nodeValue	节点值
parentNode	当前节点的父节点引用
childNodes	当前节点的所有子节点
firstChild	当前节点的所有子节点中第一个节点的引用
lastChild	当前节点的所有子节点中最后一个节点的引用
previousSibling	当前节点的前一个兄弟节点
nextSibling	当前节点的后一个兄弟节点

1. 节点类型

在 DOM 中，节点被分为很多种类型(DOM Level 1 中定义了 12 种)，每种类型都有一个整数值来进行描述，其中在开发中经常使用的有下面几种，如表 5.5 所示。

表 5.5　节点类型

节点类型	类 型 值	描　述
元素节点	1	HTML 标签
属性节点	2	HTML 标签中的每个属性
文本节点	3	文本信息
注释节点	8	注释标签
文档节点	9	document 对象
文档片段节点	11	用来构成一个临时文档

节点类型影响着节点的其他属性，例如文档节点的 nodeName 永远是“#document”，文本节点的 nodeName 永远是“#text”等。

提示

属性节点是比较特殊的一种节点类型，在 HTML 中，无法获取这种类型的节点对象，只能通过调用元素节点的方法来获取当前节点上所有的属性名以及它们的值，这些数据都以字符串形式存在。而在 Java 等语言中，属性节点是可以以对象形式存在的。

为了规范化管理文档中的所有内容，文本信息也被归类成一种节点。考虑对于下面一段代码：

```
<body>
    窗口中的内容
</body>
```

存在文本节点吗？<body>中的信息不是 body.nodeValue 吗？如果你动摇了，那么你就错了。这些信息是一个文本节点的 nodeValue 而不是 body 的，见下面的代码：

```
<body>
    窗口中的内容
</body>
<script>
    //注意，文本节点也是 body 元素的子节点
    alert(document.body.firstChild.nodeValue);
</script>
```

这段代码解释了 DOM 中对节点的划分，只要从概念上理解了文本节点，那么在实际的操作中就不会把文本节点搞混了。

实际上，文本节点可不是用一个例子就能搞定的，对于不同平台中的节点类型，浏览器的处理是不同的，例如：

```
<body>
    <div>窗口中的内容</div>
```

```
</body>
<script>
with(document.body.firstChild) {
    alert("节点类型：" + nodeType + "\n节点名：" + nodeName);
}
</script>
```

对于这段代码，在不同的浏览器中将会得到不同的结果。在 IE 中的结果如图 5.5 所示，而在 FF3 中的结果如图 5.6 所示。

图 5.5　IE6 下的节点类型

图 5.6　FF3 下的节点类型

从 W3C 标准来讲，父节点与子节点之间始终存在一个文本节点，例如：

```
<a><!—这里有一个文本节点 -->
    <b></d>
</a>
```

如果按照标准理解这段代码，节点 a 的第一个子节点(firstChild)并不是节点 b，而是一个文本节点，只是这个文本节点的值为空。但是 IE 出于“人性化”的考虑，当文本节点的值为空时，系统就默认这个节点不存在，所以出现了图 5.6 的结果。在本书开始的例子——移动的彩虹中就对这个特性进行了区分，并且这种区分是必需的。

2. 节点关系

除非一个文档中只有一个节点，否则这些节点总是相互关联着的。每个节点都有一些属性来访问它周围的其他节点。一个典型的节点结构如下：

```
<html>
<head></head>
<body>
    <a href="#">这是一个链接</a>
    <b>粗体字</b>
</body>
</html>
```

节点间的相互访问可以通过下面的代码来实现。

(1)　访问 document 对象的直接子节点：

```
var htmlNodeF = document.firstChild.nodeName;
var htmlNodeL = document.lastChild.nodeName;
var docChilds = document.childNodes.length;
alert(document.parentNode); //结果为 null，说明 DOM 模型的最上层是 document 对象
```

(2) 访问 body 对象：

```
var headNode = document.firstChild.firstChild.nodeName;
var bodyNode = document.lastChild.firstChild.nextSibling.nodeName;
var bodyChilds = document.lastChild.lastChild.childNodes.length;
//拼接字符串
var out = "htmlNodeF:" + htmlNodeF + "  htmlNodeL:" + htmlNodeL
  + "\ndocChilds:" + docChilds;
out += "\nheadNode:" + headNode + "  bodyNode:" + bodyNode
  + "\nbodyChilds:" + bodyChilds;
//输出结果
alert(out);
```

上面两段代码都是以 document 对象为入口进行其他元素的访问，访问的路径可以表示为如图 5.7 所描述的那样。

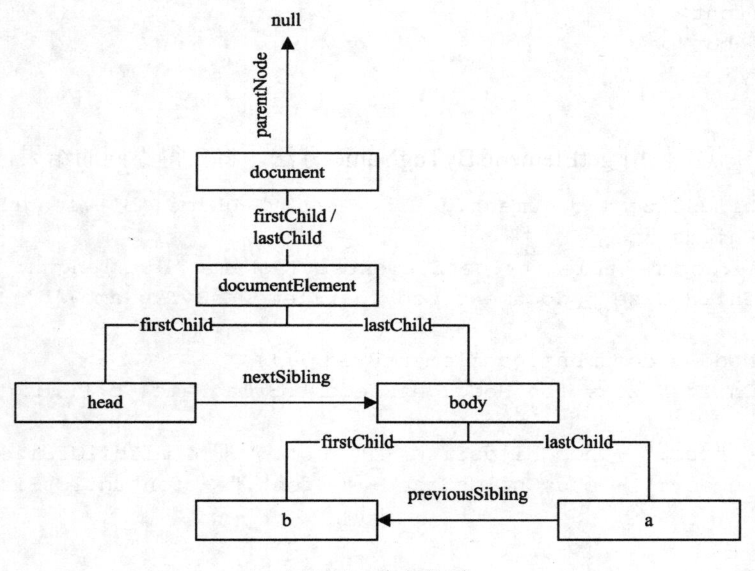

图 5.7　节点关系

当然，在 5.1 节中介绍的快捷方式依然可以使用并且更加有效，例如 document.body。访问节点的原则之一就是尽量少地引用路径，这样可以有效提高脚本效率。

5.3.3　节点访问

如果试图通过图 5.7 中的关系方式来访问一个有几十层嵌套结构的节点，那基本上是一种愚蠢的行为，好在 DOM 中提供了忽略节点结构直接访问节点的功能。

(1)　document.getElementById()

就像前面讲的那样，可以无视文档结构直接访问节点的权限只有 document 对象才有，getElementById 方法可以根据节点的 ID 属性值来查找节点，这样可以快速地获得一个节点。当 getElementById 方法返回了一个错误的值时，不一定是不存在指定 ID 值的元素，而可能是存在了多个。

(2) node.getElementsByTagName()

一个成功的通用的方法不仅要有强大的功能，还要有一个让人见了就知道什么意思的方法名，就像 getElementsByTagName 这样。它通过标签名 tagName 来获取当前节点 node 的所有元素子节点中标签名是 tagName 的所有子节点列表。

首先，getElementsByTagName 方法并不是 document 对象专用的，每个节点都有这个方法，对于下面的一段 HTML 代码：

```
<html>
    <body>
        <font id="f">
            <b>
                b1
                <b>b2</b>
            </b>
        </font>
        <b>b3</b>
    </body>
</html>
```

在不同的节点上使用 getElementsByTagName 方法，将获得不同的结果，例如：

```
var docChildsSize = document.getElementsByTagName('b').length;
var htmlChildsSize =
  document.documentElement.getElementsByTagName('b').length;
var bodyChildsSize = document.body.getElementsByTagName('b').length;

var fontNode = document.getElementById('f');
var fontChildsSize = fontNode.getElementsByTagName('b').length;

var out = "doc:" + docChildsSize + "  html:" + htmlChildsSize;
out += "\nbody:" + bodyChildsSize + "  font:" + fontChildsSize;

alert(out)
```

对于需要获取的 b 节点来说，它的上层节点(document、html、body)都可以获取到所有的 b 节点，而 font 节点只能获取到两个 b 节点，仔细查看 HTML 代码结构，读者就会发现 getElementsByTagName 方法会忽略当前节点的所有子节点的嵌套结构来进行匹配查找，而不是只从直接子节点列表中进行匹配查找。查找结果如图 5.8 所示。

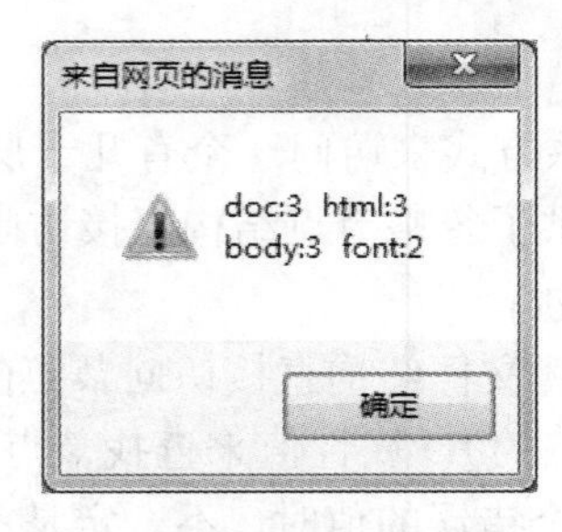

图 5.8　getElementsByTagName

使用 id 和 tagName 可以满足大部分的节点访问需求，但是想想这样一个需求：

```
<html>
    <body>
    <div id="xiaoming">我是小明</div>
        <div>
            我是小明的邻居
            <p>
                我是小明的邻居的舅舅
                <b>
                    汪汪!
                </b>
            </p>
        </div>
    </body>
</html>
```

好吧，其实是这样的，我早就对小明的邻居的舅舅的家里养的那只狗不爽了，准备喂它两根过期火腿肠，但我不知道那只狗的 id，谁来帮帮我吧。

如果你在 5 秒内还没有想出答案，那就继续看下一节吧。

5.3.4　使用 CSS 选择器进行节点访问

其实找到那只狗也不是很复杂，看这里：

```
var theDog = document.querySelector("#xiaoming ~ div p b");
```

从 IE8 开始，IE(以及其他浏览器的新版本)开始支持 W3C 新的选择器接口 Selectors API (http://www.w3.org/TR/2013/REC-selectors-api-20130221/)。新的选择器接口允许使用 CSS 选择器(见本书第 6 章)语法来查询 DOM 节点，这意味着除了使用 id 和 tagName 来访问节点外，现在支持更复杂的查询条件了。

Selectors API 提供了两个接口来访问节点，描述如下：

```
document.querySelector(selectors); //返回第一个匹配结果，如果没有，返回 null
document.querySelectorAll(selectors); //返回所有匹配结果
```

虽然选择器支持复杂的查询，但是应记住，id 访问永远是最高效的。

5.3.5　节点信息的修改

不同类型的节点可以进行不同类型的修改，对于元素节点，脚本可以对其添加/删除属性，例如：

```
node.setAttribute("name", value); //添加属性或者更改属性值
node.getAttribute("name"); //获取属性值
```

设置它的样式。关于样式操作，见本书第 6 章。例如：

```
document.body.bgColor = "red"; //设置当前文档的背景色为红色
```

对于特定的节点，还能操作其特定的属性，如按钮、输入框等。例如对于输入框：

```
<input id="inputNode" type="text" />
```

就可以改变它特有的输入长度限制和默认显示值：

```
document.getElementById("inputNode").maxLength = 2;//只能输入 2 个汉字或者字母
document.getElementById("inputNode").value = "默认值"; //设置默认值
```

对于其他类型的节点，跟元素节点的修改都大同小异，因为不管修改的是内容还是样式，都是节点的属性，只是不同的节点所能修改的属性不同而已。

5.3.6 移动节点

DOM 提供了可以动态更改文档结构的接口，这些方法可以动态地移动节点，以此呈现出页面中的特效，例如单击某个按钮隐藏一个对话框，再次单击后又可以显示这个对话框。常用的接口如下：

```
node.insertBefore(newChild, refChild)
```

insertBefore 方法是在一个指定的子节点 refChild 前插入一个新的子节点 newChild。这些节点都直接属于 node 节点。其中 refChild 必须是 node 节点的直接子节点，而 newChild 可以是一个新创建的节点，或者是已经存在于文档树中的节点。对于后者，节点本身的位置将会变化，如图 5.9 所示。

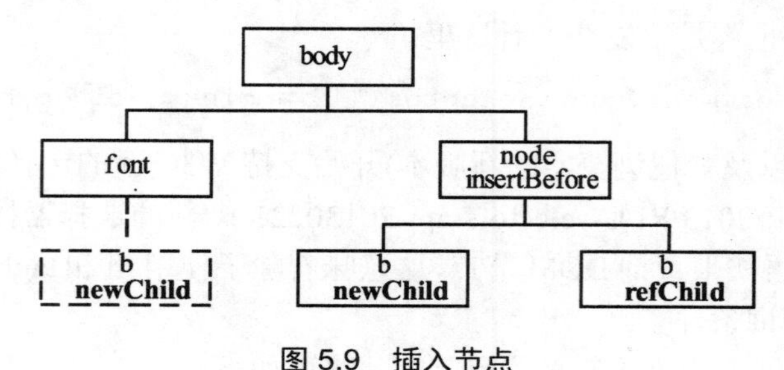

图 5.9　插入节点

读者可以通过对比 font.childNodes.length 来观察图 5.9 中所描述的内容。

(1)　node.replaceChild(newChild, oldChild)

replaceChild 方法可以替换当前节点的某个直接子节点，即使节点类型不同也可以替换，例如：

```
node.replaceChild(document.createTextNode("new node"), oldNode);
```

replaceChild 方法对 newChild 的处理与 insertBefore 方法相同。

(2)　node.appendChild(newChild)

appendChild 方法用来将一个新节点追加在当前节点的最后一个子节点之后。该方法对 newChild 的处理与 insertBefore 方法相同。

(3)　node.removeChild(oldChild)

removeChild 方法用来删除当前节点的直接子节点，并返回被删除的节点的引用，如果被删除的节点还有子节点，也会一起被删除，打个形象的比喻，就像是摘葡萄，一串葡萄虽然离开了葡萄树，但一串葡萄本身是不变的，如图 5.10 所示。

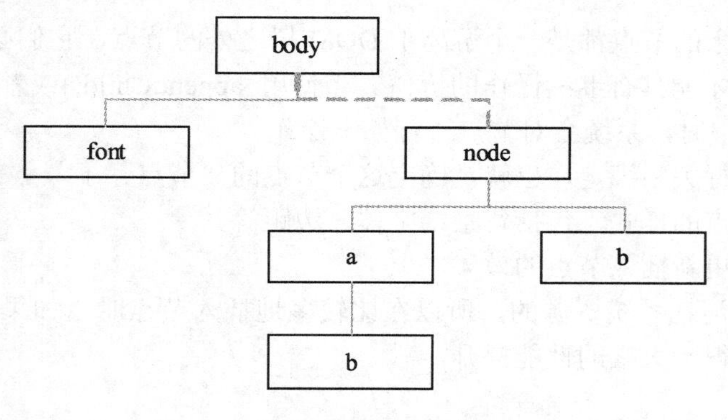

图 5.10　删除节点

被删除的节点 node 可以被插入到其他节点中，而它的所有子节点以及结构都不会发生改变。

5.3.7　创建节点

使用 document 文档对象可以创建 DOM 支持的任何类型的节点，在 HTML 中经常使用的有下面几种方法。

1. document.createElement(tagName)

创建一个指定标签名的元素节点，标签名可以是任何名字，包括自己创造的。IE 支持复杂创建，例如 document.createElement("<input value=123 />")。FF 则不支持这个功能，只能输入标签名，例如 document.createElement("input")。

2. document.createTextNode(text)

创建一个文本节点，并以 text 参数为文本的值。

3. document.createComment(comment)

创建一个注释节点，并以 comment 参数为注释的值。

4. document.createDocumentFragment()

创建一个文档片段节点。文档片段可以理解为文档对象的一种，但比 document 更小、更轻，它的作用就是可以将一些新创建的节点(不在文档树中)添加在文档片段之中，用来提高效率。

当脚本使用 insertBefore 或者其他方法将一个新创建的节点插入文档树时，系统不只是简单地创建它与其他节点的关系。在 HTML 文档树中，还会进行样式的继承等操作。如果创建了很多新节点，都分别插入文档树中，系统将每次都执行这些复杂并且消耗资源的操作，文档片段的作用就是充当一个临时文档对象，包含这些节点。在插入时，只要插入一次 documentFragment 就可以了。当然，插入之后 documentFragment 节点本身不会出现在文档树中。

5. node.cloneNode(deep)

创建节点的另一种方法是对一个节点进行克隆，cloneNode 方法可以完全复制当前节点的所有属性，如果 deep 参数为 true，还会复制当前节点的所有子节点。在大批量的创建节点操作中，cloneNode 方法的效率会比 createXXX 方法高很多。

所有被创建出来的节点都是一个游离于 DOM 树之外的节点，它们必须被附着在 DOM 树中的某个节点下才能具有继续操作的价值。当使用 appendChild()或者其他方法将一个新节点插入 DOM 树中时，系统会对节点进行如下操作。

(1) 对节点进行关系绑定，也就是确定这个节点的父节点、子节点、兄弟节点等。

(2) 继承父节点的样式，包括背景、字体、边距等。

(3) 在页面上更新插入节点的效果。

这些操作是很消耗系统资源的，所以在比较多地插入节点时，如果使用文档片段节点做辅助，那么将会得到大幅的性能提升。

5.3.8 强大的 innerHTML 属性

innerHTML 作为 HTML 节点(HTML 节点不包含 document 节点，从 documentElement 节点开始)的一个属性，它并没有出现在 DOM 标准中。它属于早期的 DHTML 实现，但它确实很强大。对这个属性的读/写操作就可以完成例如节点创建、修改、删除等的操作。

1. 访问 innerHTML

大部分的 HTML 节点都有 innerHTML 属性。使用它可以获取带体节点，例如<a>标签体</a>中的所有信息，并且是 HTML 格式的，如图 5.11 所示。

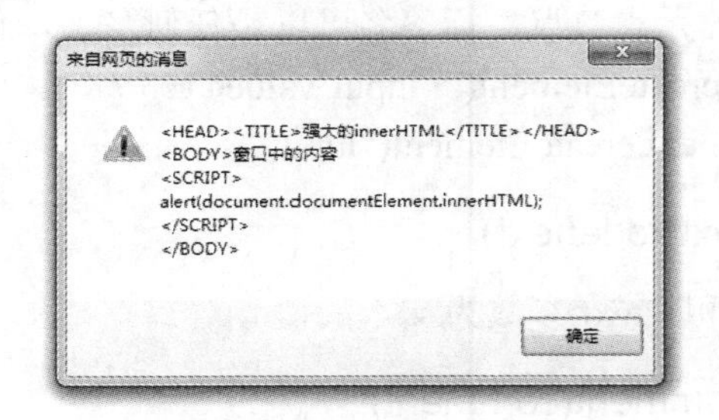

图 5.11 innerHTML

对应的代码如下：

```
<html>
   <head>
      <title>强大的 innerHTML</title>
   </head>
   <body>
      窗口中的内容
   </body>
</html>
<script>
   alert(document.documentElement.innerHTML);
</script>
```

2. 修改 innerHTML

对于任何具有 innerHTML 属性的节点来说，直接修改 innerHTML 属性是最快的修改方

法。对 innerHTML 属性的操作可以完成删除/修改/新增节点的所有操作，只要是合法的 HTML 格式的字符串值都可以对 innerHTML 进行赋值，例如：

```
<body>
    窗口中的内容
</body>
<script>
    document.body.innerHTML = "<font id='f' color='blue'>新的内容</font>";
</script>
```

当 innerHTML 的内容发生改变时，系统会对 innerHTML 的值进行解析，对上面的代码而言，系统首先会删除原有的文本节点，接着会创建 font 节点以及它的文本子节点。这些操作也是会花费时间的，如果 innerHTML 的值被修改得很多，那可能会引起页面的暂时停顿，所以在使用 innerHTML 时，尽量不要修改太多的节点。

提示

除了 innerHTML 外，IE 还支持 innerText 属性。该属性的使用方式与 innerHTML 相同，只是获取和设置的内容不是 HTML，而是纯文本。从使用的性能上来说 innerText 显然比 innerHTML 要快得多，但这需要根据使用的意图而定，另外，该属性并不是大部分浏览器都兼容的，同样不兼容的还有 outerHTML。

从学习 BOM 开始，读者才会对 JavaScript 有更实际的体验。使用 JavaScript 对页面进行控制都要依赖 BOM 对象。对读者而言，目前不是要掌握每个对象的属性和方法，整个模型的结构更为重要。

DOM 模型是一个通用的模型结构，并且包括一套与模型匹配的接口(方法和属性)。BOM 和 DOM 并不是互斥的，而是同时作用于相同的实体模型上。

对 HTML 中的节点而言，节点以 BOM 模型进行浏览器页面本身的处理，而 DOM 则为每个节点增加了处理节点间关系更为方便的操作。事实上，DOM 的出现也是 W3C 为了标准化管理文档结构而创建的一种解决方案。

5.4　上 机 练 习

(1)　使用 window 的全局方法让窗口从全屏大小缩小为 100×100 像素，并改变位置为屏幕的中心。

(2)　测试不同版本浏览器的 navigator 信息。

(3)　区分 document 对象和 documentElement 对象。

(4)　测试自己所用浏览器的 DOM 支持度。

(5)　通过 DOM 标准接口获取元素的引用，并使用 innerHTML 属性进行内容的变更。

(6)　测试 DOM 标准接口创建元素与 innerHTML 创建元素的性能差异。

(7)　使用新的 CSS 选择器 API 来定位节点。

第 6 章

HTML+CSS+JS 三效合一

学前提示

对 Web 页面来说，CSS 与 JavaScript 的交互应用占了 JavaScript 整个应用的很大比例。在本书此后的例子中，将大量使用到 CSS，作为一个 JavaScript 开发人员，虽然不要求精通 CSS，但是基本的样式、定位和 CSS 语法都是必须掌握的。一般来说，JavaScript 特效是离不开 CSS 的。

本章将为读者介绍 CSS 的精华部分，并配合 JavaScript 为读者呈现出页面上的动画效果。

知识要点

- CSS 基本语法
- 元素定位控制
- 改变样式表
- JavaScript 事件
- 事件冒泡与事件捕捉
- 事件监听器

6.1 CSS 样式表

CSS(Cascading Style Sheets，层叠样式表)，是用于控制网页样式并能够将样式信息与网页内容分离的一种标记性语言。对于 HTML 文档来说，它就像文档的皮肤一样，可以将文档呈现出各种效果，甚至可以改变文档元素在页面中的位置，不过 CSS 只是改变视觉效果，文档元素的逻辑嵌套结构不会被改变。下面的两种图示可以直观地告诉读者 CSS 的作用。

(1) URL 地址 http://www.csszengarden.com/zengarden-sample.html 演示了一个未加 CSS 修饰的文档效果，如图 6.1 所示。

css Zen Garden

The Beauty of CSS Design

A demonstration of what can be accomplished visually through CSS-based design. Select any style sheet from the list to load it into this page.

Download the sample html file and css file

The Road to Enlightenment

Littering a dark and dreary road lay the past relics of browser-specific tags, incompatible DOMs, and broken CSS support.

Today, we must clear the mind of past practices. Web enlightenment has been achieved thanks to the tireless efforts of folk like the W3C, WaSP and the major browser creators.

The css Zen Garden invites you to relax and meditate on the important lessons of the masters. Begin to see with clarity. Learn to use the (yet to be) time-honored techniques in new and invigorating fashion. Become one with the web.

So What is This About?

There is clearly a need for CSS to be taken seriously by graphic artists. The Zen Garden aims to excite, inspire, and encourage participation. To begin, view some of the existing designs in the list. Clicking on any one will load the style sheet

图 6.1　未加 CSS 修饰的文档效果

(2) URL 地址 http://www.csszengarden.com/演示了一个经过 CSS 修饰的文档效果，如图 6.2 所示。

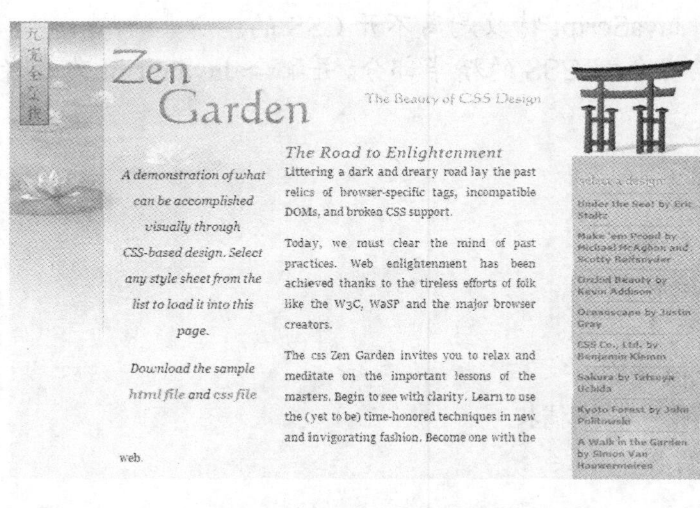

图 6.2　经过 CSS 修饰的文档效果

这两个页面除了多出来的图片以外，其他内容都是相同的，但视觉效果却有很大的差别，这就是 CSS 的作用。

虽然 HTML 本身提供了很多关于样式和排版的标签，但 W3C 基于下面的优点，推荐所有的 Web 开发者都使用 CSS 来代替传统的 HTML 标签。

1. 强大的控制能力和排版能力

CSS 控制字体的能力比 HTML 标签好多了，因此现在标签早已被 W3C 组织列为不被推荐使用的标记。

2. 提高了网页的浏览速度

使用 CSS 设计方法比传统的 Web 设计节省了 50%~60%的文件大小。Table 标签是全部加载完才会显示出来，而 CSS 页面是加载一点显示一点，也更好地提高了网页的浏览速度。以前非得通过图片转换实现的功能，现在只要用 CSS 就可以轻松实现，从而能够更快地下载页面。

3. 缩短修改时间、提高工作效率

传统的 Web 页面需要修改每个<Font>及<Table>等标签，而利用 CSS 设计的 Web 页面，只需要简单地修改几个 CSS 文件，就可以重新设计整个站点。

4. 更有利于搜索引擎的搜索

CSS 减少了代码量，使得正文更加突出，有利于搜索引擎更有效地搜索到 Web 页面。

这些特点足以使任何一个 Web 开发者都开始深入地学习 CSS。读者可以通过访问 W3C 的官方网站 http://www.w3.org/Style/CSS/learning 来了解 CSS 并学习它。

6.1.1　从 DHTML 开始

当互联网到处都出现“DHTML”(动态 HTML)这个术语时，一批又一批的诚实可靠小网民们都被互联网商家忽悠得云里雾里。

事实上，DHTML 并不是 W3C 发布的标准。它是一个被网景公司(Netscape)和微软公司为推销自己支持新技术的第 4.x 代浏览器而推出的广告语。通常，这种技术就是指可以用更灵活的方式来动态地控制页面内容，也就是 HTML+CSS+JS。

HTML 是指 HTML 4.0，它支持文档内容和表现进行分离，可以在不改变文档结构本身的情况下改变文档的外观。

JS 是指 JavaScript+DOM+CSS。事实上，DOM 的出现也是由于 DHTML 对文档控制的需求。CSS 则是文档的外观，而 JavaScript 充当了调度的角色，来控制文档的结构和外观。

6.1.2　认识 CSS

像 DOM 标准那样，W3C 也对 CSS 进行了等级划分，包括 CSS Level 1、CSS Level 2、CSS Level 3。除了这些针对 PC 平台使用的 CSS 外，W3C 还发布了其他平台的 CSS，包括 CSS Mobile Profile、CSS Print Profile、CSS TV Profile。

CSS Level 2 是目前大部分浏览器都支持的 CSS 标准，也是 W3C 推荐的浏览器支持标准。虽然 CSS 不是本书的重点，但作为 DHTML 的一个重要组成部分，希望读者可以快速地掌握 CSS 的基础，以便在 JavaScript 中对它进行控制。

不同于 JavaScript 的复杂逻辑语法，CSS 只是一种声明式语法，如下所示：

```
选择器{属性 1:值 1; 属性 2:值 2; ...; 属性 n:值 n;}
```

CSS 的语法由三个主要部分组成：选择器、属性以及对应属性的值。选择器确定了该样式应用的范围，属性和值就是样式的具体描述。

在一个简单的 CSS 规则中，选择器可以是需要定义样式的任何 HTML 标签，一个典型的例子如下：

```
body {background-color: black;}  /*页面背景色为黑色*/
```

改变 body 对象的 background-color 属性为 black，效果就是页面的背景变成黑色。如果属性的值由多个单词组成，就必须在值上加引号，例如字体的名称经常是几个单词的组合：

```
table{font-family: "sans serif"}  /*所有表格字体为 sans serif */
```

如果要改变多个属性，可以用分号对多个属性的定义进行分割，例如：

```
p{background-color: black; color: red} /*所有段落背景色为黑色，字体色为红色*/
```

在 CSS 定义中，能否使用某个属性或值是根据 CSS 规范和浏览器一同决定的。

对 CSS 中的属性来说，每个属性都可以当作字符串类型来理解，因为它们支持不同形式的值，例如颜色属性的值既可以为单词也可以为十六进制数值。CSS 中常用的单位有下面几种。

(1) 数值单位

使用数值单位的属性很多，包括长度、高度、字体大小等属性，它们都支持 CSS 的数值单位，如表 6.1 所示。

表 6.1　数值单位

单　位	符　号	例　子
像素	px	12px
相对大小	em	1.2em
百分比	%	120%

(2) 颜色单位

颜色单位比较特殊，从数据类型的角度说，它属于独立的类型。在 CSS 中，支持三种颜色格式，如表 6.2 所示。

表 6.2　颜色单位

格　式	符　号	例　子
颜色单词		red、black
十六进制数	#	#00ff00、#0f0
RGB	rgb()	rgb(0,0,255)、rgb(0%, 0%, 100%)

CSS 中的颜色表示比较简单，透明通道并没有加在颜色中。无论是十六进制数还是 RGB 格式，它们都是使用红、绿、蓝的顺序来进行颜色的处理。这两种格式的数值是相同的，

十进制的整数 255 用十六进制表示就是 FF。

使用颜色单词是更直接的方式，浏览器支持多达上百种的英文单词颜色值。但并不是所有的颜色值都被支持。

(3) 复合单位

在 CSS 中还存在一些复合属性，这些属性通过设置复合值来简化输入。例如设置一个元素的边框：

```
border: 1px solid #000;   /*分别设置了 1 像素宽、实线、黑色*/
```

如果不采用这种方式，则要设置 3 个属性：

```
border-color: red;    /*设置边框颜色*/
border-style: solid; /*设置边框样式*/
border-width: 20px 10px 5px 10px; /*设置边框宽度*/
```

显然，这样完整的设定很麻烦，应该没有人愿意这样写。

允许设置复合值的属性有很多，包括 font、background、padding、margin 等。

提示

CSS 只支持/*...*/一种注释方式。

6.1.3 CSS 选择器

在深入了解选择器之前，先来思考一个问题。在 6.1.2 小节中，我们为表格定义了字体，在该样式的注释中指明是所有表格的字体。注意，是“所有表格”。如果你想为工资表和考勤表指定不同的字体效果时，这个样式显然是不合适的，而选择器就是用来解决这个问题的。

选择器的规则很多(见本书附录)，下面列出一些常用规则。

1. 组规则

语法：

```
选择符 1, 选择符 2, ..., 选择符 n {属性 1:值 1; 属性 2:值 2; ...; 属性 n:值 n;}
```

当需要对不同的选择符进行相同样式的定义时，可以使用 CSS 的组规则，例如：

```
H1, H2, H3 { font-family: helvetica }
```

除了这种组规则外，CSS 还允许对属性值进行组定义。如下面的定义：

```
H1 {
    font-weight: bold;
    font-size: 12pt;
    line-height: 14pt;
    font-family: helvetica;
    font-variant: normal;
    font-style: normal;
}
```

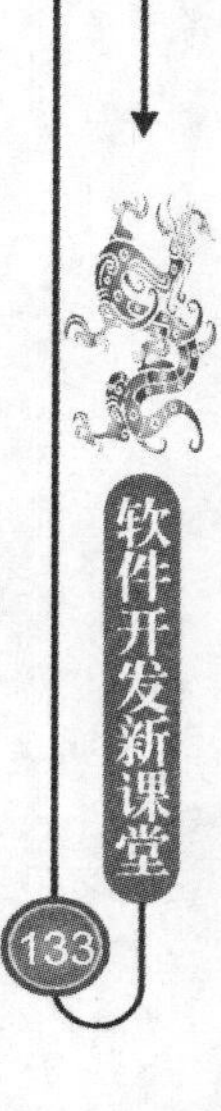

使用属性值的组定义可以大大减少代码量：

```
H1 { font: bold 12pt/14pt helvetica }
```

类似 font 这种属性，属于 CSS 的复合属性。使用复合属性可以减少很多代码，但使用它就像学习五笔输入法一样，需要记住每个位置上值的含义。

2. 继承(层叠)规则

当对一个 HTML 标签定义了 CSS 样式后，样式会自动继承给这个节点的所有子节点。在下面的结构中：

```
<p>
    <b>继承</b>
</p>
```

当 p 被定义了样式后，b 会默认继承 p 的样式。例如 p 的字体颜色被定义为蓝色，那么 b 中的字体颜色也为蓝色。要改变这种情况，除非对 b 的同一属性(字体颜色)重新定义。

3. 类规则

语法：

```
选择器 {属性 1:值 1; 属性 2:值 2; ..., 属性 n:值 n;}
```

类规则可以把样式定义为一个与任何对象都无关的独立体。并且这个样式可以使用在任何地方。

在类规则中，选择符不再是 HTML 标签，它与前面的点“.”号一同构成了样式的类名，只需要在标签上引用这个类名，标签就具有了这个样式，例如：

```
.list{color: #0000ff;}

<h1 class="list">标题 1</h1>
<h2 class="list">标题 2</h2>
<h3 class="list">标题 3</h3>
```

通常类规则用在需要大量重复使用的地方。

4. ID 规则

语法：

```
#选择器 {属性 1:值 1; 属性 2:值 2; ...; 属性 n:值 n;}
```

与类规则不同，一个 ID 规则定义的样式通常只能用在一个标签上，例如：

```
#header {
    width: 800px;
    height: 125px;
}
<body>
    <div id="header">顶部横条</div>
</body>
```

理论上，ID 的意思是唯一，但 HTML 并没有对 ID 重复做任何限制，只能由编码者自己限制。通常 ID 规则用来制定页面的整体框架，与类规则配合，一起完成整个页面的样式定义。

提示

当在 JavaScript 中涉及 ID 的操作时，例如 getElementById，如果 ID 重复，将会导致错误的结果。

5. 嵌套规则

语法：

```
选择符 1 选择符 2 选择符 3  {属性 1:值 1; 属性 2:值 2;  ...; 属性 n:值 n;}
```

嵌套规则可以指定一个路径来定义一个样式，规则中的选择符可以是类、ID 或者基本选择符，例如：

```
div p { font: small sans-serif }
.reddish h1 { color: red }
#x78y code { background: blue }
```

选择符之间的空格可以理解为对象访问时的“.”号，例如.reddish h1 的意思就是——使用类“reddish”的标签中的 H1 标签的样式，HTML 中的结构如下：

```
<div class="reddish">
   <h1>标题 1</h1>
</div>
```

通常这样定义样式是为了从结构上保持一个关联性，更容易看懂，例如要改变继承规则的样式，就可以这样定义：

```
p{color:red;}
p b{color:blue;}

<p>
   <b>继承</b>
</p>
```

6.1.4　CSS 的使用

CSS 代码可以定义在 Web 文档的内部或者外部，根据 CSS 代码使用的意图和方式，有 3 种方式来使用样式。

1. 外部引用

像.js 文件一样，CSS 代码也可以写在一个独立的文件中，然后在页面中引用这个文件。理论上，文件的后缀名是没有限制的，但通常 CSS 文件都以.css 作为文件后缀。

可以使用 HTML 标签对.css 文件进行引用，例如：

```
<head>
```

```
    <title>CSS Ref</title>
    <link rel=stylesheet href="demo.css" type="text/css">
</head>
```

当需要对多个页面进行大量重复的样式定义时，使用外部文件无疑是最好的选择。

2. 内部样式块

如果只需要针对某个页面进行少量的样式定义，并且不准备用于其他页面，那就可以直接定义在 HTML 文档中。例如：

```
<head>
    <title>CSS</title>
    <style type="text/css">
    body {
        background: black;
        font-size: 30pt;
        color: blue;
        font-weight: bold;
        font-family: "宋体";
    }
    </style>
</head>
```

<style>标签用来指定一个可以编写 CSS 代码的内部块，内部块可以出现在任何地方，但最好出现在需要应用样式的标签之前，因为浏览器是顺序应用代码的。例如：

```
<body>
    <style>
        p b {
            color: blue;
        }
    </style>
<p>
    <b>CSS 内部样式块</b>
</p>
</body>
```

3. 内联样式

内联定义就是直接在标签上定义它的样式，例如：

```
<body style='background:gray;color:blue'>
    CSS 内联定义
</body>
```

使用标签的 style 属性来定义标签的样式，称为内联定义。本书并不推荐大量使用这种方式来定义 CSS。这会将样式和文档内容混淆在一起，十分影响修改和阅读。

4. 优先级

当对同一个标签使用不同的方式定义了同样的样式时，解析器采取的原则就是“就近原则”，离标签最近的定义将生效，例如：

```
<p style="color:red;">
    <style>
        b {
            color: black;
        }
    </style>
    <b style="color:blue;">1</b>
</p>
```

<p>的样式由于 CSS 的继承规则会对<b>产生影响，专门为<b>定义的样式会抵消继承的影响，而<b>的内联样式将会最终产生决定性影响，这就是样式的优先级。

6.1.5　CSS 的滤镜

滤镜的概念经常出现于图像制作软件中，例如 Photoshop。它可以用来实现图像的各种特殊效果，例如可以把图片变得具有玻璃或者水纹的效果等。

对 HTML 同样可以实现很多滤镜效果，而且不只是对于图片，对其他 HTML 元素同样可以进行滤镜的操作，例如对字体的操作：

```
<div style="filter:progid:DXImageTransform.Microsoft.engrave(bias=0.5);
 height:1;font-size:20pt;font-family:impact;background-color:blue">
    <p align="center">K E N</p>
</div>
```

将会产生意外的效果，如图 6.3 所示。

图 6.3　IE 滤镜效果

使用滤镜可以很容易地做出如图 6.3 所示的这种文字雕刻效果，当作个人签名的话应该会比较有特色。除此之外，还有几十种很绚丽的效果可以使用滤镜来实现。但是，如果仔细观察上面代码中的 CSS 代码，就会发现滤镜的名称中包含了 DXImageTransform.Microsoft 的字眼，这也就是说，IE 下的滤镜使用了 Windows 专用的 DX 图形渲染技术，这意味着什么呢？只有 IE 支持滤镜！这真是一个不幸的消息。不过一个好消息是标准的 CSS 中支持透明效果，这也是所有浏览器都支持的唯一一种特殊效果，使用它，可以实现半透明等，如图 6.4 所示。

图 6.4　兼容浏览器的透明效果

实现代码如下：

```
<style>
div {
   width: 100px;
   height: 100px;
}

#layer1 {
   position: absolute;
   left: 30px;
   top: 30px;
   background: #000080;
   opacity: 0.2; /* CSS 标准方式，IE7 以上支持 */
   filter: Alpha(Opacity='20'); /* 滤镜透明方式，IE6 支持 */
}

#layer2 {
   background: #FDBDD7;
}
</style>
<body>
   <div id="layer1"></div>
   <div id="layer2"></div>
</body>
```

6.1.6 JS + CSS

别忘了这可是一本讲解 JavaScript 的书，所以下面应该介绍 JavaScript 与 CSS 的关系了，这才是重点。

1. 基本样式控制

动态效果的基本功能就是允许 JavaScript 动态地改变页面中元素的原先样式，这些样式包括了背景色、字体颜色、字体大小、边框等。有些属性可以在 HTML 中进行修改，而大部分属性则必须通过 CSS 来定义，例如：

```
<style>
    #p {
       font-size: 13px;
       color: blue;
       width: 150px;
       height: 150px;
       border: 1px solid #000;
    }

    #c {
       margin-left: 20px;
       margin-top: 10px;
       width: 100px;
```

```
        height: 100px;
        border: 1px solid #000;
    }
</style>
<body>
    <!-- 父节点 -->
    <div id="p">
        父节点
        <!-- 子节点 -->
        <div id="c">
            子节点
        </div>
    </div>
</body>
<script>
    //获取元素引用
    var p = document.getElementById("p");
    var c = document.getElementById("c");

    alert("按确定键观察父节点改变效果!");

    //更改父节点样式
    with(p.style) {
        //子节点的字体大小也被改变
        fontSize = "18px";
        //子节点的字体颜色也被改变
        color = "black";
        //默认背景为透明
        background = "#eee";
    }

    alert("按确定键观察子节点改变效果!");

    //更改子节点样式
    with(c.style) {
        //覆盖了父节点的背景色
        background = "lightGrey";
    }
</script>
```

当按照上面的代码执行时，会发现样式按照继承规则发生了改变，如图 6.5~6.7 所示。

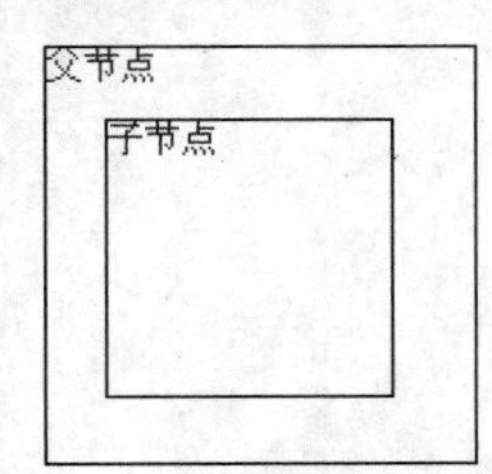

图 6.5　修改样式之前

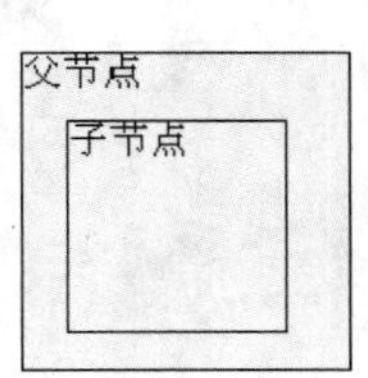

图 6.6　修改父节点样式之后

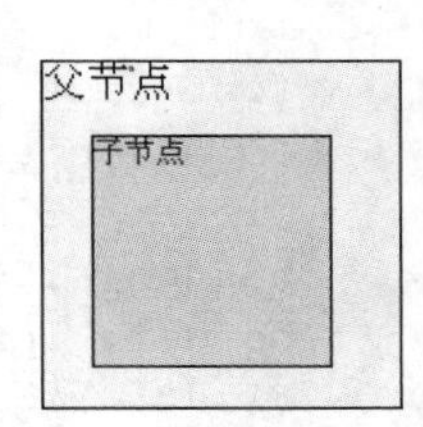

图 6.7　修改子节点样式之后

元素的样式都由元素的 style 属性控制，在修改父节点的样式后，子节点的样式也随之变化，这就是样式的继承性。有时这种特性会带来不好的效果，这时就需要对子节点的样式重新定义。

另一个比较重要的概念是图层，图层可以让平面的页面看起来更加立体，更有层次感。身处不同层次的节点会有不同的表现效果，当它们叠加在一起的时候，这种效果就会显示出来，图 6.7 中的子节点的背景色看起来比周围的父节点的背景色要深，这是因为子节点位于父节点的上层，利用图层可以做出很多类似桌面应用的效果，例如模拟 Windows 窗口的效果。

2. 定位控制

元素定位技术是 JavaScript 一切移动效果的基础，这些效果包括了鼠标控制的元素拖动、漂浮效果、动画效果等。

虽然这不是一本专门讲 CSS 的书，但本书力求让读者都能明白 JavaScript 应用中所涉及的 CSS 知识，况且 JavaScript 和 CSS 总是结合得很紧密的。所以在介绍如何通过 JavaScript 来控制元素移动之前，我们先了解一下 CSS 中的“文档流”。

(1) 文档流

把一个 HTML 页面想象为一个排水系统，水流从左到右，一行满了换下面一行。当我们在书写 HTML 页面的时候会发现，HTML 页面的内容总是按照这个顺序来进行的，而不管你的标签在什么位置。文档流限定了后面的元素永远不会出现在前面，但有时为了网页的美观，我们需要将某个元素的位置移到特定的文档流处。除了使用 table 外，更好的办法是使用 CSS。CSS 可以将元素定位在你想要的任何地方，甚至跳出文档流的限制。

(2) 浮动定位

浮动定位类似于 table 中的左右对齐属性 align。浮动定位并不会影响正常的文档流，但是被浮动的元素会向上层“浮动”，例如：

```
<style>
   .floatL {
      font-size: 13px;
      color: blue;
      width: 150px;
      height: 150px;
      border: 1px solid #000;
      float: left;
   }

   .floatR {
      font-size: 13px;
      color: blue;
      width: 150px;
      height: 150px;
      border: 1px solid #000;
      float: right;
   }
</style>
```

```
<body>
    <span class="floatL"></span>
    <span class="floatL"></span>
    <div style="clear:both"></div>
    <span class="floatR"></span>
    <span class="floatR"></span>
</body>
```

上面的代码中有两组<span>分别使用了 floatL 和 floatR 样式。当元素被浮动后，它会根据浮动的方向往左或右移动，当第一行被元素挤满后，会自动向第二行排列，当然这种移动也可以通过 clear 属性进行截断，这样就可以制造出像 table 一样的效果了。

浮动效果完全可以替代 table 来进行元素的布局，但美中不足的是，它没有居中对齐。浮动适合替代 table 进行页面的框架布局，例如上中(左右)下这种典型的布局。

提示

如果把上面代码中的<span>都改成<div>，那么在不浮动的时候，它的排列是一个<div>占用一行的，这是由 CSS 的又一特性决定的：块级元素和行级元素。行级元素会独占一行，例如<div>，而块级元素就不会，例如<span>。当<div>被浮动后，它会自动由行级元素转变成了块级元素。

浮动定位适合进行页面大框架的布局使用，但它无法使元素脱离文档流，那就意味着元素中是按着代码的书写顺序进行排列，而坐标定位可以让元素精确定位在屏幕上的某个像素点，这可是相当精确的。坐标定位包括相对定位和绝对定位，同样的偏移会因为定位方式的不同而产生不同的结果。

(3) 相对定位

相对定位可以使元素相对于自己所处的原有位置进行偏移，如图 6.8 所示。

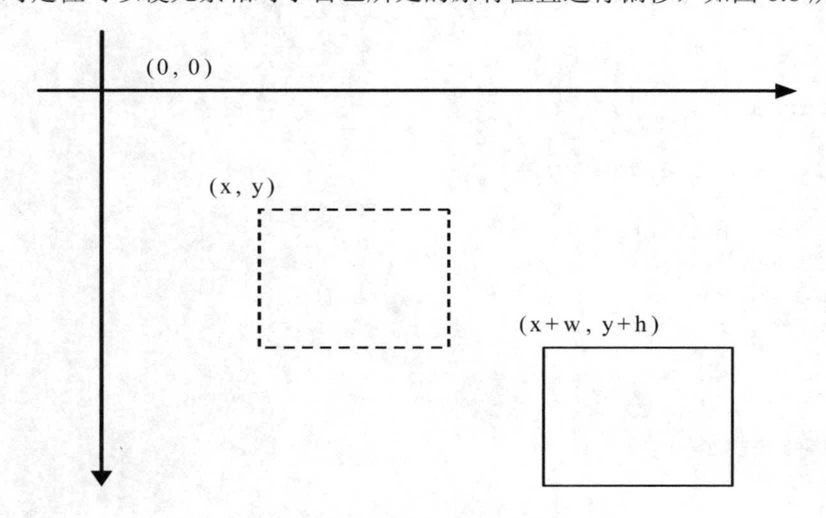

图 6.8 相对定位

在移动元素之前，读者必须清楚 Web 页面中的坐标系统。

① 与其他语言一样，坐标的原点都在左上角，只是在 Web 中这个原点在浏览器的可

视区域的左上角，而不是显示器的左上角。

② 元素的坐标也指的是元素相对于原点的距离。

接着就很简单了，剩下的事情就是指定元素需要移动的 w 和 h，例如使元素向右下方移动：

```
<style>
   #block {
      width: 100px;
      height: 100px;
      border: 1px solid #000;
      /* 相对定位 */
      position: relative;
      /* 指定偏移量，单位可以为任何合法单位 */
      left: 20px;
      top: 20px;
   }
</style>
<body>
   <div id="block">
   </div>
</body>
```

相对定位很容易理解，但仍然没有使元素脱离文档流。

(4) 绝对定位

这个名字一定迷惑了很多学习 CSS 的初学者。“任何事情都没有绝对的”这句话在这里绝对得到了最好的发挥。

很多人认为绝对定位就可以相对于页面原点来指定元素定位在任何位置，大部分情况下确实是这样，例如使一个没有父节点的元素做绝对定位操作：

```
<style>
   #block {
      width: 100px;
      height: 100px;
      border: 1px solid #000;
      /* 绝对定位 */
      position: absolute;
      /* 指定偏移量，单位可以为任何合法单位 */
      left: 100px;
      top: 100px;
   }
</style>
<body>
   <div id="block">
   </div>
</body>
```

对 div 进行移动后，它的坐标距离原点确实是(100, 100)。这也是为什么很多人会以为真的是绝对的原因。如果你也是这个想法，那下面的代码就会让你立刻改变。

绝对定位的相对概念：

```
<style>
    #p {
        width: 200px;
        height: 200px;
        border: 1px solid #000;
        /* 绝对定位 */
        position: absolute;
        /* 指定偏移量，单位可以为任何合法单位 */
        left: 100px;
        top: 100px;
    }

    #c {
        width: 100px;
        height: 100px;
        border: 1px solid #000;
        /* 绝对定位 */
        position: absolute;
        /* 指定偏移量，单位可以为任何合法单位 */
        left: 100px;
        top: 100px;
    }
</style>
<body>
    <div id="p">
        <div id="c"></div>
    </div>
</body>
```

当绝对定位元素的父元素也是绝对或者相对定位时，情况就会发生改变，如图 6.9 所示。

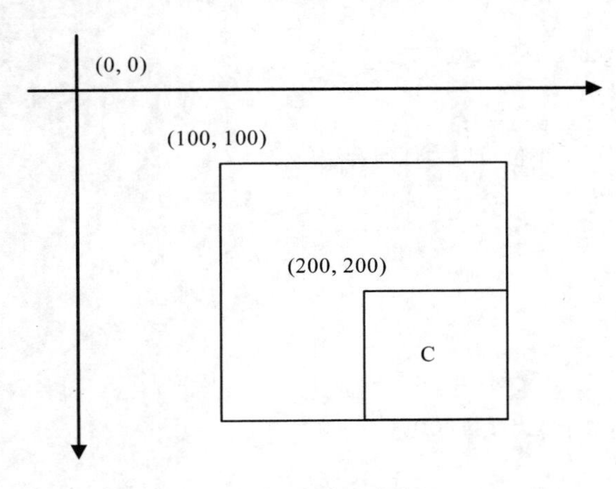

图 6.9　绝对定位

当绝对定位元素的父元素也是绝对或者相对定位时，这个元素的参考点就不再是页面原点，而是父元素的左上角了。注意，这个父元素不一定是它的直接父元素，有可能中间被“包”了很多层，而绝对定位元素只认识绝对或者相对定位的父元素。在 JavaScript 中，

这个绝对定位的“相对偏移”可以通过 div.offsetLeft 和 div.offsetTop 得到。

也就是说，绝对定位的元素实际上是相对于同样为绝对或者相对定位的父元素的左上角，如果没有就相对于<body>元素。

看起来它很麻烦，不过大部分应用中，绝对定位都是相对于<body>元素的，所以它大部分时间都是很“绝对”的。

下面就来完成一个使用绝对定位实现的动画，如图 6.10 所示。

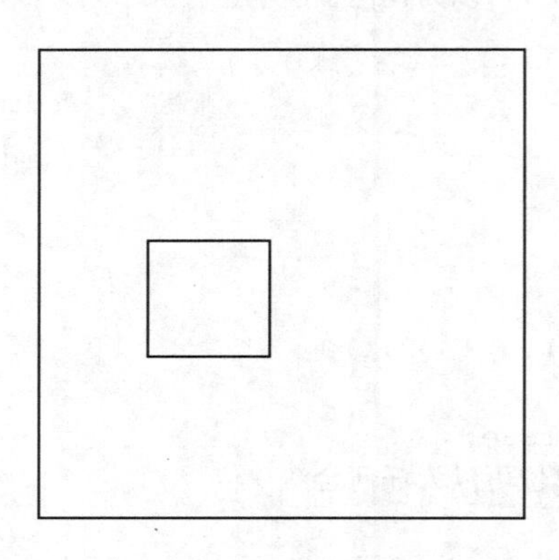

图 6.10　绝对定位的应用

图 6.10 中的小方块会沿着对角线方向向大方块的边界移动，但永远不会越过边界。

创建上述程序的操作步骤如下。

(1) 定义元素样式：

```
<style>
    #p {
        width: 200px;
        height: 200px;
        border: 1px solid #000;
        /* 绝对定位 */
        position: relative;
        /* 指定偏移量，单位可以为任何合法单位 */
        left: 100px;
        top: 100px;
    }

    #c {
        width: 50px;
        height: 50px;
        border: 1px solid #000;
        /* 绝对定位 */
        position: absolute;
        /* 指定偏移量，单位可以为任何合法单位 */
        left: 100px;
        top: 100px;
    }
</style>
```

```
<body>
    <div id="p">
        <div id="c">
        </div>
    </div>
</body>
```

(2)　定义动画参数：

```
<script>
    var c = document.getElementById("c");

    //边界
    var limitXR = 200-50;
    var limitYB = 200-50;

    var dirX = 0; //X 轴移动方向。1.左 0.右
    var dirY = 0; //Y 轴移动方向。1.上 0.下

    //当前坐标
    var cX = c.offsetLeft;
    var cY = c.offsetTop;

    //移动速度
    var randomX = 3;
    var randomY = 3;
```

(3)　启动动画：

```
//循环
setInterval(function() {

    //移动
    c.style.left = cX+(dirX?-randomX:randomX)+'px';
    c.style.top = cY+(dirY?-randomY:randomY)+'px';

    //更新坐标
    cX = parseInt(c.style.left);
    cY = parseInt(c.style.top);

    //判断边界
    if(cX >= limitXR) {
        dirX = 1;
        c.style.left = limitXR;
        randomX = Math.random()*5+1;
    }
    else
        if(cX <= 0) {
            dirX = 0;
            c.style.left = 0;
            randomX = Math.random()*4+1;
        }
```

```
    if(cY <= 0) {
        dirY = 0;
        c.style.top = 0;
        randomY = Math.random()*3+1;
    }
    else
        if(cY >= limitYB){
            dirY = 1;
            c.style.top = limitYB;
            randomY = Math.random()*2+1;
        }
},1);
</script>
```

提示

除了相对定位和绝对定位，标准 CSS 还支持固定定位，固定定位的元素就像被定在屏幕上，而不是页面上，即使页面滚动，元素也不会动，就像一张贴在屏幕上的纸。IE7、FF3 以及 Opera 等浏览器都支持 CSS 的{position: fixed}属性。

6.1.7 访问样式表

如果需要对使用相同样式类的几十个元素进行相同样式的修改，你会怎么做？获取这些元素的引用，然后循环对它们的 style 属性进行修改。这是最容易想到的大众方法，不过，还有比它更有效的方法，就是直接修改样式表类，例如：

```
<style>
.mainFont {
    font-size: 13px;
    color: blue;
}

#mainFont {
    font-size: 13px;
    color: blue;
}
</style>
<body>
    <div class="mainFont">元素 1</div>
    <div class="mainFont">元素 2</div>
    <div class="mainFont" id="mainFont">元素 3</div>
</body>
<script>
    //FF3 下的控制方式，所有文字变成红色
    //document.styleSheets[0].cssRules[0].style.color= "red";
    //IE6 下的控制方式，只有“元素 3”变成黑色
    document.styleSheets[0].rules[1].style.color="black";
</script>
```

使用 JavaScript 控制样式表而不是直接控制元素，可以用更快的速度来实现大批量的样式改变。

styleSheets 列表属性记录了当前文档中的所有样式块，样式块包括了<link>和<style>标签，每个标签都是一个 styleSheet。一个样式块中的每个定义都是一个样式规则，在上面的代码中定义了两个样式规则.mainFont 和#mainFont，获取到具体的样式规则后，就可以对其进行修改了。

6.1.8　运行时样式

JavaScript 使用元素的 style 属性进行元素样式的改变和读取。但有些时候，style 属性也无法获取你想要的属性，例如：

```
<style>
   #p {
      color: blue;
   }
</style>
<body>
   <div id="p">
      <div id="c">
         文字
      </div>
   </div>
</body>
<script>
   var c = document.getElementById("c");
   alert(c.style.color);  //显示字体颜色
</script>
```

每个元素对象都有一个 style 对象属性，用来保存自己的样式，但它并不是即时更新的。对于上面代码中的 alert 函数，结果将会显示一个空白提示框，但“c”中字体确实是蓝色。对于这种由样式继承所实现的样式改变，style 对象无法获取到最新的值。

运行时样式就是为了解决这个问题而出现的，例如：

```
<style>
   #p {
      color: blue;
      font-size: 13mm;
   }
</style>
<body>
   <div id="p">
      <div id="c">
         文字
      </div>
   </div>
</body>
<script>
```

```
    var c = document.getElementById("c");

    //IE 下使用的运行时样式
    alert(c.currentStyle.fontSize);

    //FF 下使用的运行时样式
    //alert(window.getComputedStyle(c,null).fontSize);
</script>
```

注意在 IE 和非 IE 浏览器下获取运行时样式的差异。实际上，它们的差异不仅仅表现在书写方式上，在获取的值上也有差异，如图 6.11、6.12 所示。

图 6.11　IE 下的结果

图 6.12　FF3 下的结果

currentStyle 返回的结果可能与 style 对象返回的不同，并且不同浏览器的结果也不同，在涉及需要使用这些数据来完成应用的时候，必须要注意不同平台间数据差异的转换，例如本书后面要讲的动画。当然，最好的办法就是在定义样式时只使用像素(px)单位，这样就可以获得最好的兼容性。

不要频繁使用运行时样式，特别是在 FF3 下，否则页面会卡得很厉害。而在这一点上 IE 显然做得更好。

6.2　事　件

在以命令行操作电脑的时代，计算机是程序驱动的，因为计算机用户必须记住很多的命令，并且执行不同的命令来进行文件管理、软件应用等操作。而图形界面的革命性就在于将计算机变成了用户驱动的，用户可以不必记住种类繁多的命令，只要知道鼠标的操作方式就可以了。

图形界面的产生以及各种外设的应用，使程序需要识别用户不同的动作，来做出反应，例如鼠标拖动、点击鼠标左/右键、滚动鼠标滚轮等操作。对程序来说，这些操作会被看成是不同的事件，从而可以在代码中进行处理。

DHTML 一个最重要的特征就是支持事件的处理。事件可以通过 JavaScript 进行控制并做出响应，以此提高页面与浏览者的交互体验。

6.2.1　DOM 事件模型

从 DOM Level 2 开始，事件作为一个新的模块加入到 DOM 规范中，作为一个标准，DOM2 事件模型提供了一个通用的事件处理解决方案。不过就像大家都能想到的，IE 并没

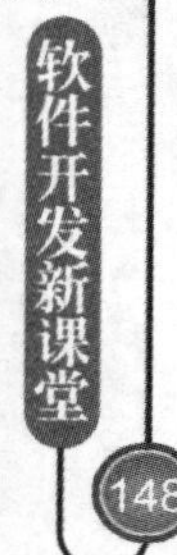

有完全实现这个规范。标准的事件模型如图 6.13 所示。

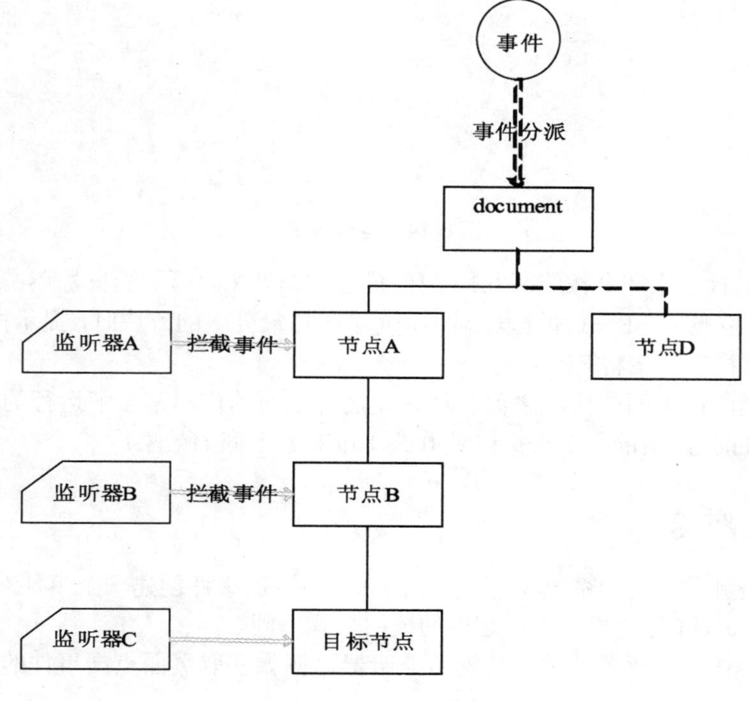

图 6.13　DOM 事件模型

DOM 事件模型由事件、监听器以及事件传递路径等组成，在介绍这些繁琐的概念之前，先看一个用来反映图 6.13 的例子：

```
<div id="a" style="width:90px;height:90px;background:#00FFFF;float:left">
   <div id="b" style="width:60px;height:60px;background:#80FF00; ">
      <div id="c" style="width:30px;height:30px;background:#FF8040; ">
      </div>
   </div>
</div>
<div id="d"
 style="width:30px;height:30px;background:#80FF00;float:right">
</div>
<script>
   var a = document.getElementById('a');
   var b = document.getElementById('b');
   var c = document.getElementById('c');
   var d = document.getElementById('d');

   //为所有节点设置监听器(监听器为标准方式，IE 不支持，Firefox、Opera、Safari 支持)
   a.addEventListener('click', function(){alert("A")}, 1);
   b.addEventListener('click', function(){alert("B")}, 1);
   c.addEventListener('click', function(){alert("C")}, 0);
   d.addEventListener('click', function(){alert("D")}, 0);
</script>
```

运行结果如图 6.14 所示。

图 6.14　运行效果

图 6.14 的运行结果完全按照图 6.13 中所描述的模型来执行。当鼠标单击在最内层的方块时，提示框将按照 A→B→C 的顺序显示，而单击在最外层的方块时，提示框将只显示 A。为什么结果会这样？答案将马上揭晓。

读者在继续阅读下面的内容之前，最好先运行上面的代码来了解运行的结果。可以调整 addEventListener 函数的最后一个参数 0 或 1 以观察不同的效果。

6.2.2　事件对象

任何事件被触发以后，系统(也就是宿主)都会为这次事件创建一个事件对象，在 IE 的非标准实现中，event 是全局对象，它们的使用方式不同。

事件对象会作为监听器的参数传递给监听器，例如获取页面点击事件的事件对象在标准接口中可以这样写：

```
document.onclick = function(event) {
    alert(event);
}
```

事件对象根据所触发事件类型的不同而不同，如果是鼠标点击事件，那么事件对象就会包含点击坐标点的属性。如果是敲击键盘事件，事件对象就会包含敲击的按键值。

因为有了事件对象，很多操作才能够实现，例如鼠标右键菜单需要知道鼠标的点击坐标，然后才出现一个菜单，例如获取鼠标点击坐标：

```
<script>
    document.onclick = function(event) {
        with(window) { //浏览器兼容方案
            alert(event.clientX + ":" + event.clientY);
        }
    }
</script>
```

在标准事件模型中，事件对象 event 是在事件发生时由系统作为参数传递给回调函数，也就是监听函数的，而在 IE 中，event 对象是 window 对象的一个全局属性，换句话说，就是因为 IE 没有使用标准的事件模型，所以事件对象的获取方式不一样。

为了屏蔽这种差异，就需要在 JavaScript 中进行事件对象获取判断。除了上面代码中使用的方法外，通常最常用的方法如下：

```
<script>
```

```
    document.onclick = function(e) {
        e = e ? e : event; //浏览器兼容方案
        alert(event.clientX + ":" + event.clientY);
    }
</script>
```

在不同的浏览器中的不同类型的事件都有着不同的属性，即使是同一个意思，例如坐标信息的属性名也可能不同。常见的事件属性差异见本书的附录。

6.2.3 事件流

事件对象并不是被瞬间移动到目标节点的。当一个事件被触发后，系统会从文档模型的根，也就是 document 对象开始，按照“document→目标节点”的路径(事件传递路径)传递事件对象给目标节点，这个事件被传递的过程就称为事件流。

1. 事件捕捉

在标准的DOM事件模型中，事件流途经的所有节点包括非目标节点上都可以对事件进行拦截，也就是事件捕捉。事件捕捉就是在事件对象到达目标节点之前被目标节点的任意父节点拦截的过程。读者可以通过修改与图6.14对应的运行代码，将a、b节点的捕捉参数设置为0，来观察事件捕捉的效果。

事件捕捉使用得不是很多，因为它需要标准的DOM事件接口支持，而对用户使用量最大的IE来说，它不支持事件捕捉。大多数情况下，为了保持事件处理的兼容性，事件捕捉都不会被执行。

提示

虽然在IE中有setCapture和releaseCapture函数，但这里的捕捉只是针对鼠标事件的捕捉，并且这个捕捉的含义是为了保持窗口对鼠标的跟踪。一个常见的例子是：当在一个窗口中按住鼠标进行拖动时(例如拖动一个物品到购物车中)，突然弹出的另一个窗口获得了焦点(例如QQ消息窗口)，那么购物车页面就失去了对鼠标的捕捉，即使鼠标左键一直没有松开，那也会导致刚才拖动的物品既不在原地方也不在购物车中，setCapture和releaseCapture就是解决这个问题的，在本书的后面部分中将会使用到这些函数。

2. 事件冒泡

当事件对象顺着事件流到达目标节点之后，目标节点的监听器会被触发，之后事件便会进行事件冒泡，也就是反向事件流。如果监听器没有进行事件捕捉，那么在事件冒泡时监听器会被触发。在支持DOM标准事件的浏览器(Firefox、Opera、Safari)中，读者可以修改与图6.14对应的运行代码来观察冒泡和捕捉。

IE不支持事件捕捉，但支持事件冒泡，因为IE并没有完全实现DOM标准，所以在IE下不能使用标准的事件绑定接口。IE专用的事件监听方式如下：

```
<script>
    var a = document.getElementById('a');
    var b = document.getElementById('b');
```

```
    var c = document.getElementById('c');
    var d = document.getElementById('d');

    //为所有节点设置监听器(IE 专用)
    a.attachEvent('onclick', function(){alert("A")});
    b.attachEvent('onclick', function(){alert("B")});
    c.attachEvent('onclick', function(){alert("C")});
    d.attachEvent('onclick', function(){alert("D")});
</script>
```

3. 防止事件冒泡

冒泡机制允许事件在逆向事件流中被事件流途径的任意节点监听。这有时是好事情，例如，要实现一个点击中间、周围依次变色的涟漪效果。但有时这种特性会对程序产生不好的影响。DOM 事件标准和 IE 的事件模型都提供了取消冒泡行为的方法，以防止冒泡产生的负面效应，例如，标准方式的代码如下：

```
<script>
    //为所有节点设置监听器
    a.addEventListener('click',function(){alert("A")},1);
    b.addEventListener('click',function(e){
        alert("B");
        e.stopPropagation();
    },0);
    c.addEventListener('click',function(){alert("C")},0);
    d.addEventListener('click',function(){alert("D")},0);
</script>
```

IE 专用的代码如下：

```
<script>
    //为所有节点设置监听器
    a.attachEvent('onclick',function(){alert("A")});
    b.attachEvent('onclick', function() {
        alert("B")
        event.cancelBubble = true;
    });
    c.attachEvent('onclick',function(){alert("C")});
    d.attachEvent('onclick',function(){alert("D")});
</script>
```

上面的代码将图 6.14 对应的运行代码中的事件捕捉代码进行了修改，在事件冒泡途中停止了事件的继续传播。事件流可以被阻止在它所经过的任何节点上，包括起始节点和目标节点。而在停止之前，依然会触发事件传递路径上的同类监听器。

4. 取消默认行为

在文本框中敲击字母键就会产生一个对应字母的输出，在单击表单中的“提交”按钮后，页面就会转向新的 URL 地址。这些敲击或者点击行为产生的结果就是事件的默认行为，默认行为让事件和用户之间得以完整地结合，如图 6.15 所示。

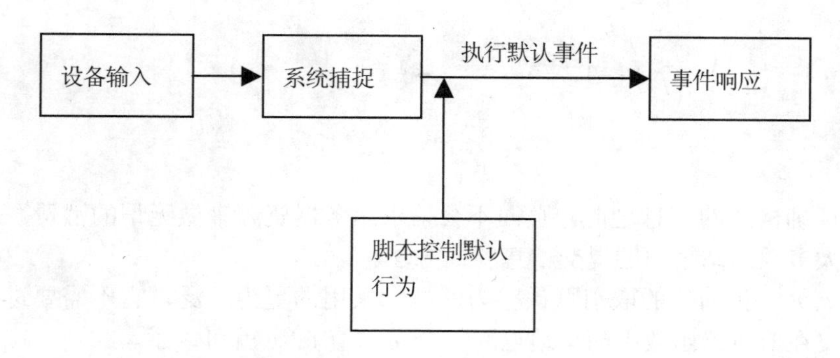

图 6.15　事件的执行模型

控制或者说取消默认行为可以提供更人性化的用户体验，例如阻止用户输入不合法的字符：

```
<input id="userName" type="text" />
<script>
   var userName = document.getElementById('userName');
   userName.onkeydown = function(e) {
      vapr charCode = (e || event).keyCode;
      if(charCode < 48 || charCode > 57) {
         alert("只能输入数字 0-9");
         //阻止默认行为
         if(e)
            e.preventDefault(); //标准方式
         else
            event.returnValue = false; //IE 方式
      }
   }
</script>
```

除了使用正则表达式来验证一个输入格式的正确性外，也可以在用户输入阶段进行限制，就像上面的代码那样。

检测每个敲击键盘的动作是很消耗系统资源的，如果这些信息需要保存到数据库中，那么一个更好的办法是在提交前进行检测，例如：

```
<form id="regInfo" action="URL 地址">
   <input id="userName" type="text" />
   <input type="submit"/>
</form>
<script>
   var regInfo = document.getElementById('regInfo');
   var userName = document.getElementById('userName');

   regInfo.onsubmit = function(e) {
      if(!/^[0-9]{6,9}$/.test(userName.value)) {
         alert("只能输入 6-9 位数字");
         //阻止默认行为
         if(e)
            e.preventDefault();
```

```
            else
                event.returnValue = false;
        }
    }
</script>
```

在得到正确格式的信息之前，页面不会请求服务器资源来做无谓的浪费。上面的验证技术是目前大多数网站采用的提交信息验证方法。

实际上，另一种简化的取消默认行为的技术采用的更为广泛，它不需要进行浏览器的判断，只需要在监听器函数中简单地返回一个布尔值 false 就可以了。

6.2.4　事件目标

一个事件的产生总要伴随着一个结果的出现，例如点击 Windows 系统的开始按钮就会出现一个开始菜单。

对于程序来说，必须要确定用户点击的是开始按钮而不是别的什么地方，这样才能做出正确的响应。在 DOM 事件模型中，不论鼠标点击页面的任何地方，点击坐标点总是存在于某一个 DOM 节点的范围内，例如 div、table、body 等。这样的节点在 DOM 事件模型中被称为事件目标 target，而在 IE 中更倾向于称为事件源 srcElement。

按照标准的 DOM 事件模型中对事件流的描述，事件目标是一个贴切的叫法，而 IE 之所以叫事件源，是因为 IE 所使用的事件模型与标准 DOM 模型不同，只有冒泡没有捕捉。

一个兼容浏览器获取事件目标的方式如下：

```
<script>
    document.onclick = function(event) {
        with(window){ //浏览器兼容方案
            var target = event.target || event.srcElement;
            alert("事件目标名为：" + target.nodeName);
        }
    }
</script>
```

不管是捕捉还是冒泡，在 document 节点上都可以监听到页面中的所有同类事件，如果想改变监听范围，可以在 DOM 树的分支节点上进行事件监听。

6.2.5　监听器

监听器是事件模型的核心，是对事件响应做出处理的地方。对支持标准 DOM 事件模型的浏览器来说，实际上就是一个 JavaScript 函数，只是有一个特定的事件对象作为函数参数。

1. 监听器注册

有两种方式为节点注册监听器：HTML 属性方式和事件接口方式。

(1)　HTML 属性方式

在 HTML 4.x 版本中，监听器可以作为 HTML 标签的属性进行指定。例如：

①　标签方式：

```
<body onclick="alert('别点我')">
</body>
```

② 引用方式：

```
<script>
function show(node) {
   alert("节点名称为" + node.nodeName);
}
</script>
<body onclick="show(this)">
</body>
```

③ 纯脚本属性方式：

```
<script>
   document.body.onclick = function() {
      alert("节点名称为" + this.nodeName);
   }
</script>
```

在双引号中可以直接编写 JavaScript 代码，也可以调用已经声明的函数。因为 HTML 属性方式的监听器注册实际上是生成了一个匿名函数，引用方式与纯脚本属性方式是相同的，这也解释了引用方式中 this 是代表 body 自身。

一个标签或者标签对象上通过 HTML 属性方式只能注册同种事件类型的一个监听器，如果试图增加一个监听器，原先的监听器将被覆盖掉，这种特性导致无法在代码运行期间扩展监听器的行为。解决办法就是使用事件接口方式注册监听器。

对标准 DOM 事件模型来说，这种监听器的捕捉参数默认为 false，即不进行捕捉，只进行冒泡。

(2) 事件接口方式

把 JavaScript 代码与 HTML 代码分离开是一种有效提高代码开发/修改效率的做法。使用事件接口不但对代码进行了分离，同时也可以解决同类事件同时注册多个监听器的问题。例如：

① 标准模型方式：

```
<script>
document.addEventListener('click', function(event) { //事件参数
   alert("节点名称为" + event.target.nodeName)
},0);
</script>
```

② IE 模型方式：

```
<script>
document.attachEvent('onclick', function() {
   alert("节点名称为" + event.srcElement.nodeName)
});
</script>
```

一个注册在 DOM 节点上的监听器必须指定所监听的事件类型，例如“click”点击事件，

不同类型的事件使用不同的注册名，并且不同类型的监听器不会监听其他类型的事件流，例如 click 监听器就不会监听一个键盘敲击事件。

使用标准接口，addEventListener 可以对同一个监听器注册两次并且不会覆盖，例如：

```
document.addEventListener('click', listener, 0);
document.addEventListener('click', listener, 1);
```

读者需要注意的是，如果是动态地在一个节点上注册监听器，那么必须在事件流经过这个节点之前注册，否则监听器将无法被触发，例如：

```
<script>
   b.addEventListener('click', function(e){alert("B")}, 0);
   c.addEventListener('click', function() {
      alert("C");
      //注册监听器
      a.addEventListener('click', function(){alert("A")}, 0);
      },0);
   d.addEventListener('click', function(){alert("D")}, 0);
</script>
```

上面的代码修改了图 6.14 对应的运行代码中的事件注册部分，当事件流到达目标节点 C 时，动态地为节点 A 注册监听器，在冒泡阶段，事件流还没有到达节点 A，所以节点 A 上的监听器将会监听到这个事件。

2. 监听器删除

如果一个监听器已经不再需要，就可以将它从节点上删除，避免它再次做出不需要的响应。无论是 IE 还是其他浏览器，删除监听器都很简单，但一个必需的条件是：监听器不能是一个匿名函数，例如：

(1) 标准接口删除：

```
<script>
function listener() {
   alert('非匿名函数');
   this.removeEventListener('click', listener, 0);
   this.removeEventListener('click', listener, 1);
}
document.addEventListener('click', listener, 0);
document.addEventListener('click', listener, 1);
</script>
```

(2) IE 接口删除：

```
<script>
function listener() {
   alert('非匿名函数');
   document.detachEvent('onclick', listener);
}
document.attachEvent('onclick', listener);
</script>
```

就像上面代码所演示的那样，删除一个监听器就必须获得这个监听器函数的引用，否则无法删除。读者需要注意的是，标准接口有些特殊。使用 removeEventListener 方法删除监听器必须指定这个监听器的事件捕捉参数(第 3 个参数)，因为同一个监听器可以使用不同的捕捉参数注册两次。

6.2.6　事件类型

在 DOM 规范中，事件被分为以下几种类型。

1. 用户接口事件(UI Event)

用户接口事件是通过用户与外围设备的交互产生的事件。例如点击鼠标、敲击键盘等。这类事件是 JavaScript 应用中最常见的，也是应用最广的事件，一个典型的 UI Event 如下：

```
<body onclick="alert('不要点我!')"></body>
```

上面的代码将在鼠标点击页面窗口中的任何位置后，触发一个 UI 事件。

2. 文档变更事件(Mutation Event)

文档变更事件是通过改变 DOM 文档的结构而触发。不管改变过程是否有用户参与，最终改变结构都是通过 JavaScript 而进行的，而变更不仅仅是增加或者删除节点，也包括节点属性的变更，即使是属性值发生了改变。一个典型的 Mutation Event 如下：

```
<b style="color:blue;" onpropertychange="alert('文档变更')"
 onclick='this.style.width="2px"'>点这里变更文档</b>
```

当用户用鼠标点击<b>中的文字时，首先会触发一个用户接口事件，在事件回调函数中，JavaScript 代码改变了<b>的宽度属性，这时又触发了文档变更事件，然后弹出“文档变更”的提示。

提示

虽然正在介绍的是 W3C 标准，但上面的代码只有在 IE 中才能生效，这是因为每个浏览器在实现标准的程度上是不同的，或者说不是实现标准，而是接近标准。

3. HTML 事件(HTML Event)

“DOM 不是浏览器专用的，DOM 事件同样不是。”这句话适合除了 HTML 事件外的其他事件类型。HTML 事件是针对 HTML 文档而出现的事件类型，例如提交表单、关闭页面、改变列表项等，一个典型的 HTML Event 如下：

```
<select onchange="alert(this[this.selectedIndex].innerHTML)">
   <option>IE</option>
   <option>FF</option>
   <option>Opera</option>
   <option>Safari</option>
</select>
```

当改变了列表项的值时，onchange 事件便会触发，并显示选择项的内容。

上面每种事件类型都包含了很多具体的事件行为，例如键盘事件就有按下(keydown)、松开(keyup)等，而每种事件行为在不同的浏览器中又有不同的行为名称，详细信息见本书的附录。

与控制页面样式的 CSS 定位不同，事件的定位是更好的用户体验。每当用户感慨页面竟然可以如此智能的时候，背后的功臣就是事件。所有 JavaScript 应用基本上都是对事件编程，从简单的验证到复杂的拖动效果，每个处理环节中都存在事件。了解事件的原理以及事件的平台差异更有助于开发高质量的 JavaScript 代码。

6.3 上机练习

(1) 使用两种 CSS 代码引用方式来编写 CSS。

(2) 使用不同的选择器组合来编写 CSS。

(3) 使用 JavaScript 进行元素样式的修改。

(4) 使用 JavaScript 进行样式表的修改。

(5) 区分 W3C 标准和非标准的事件模型，并分别在 IE 和 FF 下进行事件监听。

(6) 描述在 IE 和 FF 中获取事件对象的区别。

第 7 章

智能的表单验证

学前提示

表单是用户与服务器进行交互的最频繁的元素之一，作为构建 B/S 应用的基础，表单大量地应用于各种企业系统、网站等，熟练掌握表单的使用是成功的第一步。

本章会为读者介绍表单本身以及表单包含的各种元素的用法，包括每个元素的特定事件等。除了每个表单元素的基本使用外，更会为读者介绍目前最流行的自动匹配技术，这种技术在百度、Google 等网站都有采用。

知识要点

- 表单属性与事件
- 表单元素使用控制
- 元素动态生成
- 自动匹配技术
- 智能表单

7.1 表　单

表单<form>是用户与 Web 页面交互的最频繁的页面元素之一，基本上，目前在互联网中的所有页面上都应用到了表单以及表单元素。一个完整的表单结构如下：

```
<form>
   <input type="text">
</form>
```

一个完整的表单包括了表单<form>，以及表单元素<input>等。如果读者没有服务器端编程经验的话，对 HTML 中的表单<form>的作用可能不是很清楚。如果把 HTML 标签分成可显示和不可显示两类，那么<form>本身就属于不可显示的标签，若只想在页面中显示一个下拉列表而不做任何“客户端-服务器”交互的话，那即使没有<form>，表单元素也可以很好地被浏览器显示出来。

W3C 在设计表单的时候，认为大多数人在大多数情况下都需要将用户输入或者选择的信息与服务器进行交互，例如百度查询或者账号注册。因为在表单诞生的时候它是唯一可以使用户和服务器进行交互的方式。

交互就要把表单元素中的这些信息通过浏览器进行采集并传输到服务器中进行相应的处理，而表单就是负责对这些信息进行采集和传输的管理者。

在第 5 章图 5.1 的 BOM 结构中可以看到，form 是作为所有表单元素的父节点存在的，可以把 form 理解为包含表单元素的容器，这个容器是网页与远程服务器沟通的桥梁。如果一个表单元素存在于一个容器之外，那这个表单元素就无法与服务器交互。同样，没有任何元素的表单容器也没有任何存在的意义。

提示

在有些情况下，表单元素中的信息不是通过表单本身的提交功能来传输给服务器的，例如后面会讲到的 Ajax 方式，这时就可以不用把表单元素附加在一个表单容器中。

7.1.1 表单属性

作为控制表单元素的容器，form 对象拥有很多与服务器相关的属性，如表 7.1 所示。

表 7.1　form 对象的属性

属 性 名	含　义
action	设置/获取表单需要传输的服务器地址
elements	表单中所有元素的对象列表
enctype	设置/获取表单的 MIME 类型
method	设置/获取表单与服务器的交互方式
name	设置/获取表单的名称

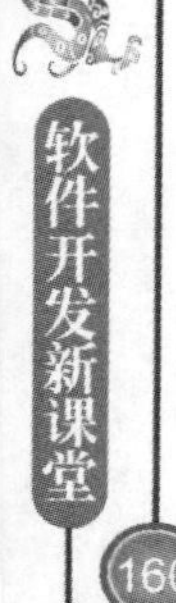

其中，elements 列表对象存放了当前 form 容器中所有表单元素的引用，elements 并不是数组，而是 ECMAScript 中的列表类型，但使用起来和数组是相同的。

通常获取一个表单元素的引用都使用 ID 方式或者元素路径方式，但 elements 提供了自动化获取这些元素的通道，如例 7.1 所示。

【例 7.1】表单信息自动收集。代码如下：

```
<form id="autoForm" onsubmit="getQueryString()">
    用户名：<input type="text" name="userName" />
    密码：<input type="password" name="userPwd" />
    <input type="submit">
</form>

<script>
    //单击提交按钮时获取标准的 URL 查询串
    function getQueryString() {
        var autoForm = document.getElementById('autoForm');
        var queryString = "";
        var element;
        for(var i=0; i<autoForm.elements.length; i++) {
            element = autoForm.elements[i];
            if (element.name != '') {
                queryString += element.name + '=' + element.value + '&';
            }
        }
        //去掉字符串最后的“&”号
        queryString = queryString.substring(0, queryString.length-1);
        alert(queryString);
    }
</script>
```

虽然表单提交后可以自动将表单中的信息提交到指定的服务器，但该例也不是多此一举的行为，其中包含的最基本的表单信息自动收集技术，会用在后面要讲到的 Ajax 中。

enctype 用来指定 form 对象所使用的 MIME 类型。当表单要向服务器传递非文本信息时，MIME 类型就要做相应的修改，一个最常见的例子就是在发送电子邮件时还带着附件。附件可以是任何类型的文件，包括 MP3、图片等多媒体文件，enctype 用来向服务器说明表单传输的不仅是文本信息，还包括了多媒体信息，而服务器进行识别的途径就是通过表单的 MIME 类型。

7.1.2　表单事件

对表单容器 form 对象来说，它只有两种可能发生的行为：提交(Submit)和重置(Reset)。而这两种行为将会产生两种相应的 HTML 事件，就像例 7.1 那样。通常 submit 事件应用得更多些，例如先前讲到的提交前的信息验证，而 reset 通常很少被使用，因为很少有人愿意把刚填写的一大堆注册信息全部清空。

7.2 表单元素

表单元素是一种即可以独立存在，也可以与 form 对象构成完整表单的一组对象。通常情况下，我们使用表单总是<form>标签在外层，<input>标签在内层，因为如果需要把表单中的数据提交给服务器时，这种方式是最简单也是最方便的。但作为为数不多的非文本元素，我们仍然可以单独使用这些元素来实现一些更具交互性的应用。

7.2.1 元素引用

控制一个对象的前提是先能够访问这个对象，也就是获得对象的引用。通过 DOM 标准接口是一种很快捷的方式，而另一种方式就是通过 form 对象与表单元素子对象的关联关系来访问，例如：

```
<form id="autoForm">
    用户名：<input type="text" name="userName" />
    密码：<input type="password" name="userPwd" />
    <input type="submit">
</form>
<script>
    var autoForm = document.getElementById('autoForm');
    //获取文本框引用
    alert(autoForm.userName);
    //获取文本框的值
    alert(autoForm.userName.value);
    //获取密码框引用
    alert(autoForm.userPwd);
    //获取密码框的值
    alert(autoForm.userPwd.value);
</script>
```

通过 name 属性来访问表单元素是一种有效的且经常使用的方法，但 name 属性在 HTML 代码中是无法被限制重复的，直接导致的问题就是多个元素拥有同样的名字，这可不是什么好事情。

除了 name 属性，还可以通过 form 对象的 elements 属性来访问，例如：

```
<script>
    var autoForm = document.getElementById('autoForm');
    //获取文本框引用
    alert(autoForm.elements['userName']);
    alert(autoForm.elements[0]);
    //获取密码框引用
    alert(autoForm.elements['userPwd']);
    alert(autoForm.elements[1]);
</script>
```

7.2.2　输入框对象

输入框绝对是使用频率最高的一种表单元素。在 HTML 4.x 中，有 3 种可以通过键盘输入文本信息的输入框，分别是单行文本输入框、密码框、多行文本输入框(<textarea>)。

无论是哪种输入框，只要与用户进行了交互，系统就可以捕捉由外部设备产生的交互事件，而这正是 JavaScript 的用处所在，如例 7.2 所示。

【例 7.2】智能输入框。代码如下：

```
<form id="autoForm" >
   用户名：<input type="text" name="userName" />
   密码：<input type="password" name="userPwd" />
   <input type="submit">
</form>
<script>
   var autoForm = document.getElementById('autoForm');
   autoForm.userName.onfocus = function() {
      this.style.border = '1px solid #287AE8';
   }

   autoForm.userName.onblur = function() {
      this.style.border = '1px solid #A6FF4D';
   }
</script>
```

对输入框来说，除了键盘事件，最重要的就是焦点事件了。获取焦点(onfocus)和失去焦点(onblur)是两个 HTML 事件，大部分 HTML 元素都可以监听到这两种事件，对输入框而言，这两种事件可以将死板的输入框变成智能的助手。

例 7.2 会在 userName 输入框获得焦点后将输入框的边框变成蓝色，来提醒用户输入，在用户输入完毕离开输入框的时候，输入框失去了焦点，输入框的边框变成绿色。

使一个 HTML 元素(例如输入框)获取焦点可以用鼠标点它，或者使用 Tab 按键。当然使它失去焦点也可以这样。

7.2.3　按钮对象

按钮对象大部分情况下总是伴随着一个或多个输入框存在，很少有人在页面中使用按钮对象来做非表单操作，例如用来控制页面某部分隐藏/出现。大部分人更愿意使用 CSS 将一个 div 做成漂亮的开关。

在 HTML 4.x 的表单元素中，有 4 种按钮类型，如表 7.2 所示。

表 7.2　表单按钮的类型

按钮类型	含　义	样　例
提交按钮	用来执行表单的提交动作，并触发 onsubmit 事件	<input type="submit">
图形按钮	可以用图形来修饰的提交按钮，美化提交按钮	<input type="image">
重置按钮	用来执行表单的重置动作，并触发 onreset 事件	<input type="reset">

续表

按钮类型	含　义	样　例
普通按钮	除了能显示出按下/弹起的效果外，不会执行任何动作，需要用 JavaScript 进行控制	<input type="button">

提示

实际上，在 HTML 4.x 中还有一种标签<button>用来表示按钮，但通常很少使用。虽然这可以做出更漂亮的按钮，但增加新标签的做法还是不那么明智。

在掌握了 CSS 和 JS 后，大可忽略这些按钮元素，使用<div>等标签完全可以做出比内置按钮更漂亮、更具交互性的效果。

目前最常使用的按钮就是提交按钮。在一个表单中，为了防止用户在表单填写完毕之前误点了“提交”这种情况的发生，通常都要进行验证，最简单的方法就是在单击“提交”按钮的时候进行必填项检测，并控制按钮的默认行为：

```
<form id="autoForm" >
    用户名：<input type="text" name="userName" />
    密码：<input type="password" name="userPwd" />
    <input type="submit" value='提交'>
</form>
<script>
    autoForm.elements[autoForm.elements.length-1].onclick = function(e){
        //检测必填项
        if(autoForm.userName.value == "" || autoForm.userPwd.value == ""){
            //阻止默认行为
            if(e)
                e.preventDefault(); //标准方式
            else
                event.returnValue = false; //IE 方式
        }
    }
</script>
```

代码中的提交按钮会在用户点击后对必填项进行判断，如果任何一个项为空，那么系统将不会执行自己的默认行为，防止了无效信息的提交。

7.2.4 复选框对象

复选框通常用于批量的数据传递或者批量的数据处理，在制作出一个复杂的右键系统菜单之前，了解如何使用 JavaScript 来控制复选框是很重要的，例如：

```
<form id="autoForm" >
    全选/不选<input type="checkbox" id="selector"><br/>
    <hr>
    数据记录 1<input type="checkbox" ><br/>
    数据记录 2<input type="checkbox" ><br/>
    数据记录 3<input type="checkbox" ><br/>
```

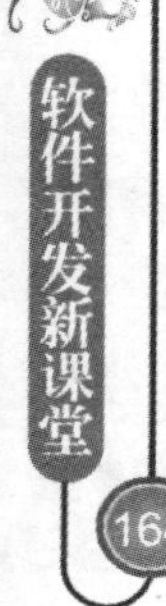

```
    数据记录 4<input type="checkbox" ><br/>
    数据记录 5<input type="checkbox" ><br/>
    数据记录 6<input type="checkbox" ><br/>
</form>
<script>
    var selector = document.getElementById('selector');
    selector.onclick = function() {
        for(var i=0; i<autoForm.elements.length; i++) {
            autoForm.elements[i].checked = this.checked;
        }
    }
</script>
```

通过控制复选框的 checked 属性，可以做出全选或者全不选的效果来，情形如图 7.1、7.2 所示。

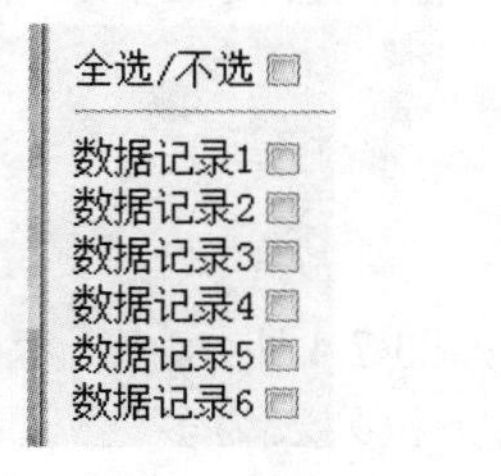

图 7.1　全不选

全选/不选
数据记录1
数据记录2
数据记录3
数据记录4
数据记录5
数据记录6

图 7.2　全选

当用鼠标单击 id 为 selector 的复选框时，它的 onclick 事件就被触发。

如果表单的目的只是提交选中的复选框中的内容，那么上面的代码就是个不错的选择，实际上这种多选的技术大量地应用在电子邮箱、购物网站等地方。

除了用来确定需要提交的表单数据外，复选框还可以用作提示用户的开关。选择复选框作为开关是一种比较直观的表现方式，可以很明确地告诉用户哪些功能是开启的，哪些功能是关闭的，如图 7.3 所示。

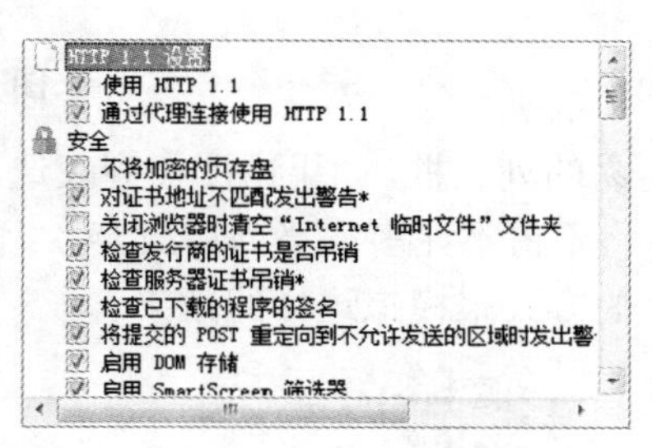

图 7.3　复选开关

在复选框的 onclick 事件中可以通过它的 checked 属性判断是否被选中，之后做出相应的处理。

7.2.5　单选按钮对象

与复选框不同，单选按钮必须以组的形式出现才有意义，如例 7.3 所示。

【例 7.3】单选按钮。代码如下：

```
<form id="autoForm" >
   <input type="radio" name="sex" value="m" checked/>男
   <input type="radio" name="sex" value="f" />女
</form>
<script>
   autoForm.sex[0].onclick = function() {
      alert("选择男性");
   }
   autoForm.sex[1].onclick = function() {
      alert("选择女性");
   }
</script>
```

在同一组单选按钮中，只有一个值(标签的 value 属性值)会被表单发送给服务器，而这正是单选按钮的本意。

7.2.6 select 对象

列表框在 HTML 中通常表现为下拉列表的形式，如图 7.4 所示。

通过修改列表框的多行属性(multiple)，可以改单选下拉列表为多选列表，如图 7.5 所示。

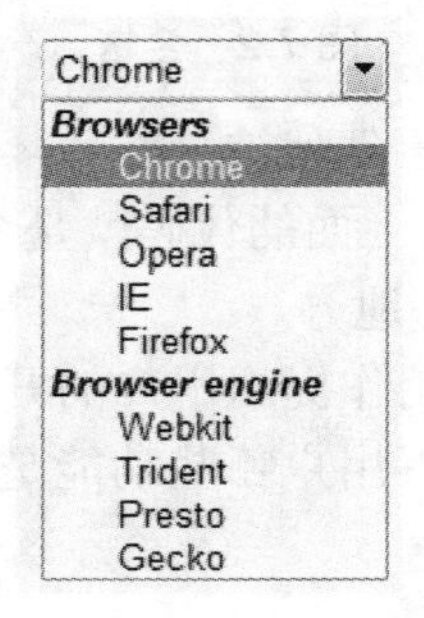

图 7.4 下拉列表框

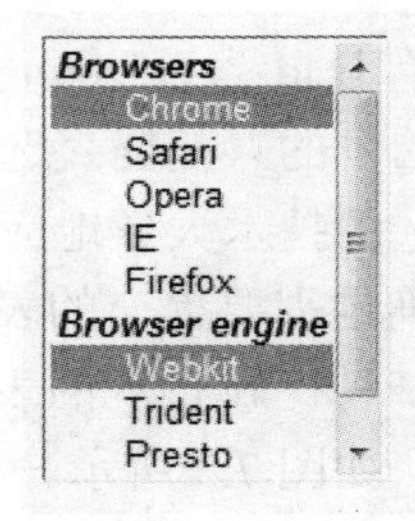

图 7.5 多选列表框

HTML 默认只有这些最简易的列表框，如果试图在列表选项(option)中加入图片等信息，来实现像图 7.6 那样的效果，将不得不在多次努力后放弃，因为 HTML 本身不支持这些特性，只能通过脚本和样式结合的方式来模拟这样的效果。

图 7.6 复杂列表框

使用列表来改变页面行为可以通过监听列表事件来执行相应的处理，如例 7.4 所示。

【例 7.4】列表事件的控制。代码如下：

```
<style>
   body {
      border:none;
      overflow:hidden;
   }
   select {
      width:150px;
      float:left;
   }
   #block {
      width:100px;
      height:100px;
      border:1px solid #000;
      float:right;
   }
</style>
<select id="selector" multiple size=6>
   <option style="background:#000" value="0x000"></option>
   <option style="background:#fff" value="0xfff"></option>
   <option style="background:#f00" value="0xf00"></option>
   <option style="background:#0f0" value="0x0f0"></option>
   <option style="background:#00f" value="0x00f"></option>
   <option style="background:#ff0" value="0xff0"></option>
   <option style="background:#0ff" value="0x0ff"></option>
   <option style="background:#f0f" value="0xf0f"></option>
</select>
<div id="block">
</div>
<script>
   var baseColor = 0x000;
   var colorSelector = document.getElementById("selector");
   colorSelector.onchange = function() {
      for(var i=0; i<this.options.length; i++) {
         if(this.options[i].selected)
            baseColor ^= parseInt(this.options[i].value);
      }
      baseColor = baseColor.toString(16);
      if(baseColor.length == 1) baseColor = "00" + baseColor;
      if(baseColor.length == 2) baseColor = "0" + baseColor;
      document.getElementById('block').style.background = "#"+baseColor;
   }
</script>
```

运行结果如图 7.7 所示。

大部分的列表应用都是通过在 onchange 事件中遍历所有列表项，来查看哪些项被选中，之后做出不同的处理。对列表来说，onchange 事件比 onclick 事件更精确、更有效。

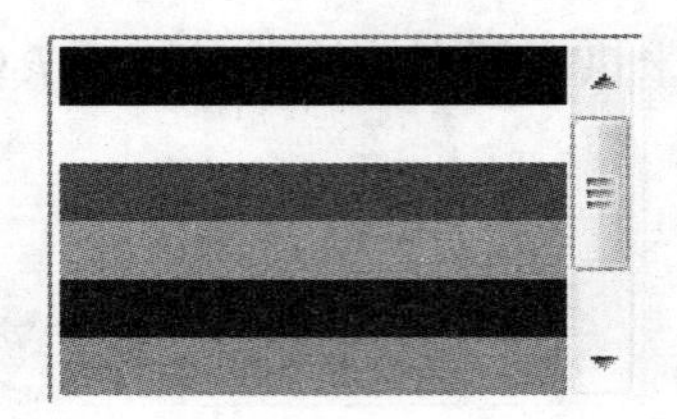

图 7.7　列表事件的控制

7.2.7　文件上传

虽然文件上传同样需要一个表单元素来完成，但比其他表单元素使用更复杂的地方在于，制作一个完整的文件上传系统，需要了解比整个表单更多的信息，其中最重要的就是“MIME”。

MIME 规定了网络间的数据传输格式，除了文本信息外，它允许以非文本形式传输数据，这些数据包括音频、视频、图片等。

表单默认的数据传输格式是文本格式，当需要传输文件类型的时候，就需要修改表单的 MIME 类型，例如：

```
<form action="upload.html" enctype="multipart/form-data">
    <input type="file" name="ken.photo" />
</form>
```

当用户通过文件按钮选择文件并提交表单后，文件数据会以数据流的形式发送到服务器，服务器接收到的不再是文本文件，数据流必须在服务器端进行解码，之后就出现上传的文件了。

提示

修改表单的 MIME 类型会影响服务器端的所有表单数据的接收方式，当然，现在读者可以不用关心这些问题，重要的是如何迈出文件上传的第一步。

7.2.8　动态生成元素

任何页面标签都可以动态地被创建并插入当前的页面中，使用 DOM 接口中的节点创建接口来动态地为页面添加元素是很简单的事情。

但这里要说的不是这些看似简单的事情，如果你试过在不同的浏览器平台动态生成表单元素，那下面的内容一定会帮你解决一些问题。

虽然同样是 DOM 接口，但在 IE 和 FF 平台下，它们所能接受的参数却不相同，例如在 IE 下创建一个元素可以连元素的属性都一起创建：

```
document.createElement("<input type=radio name='group1' checked>");
```

而在 FF 下只能接受标准的标签名，例如：

```
document.createElement("input");
```

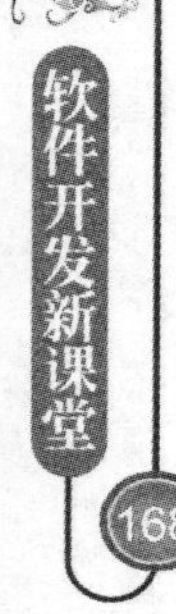

这导致了一个严重的问题，在 IE 下写的代码在 FF 下可能就无法使用，也就达不到跨平台的效果了。另一个办法就是都采用 FF 的标准接口方式，然后再给元素添加属性：

```
<script>
    //创建 radio 元素 n1
    var n1 = document.createElement("input");
    n1.type = 'radio';
    n1.name = "group1";
    n1.checked = true;

    //创建 radio 元素 n2
    var n2 = document.createElement("input");
    n2.type = 'radio';
    n2.name = "group1";

    //插入 DOM
    document.body.appendChild(n1);
    document.body.appendChild(n2);
</script>
```

上面代码的执行效果一定不会让你满意，虽然代码没有任何语法错误或者不符合逻辑的地方，但在 IE 下这段代码是无法执行的。原因就是 IE 在动态生成 input 元素时，必须直接通过 createElement 接口生成，之后的任何附加属性都无效——也可以认为这是 IE 的又一个 Bug。

现在来看看另一段代码执行的效果：

```
<script>
    var n1;
    var n2;
    try {
        //IE 专用
        n1 = document.createElement(
          "<input type=radio name='group1' checked />");
        n2 = document.createElement(
          "<input type=radio name='group1' />");
    } catch(e) {
        //非 IE 专用
        n1 = document.createElement("input");
        n2 = document.createElement("input");
    }

    n1.type = 'radio';
    n1.name = "group1";
    n1.checked = true;

    n2.type = 'radio';
    n2.name = "group1";

    //插入 DOM
    document.body.appendChild(n1);
```

```
    document.body.appendChild(n2);
</script>
```

这段代码是解决这个问题的唯一方案，虽然看上去这样的代码为了兼容有些麻烦，但别无它法。

7.3 智 能 表 单

一个简洁的界面加上智能化的处理，是吸引用户以及创建良好应用的基础。一个聪明的表单能让用户感到倍受关怀，百度的注册页面就是这样一种表单，如图 7.8 所示。

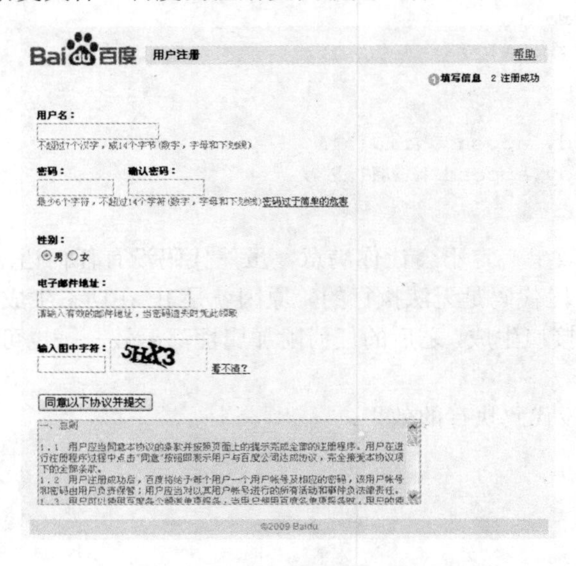

图 7.8　百度的注册页面

它很简洁，但并不那么智能，下面的例子会和读者一起完成一个更智能的表单应用。

【例 7.5】正则表达式。代码如下：

```
<style>
.item_desc {
    margin-top: 1px;
    color: #666;
}
.item_error {
    margin-top: 1px;
    display: none;
    color: #ff0000;
    height: 14px;
}
</style>
<input maxLength=14 onblur='checkName(this.value)' name='username'>
<div class=item_error id='username_error'>
    用户名只能包含数字，字母和下划线
</div>
```

```
<div class=item_desc>
    不超过 14 个字节(数字、字母和下划线)
</div>
<script>
    //验证用户名
    function checkName(userName) {
        if(!/^\w+$/.test(userName)) { //使用正则表达式判断用户名格式
        document.getElementById('username_error').style.display = 'block';
        } else
        document.getElementById('username_error').style.display='none';
    }
</script>
```

在任何一个表单中，对输入信息的有效性验证都是很有必要的。而在什么事件中进行信息有效性的验证并没有什么标准，例 7.5 选择在焦点失去事件(onblur)中进行判断是出于对用户的考虑，用户可以在光标离开输入框后立即知道输入信息的正确性，而不需要等到单击提交按钮时才一次又一次地进行修改。

checkName()函数在判断表达式正确与否后，决定是否让错误信息显示，这是一种很流行的编写方式：隐藏提前写好的错误信息，根据错误条件显示相应的错误信息。这里需要注意的是正则表达式的使用，在表达式中使用了边界符^和$来表示整个字符串都必须满足输入所要求的格式。

除了格式正确性的验证外，能对页面样式进行动态针对性改变的功能更可以让用户觉得舒服，例如可以提示用户当前光标所在的“彩色输入框”。

【例 7.6】焦点事件。代码如下：

```
<style>
.item_title {
    font-weight: bold
}
.item_desc {
    margin-top: 1px;
    color: #666;
}
.item_error {
    margin-top: 1px;
    display: none;
    color: #ff0000;
    height: 14px;
}
.item_input {
    vertical-align: top; height: 20px
}
/* 改变边框样式 */
input,textarea {
    border: 1px solid black;
}
.border1 {
    border: 1px solid black;
```

```
}
.border2 {
   border: 1px solid #5ac4e2;
}
</style>

<div class=item_title>
<b>密码：</b>
<span style="margin-left: 75px"><b>确认密码：</b></span>
</div>
<div class=item_input>
   <input id='pwd' style="width: 96px"  maxlength=14
     type=password onblur='checkPwd(this.value)' name=loginpass>
      
   <input id='pwdver' style="width: 96px" type=password
     maxlength=14 onblur='verifyPwd(this.value)' name=verifypass>
</div>
<div class=item_error id=pwd_error>
   密码最少 6 个字符，并只能包含数字、字母和下划线
</div>
<div class=item_error id=verifypwd_error>
   密码与确认密码不一致。
</div>
<div class=item_desc>
   最少 6 个字符，不超过 14 个字符(数字、字母和下划线)
</div>
<script>
   //验证密码格式
   function checkPwd(pwd) {
      if(!/^\w{6,14}$/.test(pwd)) {
         document.getElementById('pwd_error').style.display = 'block';
      } else
         document.getElementById('pwd_error').style.display = 'none';
   }

   //验证两次密码是否相同
   function verifyPwd(pwd) {
      if(document.getElementById('pwd').value != pwd) {
      document.getElementById('verifypwd_error').style.display='block';
      } else
      document.getElementById('verifypwd_error').style.display='none';
   }

   /***控制焦点样式***/
   //获取输入框引用
   var pwd = document.getElementById('pwd');
   //监听获取焦点事件
   pwd.onfocus=function() {
      this.className='border2';
   }
   //追加焦点丢失事件
```

```
    if(pwd.attachEvent) //IE 事件监听接口
        pwd.attachEvent('onblur',function() {
            pwd.className='border1';
        });
    else  //标准 DOM 事件监听接口
        pwd.addEventListener('blur',function() {
            pwd.className = 'border1';
        }, false);

    var pwdver = document.getElementById('pwdver');
    pwdver.onfocus=function() {
        this.className = 'border2';
    }

    if(pwdver.attachEvent)
        pwdver.attachEvent('onblur',function() {
            pwdver.className = 'border1';
        });
    else
        pwdver.addEventListener('blur',function() {
            pwdver.className = 'border1';
        }, false);
</script>
```

当光标停留在密码框或者密码验证框时，对应的输入框边框就会变成浅蓝色来提醒用户正在当前输入框中输入信息。

对于输入框的 onblur 事件，除了要控制样式外，还要负责对格式进行验证，这就需要在同一个事件中处理不同的事情，如果处理代码都写在一个函数中，就可以直接进行事件监听函数赋值(就像 onfocus 事件那样)，否则就要使用事件监听附加函数。附加函数可以把多个回调函数绑定在同一个事件中，并且可以随时去掉，而不管是 IE 或者标准的 DOM 接口，它们的功能都是相同的。

除了同样需要用正则来验证格式外，大家也许会对例 7.6 中控制焦点的代码感到不爽，难道有 10 个输入框就要写 10 段焦点控制代码吗？很遗憾，答案是 Yes，因为焦点事件并不会被 DOM 的根(document)节点所捕获，换句话说，它根本就没有焦点。所以你只有两个选择，写或者不写。当然，使用循环来添加上面的事件是完全有效的。

如果你认为上面的“把戏”都比较没有技术含量，那么下面的代码应该不会让你失望。

图 7.9 向读者展示了一个目前很流行的自动匹配技术，在百度、Google、163 等网站中都应用了这种技术。它可以根据用户输入的信息来提示一些相似选项供用户选择。下面就来一起实现一个这种提示框。

电子邮件地址：
ken@1
@163.com
@126.com
@129.com
注册

图 7.9　自动提示

创建上述程序的操作步骤如下。

(1)　定义元素样式：

```
<style>
/* 匹配框样式 */
#matchWindow {
```

```
    overflow: auto;
    display: none;
    width: 191px;
    border: 1px solid #aaa;

    /* IE6 以上和 FF3 样式 */
    background: #fff;
    position: relative;
    max-height: 100px;
    *width: 192px;
}
</style>

<div class=item_title>
    电子邮件地址:
</div>
<div class=item_input>
    <input id='email' autocomplete='off' name='email'
      style='width:192px;' onkeyup='match(this.value)'/>
    <div id='matchWindow'>
        匹配框
    </div>
</div>
```

首先要解决的是样式问题，读者可以去掉 FF 样式来观察在 FF 中执行的效果，这些代码是兼容浏览器所必需的。

为了防止输入框历史(即输入框提交过的记录)的出现而扰乱自动匹配框，可以在输入框上加上 autocomplete='off'来防止出现输入历史。

这也就是说，应用了自动匹配后，输入历史记录将被屏蔽。

注意在输入框中监听了 onkeyup 事件。每当键盘输入一个字符后，输入框的整个值 this.value 都作为参数传递给 match()函数。

(2) 定义匹配项：

```
<script>
    /********** 定义匹配数据 ***********/
    //网易邮箱
    var mailBoxs = '@163.com @126.com @129.com @yeah.net ';
    //QQ 邮箱
    mailBoxs += '@qq.com @vip.qq.com @foxmail.com ';
    //hotmail
    mailBoxs += '@live.cn @hotmail.com ';
    //gmail
    mailBoxs += '@gmail.com ';
    //yahoo
    mailBoxs += '@yahoo.com.cn @yahoo.cn ';
    //sina
    mailBoxs += '@sina.com @sina.cn @vip.sina.com ';
```

我们要做的是可以提示用户邮箱地址的功能。除了把这些邮箱地址直接写在变量中，

这些地址还可以通过数据库远程读取，百度和 Google 就是这样做的，但这不是本书的重点。

(3) 编写监听回调事件：

```
/** 全局变量 **/
var matchWindow = document.getElementById('matchWindow');
var email = document.getElementById('email');
//获取匹配数据
function match(keyword) {
    //清除已有信息
    matchWindow.innerHTML = '';
    //隐藏窗口
    matchWindow.style.display = 'none';
    //保证邮箱格式的正确性
    if(!keyword) return;
    if(!keyword.match(/^[\w\.\-]+@\w*[\.]?\w*/)) return;
    //获取匹配字符串，只取@符号后面的内容
    keyword = keyword.match(/@\w*[\.]?\w*/);
    //进行匹配
    var matchs = mailBoxs.match(new RegExp(keyword+"[^ ]* ","gm"));
    //输出匹配结果
    if(matchs) {
        matchs = matchs.join('').replace(/ $/,'').split(' ');
        matchWindow.style.display = 'block';
        for(var i=0,l=matchs.length; i<l; i++) {
            matchWindow.innerHTML += '<a href="#">' + matchs[i] + '</a>';
        }
    }
    //为 IE 设置 max-height
    if(matchWindow.style.maxHeight == undefined)
        if(matchWindow.scrollHeight > 100)
            matchWindow.style.height = "100px";
        else
            matchWindow.style.height = "0px";
}
```

每当输入框中输入一个字符结束后，onkeyup 都会被监听到，match 函数读取输入框中的值来进行匹配。match 函数首先会验证 keyword 的格式是否正确，例如包含中文，如果不正确，继续执行。然后取@符号后面的信息与 mailBoxs 中的信息进行匹配。匹配使用了正则表达式，这也是为什么 mailBoxs 是一个字符串而不是数组的原因。

匹配的结果是一个数组，使用 innerHTML 属性对匹配框窗口内的信息进行输入。注意这种输出是每次 onkeyup 都做的，这样才能保证匹配的内容总是与输入信息最接近。

(4) 编写用户控制匹配框的函数：

```
/*
隐藏匹配框，用于鼠标点击非匹配框的任何地方后，匹配框都隐藏
*/
document.onclick=function(e) {
    e = e || event;
    var target = e.srcElement||e.target;
    if(target.id != 'matchWindow') {
```

```
        matchWindow.style.display = 'none';
    }
}

//鼠标点击获取选取匹配项
matchWindow.onclick =  function(e) {
    e = e || event;
    var target = e.srcElement || e.target;
    email.value = email.value.replace(/@.*/, target.innerHTML);
}
</script>
```

在 document 节点和 matchWindow 上监听 onclick 事件，分别为了控制匹配框的消失和选值。

这样就完成了一个最简单的匹配框。为什么说是一个最简单的功能实现？因为与下面要讲的来比较，它就是很简单。

无论是百度还是 Google，在匹配项出现后都可以通过键盘上/下键来选择匹配项。这并不是很简单的事，想想如何在不失去输入框焦点的同时又能用上/下键来选择另一个 div 中的数据呢？难道页面可以同时存在两个焦点？这当然是不可能的，两个就不叫焦点了。

下面就要实现这个功能。

(1) 修改元素样式：

```
<style>
a {
    display: block;
    width: 100%;
    text-decoration: none;
    color: #000;
}
/* 定义焦点样式 */
.focused, a:hover {
    background: #1173CC;
    color: #fff;
}
</style>
<textarea id='email' name='email' rows='1'
  style='width:192px;overflow:hidden'
  onkeyup='match(this.value,arguments[0])'>
</textarea>
```

与先前的例子相比，样式和输入框都发生了改变。增加了焦点样式，用来动态改变匹配项选中的效果。在先前的例子中，因为使用了<a>标签和 a:hover 伪样式，而避免了为对象定义 onmouseover 和 onmouseout 样式，而在本例中，因为要支持键盘控制和鼠标混合控制，所以必须显式地通过代码来控制对象的样式。

输入框由<input>变成了<textarea>。因为当按 Enter 键时，input 会自动进行提交，这种特性对于百度和 Google 来说是正好，但这里可不行。当支持键盘控制后，选定匹配项并按 Enter 键后，只需要把内容写到输入框，并不需要立即提交。

除了输入框的改变，match()函数的调用也多传了一个参数 arguments[0]，这个参数是由 onkeyup 匿名函数调用时自动传递的，当然，这只能发生在支持 W3C 标准的浏览器下，如图 7.10 所示。

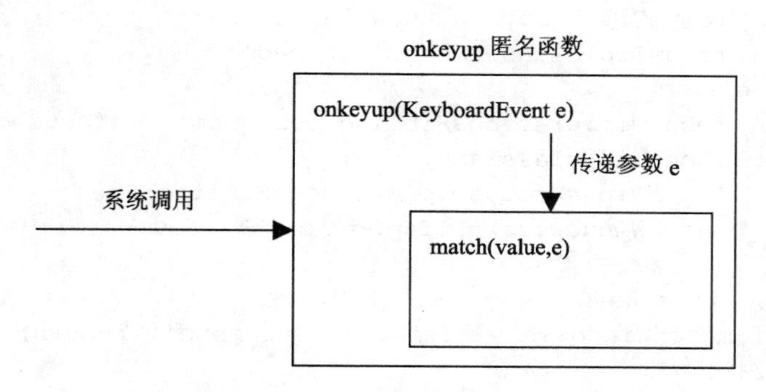

图 7.10　W3C 标准事件传递模型

当在标签上使用 onkeyup=''(或者通过代码 onkeyup=function(){})时，一个 onkeyup 匿名函数就被创建了，系统会调用这个函数，并且在 FF 下系统会给匿名函数传递一个事件对象作为参数，问题就是在代码中可以通过给匿名函数指定参数名来引用这个参数，例如 onkeyup=function(e){alert(e)}，而在标签中的引用方式只能通过参数对象 arguments 来获取。

(2)　修改监听回调事件：

```
<script>
   //省略重复代码若干...

   //按键上
   var KEY_UP = 38;
   //按键下
   var KEY_DOWN = 40;
   //按键回车
   var KEY_ENTER = 13;

   //进行匹配的对象
   var focusTip;
   //匹配项个数
   var matchSize;

   //支持键盘操作的匹配函数
   function match(keyword, e) {
      e = e || event;
      //按上下键的时候不进行刷新
      if(e.keyCode == KEY_ENTER) {
         email.value = email.value.replace(/@.*/,focusTip.innerHTML)
           .replace(/\s/,'');
         matchWindow.style.display = 'none';
         email.blur();
      } else if(e.keyCode == KEY_UP) {
         //防止在未显示匹配框前而导致的错误
         if(matchWindow.style.display == 'none') return;
```

```
            //状态复原
            if(!focusTip.previousSibling) {
                focusTip.className = '';
                matchWindow.scrollTop = matchWindow.scrollHeight;
                focusTip = matchWindow.lastChild;
                focusTip.className = 'focused';
            } else {
                focusTip.previousSibling.className = 'focused';
                focusTip.className = '';
                focusTip = focusTip.previousSibling;
                matchWindow.scrollTop -= matchWindow.scrollHeight/matchSize;
            }
        } else if(e.keyCode == KEY_DOWN) {
            if(matchWindow.style.display == 'none') return;
            //状态复原
            if(!focusTip.nextSibling) {
                focusTip.className = '';
                matchWindow.scrollTop = 0;
                focusTip = matchWindow.firstChild;
                focusTip.className = 'focused';
            } else {
                matchWindow.scrollTop += matchWindow.scrollHeight/matchSize;
                focusTip.nextSibling.className = 'focused';
                focusTip.className = '';
                focusTip = focusTip.nextSibling;
            }
        } else {
            //清除已有信息
            matchWindow.innerHTML = '';
            //隐藏窗口
            matchWindow.style.display = 'none';
            //保证邮箱格式的正确性
            if(!keyword) return;
            if(!keyword.match(/^[\w\.\-]+@\w*[\.]?\w*/)) return;
            //获取匹配字符串，只取@符号后面的内容
            keyword = keyword.match(/@\w*[\.]?\w*/);
            //进行匹配
            var matchs = mailBoxs.match(new RegExp(keyword+"[^ ]* ","gm"));
            //输出匹配结果
            if(matchs) {
                matchs = matchs.join('').replace(/ $/,'').split(' ');
                matchSize = matchs.length;
                matchWindow.style.display='block';
                for(var i=0,l=matchs.length; i<l; i++) {
                    matchWindow.innerHTML +=
                      '<a href="javascript:void(0)">' + matchs[i] + '</a>';
                }
            }
            //为 IE 设置 max-height
            if(matchWindow.style.maxHeight == undefined)
                if(matchWindow.scrollHeight >= 100)
```

```
                matchWindow.style.height = "100px";
            else
                matchWindow.style.height = "0px";
            //初始化匹配焦点
            focusTip = matchWindow.firstChild;
            focusTip.className = 'focused';
        }
    }

    //鼠标更新焦点
    matchWindow.onmouseover = function(e) {
        e = e || event;
        var target = e.srcElement||e.target;
        focusTip.className = '';
        target.className = 'focused';
        focusTip = target;
    }
```

在不失去输入框焦点的情况下，只能通过对键盘事件的监听来达到控制上/下选择匹配项的目的。修改后的 match()函数增加了对键盘的控制，或者说整个函数都对键盘进行了监听，当输入上、下、回车的时候，匹配框不会进行刷新，而是对样式进行了控制。

当按键值等于 38 时，系统就进入“按键上”的判断逻辑。程序首先判断焦点对象是否已经是所有匹配项中的第一个：

```
if(!focusTip.previousSibling) //判断是否没有前一个兄弟节点，也就是第一个
```

如果是第一个，那么再按上，意味着焦点应该循环到匹配项的最末尾，然后把当前的焦点对象样式改变为非焦点，而新对象的样式则改为焦点样式：

```
focusTip.className = ''; //去掉老焦点样式
focusTip = matchWindow.lastChild; //改变焦点对象为匹配项列表中的最后一个
focusTip.className = 'focused'; //把新焦点对象样式改变为获得焦点
```

然后就是最重要的，要改变滚动条来跟踪光标：

```
matchWindow.scrollTop = matchWindow.scrollHeight;
```

scrollHeight 表示包括隐藏的高度，也就是实际高度，读者可以通过在 match()函数中加入如下代码来观察 scrollHeight 和 offsetHeight 的区别：

```
alert(matchWindow.offsetHeight + ":" + matchWindow.scrollHeight);
```

在用上下键来控制焦点改变而产生移动效果时，滚动条也要跟着一起动，但是每次移动多少，移动的范围又是多少呢？一个简单的道理就是：10 米的路，需要走 5 步，那每步就要走 2 米。现在可以获取总长度 scrollHeight，也可以获取需要移动的步数 matchSize，然后就是很简单的事了：

```
//增加 scrollTop，向下移动滚动条
matchWindow.scrollTop += matchWindow.scrollHeight/matchSize;
//减少 scrollTop，向上移动滚动条
matchWindow.scrollTop -= matchWindow.scrollHeight/matchSize;
```

7.4 上机练习

(1) 在表单的 onsubmit 事件中控制阻止表单提交。
(2) 使用 form 对象的 elements 属性来遍历表单中的所有元素。
(3) 用正则表达式控制输入框只能输入数字。
(4) 用 select 元素的 onchange 事件和 window.open 方法打开不同的页面。
(5) 编写一个关于英文单词的自动匹配，可以参考 http://www.iciba.com/。

第8章

表　格

学前提示

在浏览器支持用 CSS 来定位 HTML 元素之前，表格一直被用来对页面进行布局，即使在今天，大部分的前端工程师仍然在使用像 Dreamweaver 这样的工具来进行表格布局。作为页面排版最有效的工具之一，表格将页面分成若干个单元格，每个单元格中都可以编写 HTML 代码，并且单元格之间还能进行合并，以此达到对页面排版的目的。

当然，除此之外更重要的就是它的数据展示能力，这也是本章的重点。

知识要点

- table 对象
- tr 和 td 对象
- 表格排序

8.1 table 对象

类似表单存在一个表单容器，表格也有表格容器，那就是<table>。table 对象并不与服务器交互，但它控制着整个表格的大小以及表格中信息的对齐方式等。一个标准的表格应用如下：

```
<table width="100">
    <tr>
        <td>我是表格</td>
    </tr>
</table>
```

一个表单最少要包含一行一列，也就是一个单元格。对于这样的表格来说，一个设置了 CSS 样式的<div>就能轻松搞定了，但对于狂热的 CSS 追随者来说，使用纯 CSS 布局会让他们获得更多的成就感，当然，对症下药才能适得其所。

然而，现在使用<table>进行整体布局的人越来越少，更多地是使用<table>进行数据展示，它的行列结构正适合二维的表结构数据的展示。

8.2 tr 和 td 对象

这里与表单的情况就有些不同了，表单元素可以脱离表单容器而独立存在，但是<tr>和<td>却无法脱离<table>而独立存在，对<table>而言也一样。它们一同构成了表格的整体结构，由<table>控制范围，而<tr>和<td>则管理细节。

8.2.1 tr 和 td 对象的访问

使用 id 获取元素的引用是一个好办法，但通过 id 来获取每个单元格的引用就显得不是那么方便了。好在 table 对象提供了行 rows 和列 cells 的列表对象，通过数组的方式来访问 td 或者 tr 对象，例如：

```
<table width="500" border="1" id="tab">
    <tr>
        <td>我是单元格</td><td>我是单元格</td><td>我是单元格</td>
    </tr>
    <tr>
        <td>我是单元格</td><td>我是单元格</td><td>我是单元格</td>
    </tr>
    <tr>
        <td>我是单元格</td><td>我是单元格</td><td>我是单元格</td>
    </tr>
</table>

<script>
    //获取 table 对象引用
```

```
    var tab = document.getElementById("tab");

    //获取表格行数
    var rows = tab.rows.length;
    var cells;

    for(var i=0; i<rows; i++) {
        //获取当前行的单元格数
        cells = tab.rows[i].cells.length;
        for(var j=0; j<cells; j++) {
            //更新指定单元格中的数据
            tab.rows[i].cells[j].innerHTML += i+"*"+j;
        }
    }
</script>
```

从 table 入口对象开始，一直到具体的单元格 cell 对象，这个完整的路径保证了正确的单元格引用获取，在这之后就可以对其进行操作了。

8.2.2 tr 和 td 对象的创建

除了使用标准的 DOM 接口来创建 td 或者 tr 对象外，表格容器本身也提供了增加列和行的方法，例如：

```
<script>
    //创建 table 对象
    var tab = document.createElement("table");
    tab.width = 500;
    tab.border = 1;
    tab.id = "tab";

    var row, cell;
    for(var i=0; i<3; i++) {
        //为表插入行
        row = tab.insertRow(-1);
        for(var j=0; j<3; j++) {
            //为行插入单元格
            cell = row.insertCell(-1);
            cell.innerHTML = "我是单元格"+i+"*"+j;
        }
    }

    //插入 DOM 树中
    document.body.appendChild(tab);
</script>
```

使用 table.insertRow()和 row.insertCell()函数分别可以为表单新增行和为行新增单元格。注意，参数-1 在 FF3 中是不能省略的，表示新增的行或者列是新增在最后面。

8.2.3 tr 和 td 对象的删除

除了使用标准的 DOM 接口来删除 td 或者 tr 对象外，表格容器同样也提供了删除列和行的方法，例如：

```
<script>
    //创建 table 对象
    var tab = document.createElement("table");
    tab.width = 500;
    tab.border = 1;
    tab.id = "tab";
    var row, cell;
    for(var i=0; i<3; i++) {
        //为表插入行
        row = tab.insertRow(-1);
        for(var j=0; j<3; j++) {
            //为行插入单元格
            cell = row.insertCell(-1);
            cell.innerHTML = "我是单元格"+i+"*"+j;
        }
    }
    //插入 DOM 树中
    document.body.appendChild(tab);
    //对创建好的 table 动态删除
    alert("查看删除效果"); //alert()函数用来暂停脚本的执行，以便观察删除前后的区别
    //删除第二行
    tab.deleteRow(1);
    alert("第二行被删除");
    //删除第一行第三列
    tab.rows[0].deleteCell(2);
    alert("第一行第三列被删除");
</script>
```

使用 table.deleteRow()和 row.deleteCell()函数分别可以从表单删除行和从行删除单元格。和增加方法一样，在 FF3 下要删除最后一行必须给出参数-1。

8.3 数据展示

表格作为一种数据展示的载体而存在时，如何更好地展现数据成为表格的重点任务。

一个好看的外观当然是首当其冲的，如图 8.1 所示。强大的 CSS 可以把 table 变成任何样子。但这里要讲的是如何用 JavaScript 来营造更好的效果。

当用户在查看第一列第三行数据的同时，也要看同行的其他列数据，有可能会产生一个问题——眼花，也就是看错行。当数据行很多的时候，这种事情经常容易发生。

如果能在查看某行数据时，这一行的数据都用一种特别的样式表现出来，就可以很容易地与其他行数据区分开。这就是解决问题的方法。而通过 JavaScript 就可以很容易地完成

这个任务，如图 8.2 所示。

数字	英文	汉字	标题
1	a	啊	Data1
3	b	哦	Data2
8	c	饿	Data3
4	d	一	Data4

图 8.1　CSS 修饰的表格效果

数字	英文	汉字	标题
1	a	啊	Data1
3	b	哦	Data2
8	c	饿	Data3
4	d	一	Data4

图 8.2　特的殊行/列样式

就像图 8.2 显示的那样，当鼠标停留在某一个单元格上时，单元格所在的行和列都会以不同的颜色显示，来帮助用户关注数据，以此来区分用户可能会看错的其他数据。

创建上述程序的操作步骤如下。

(1) 定义元素样式：

```
<style>
    /* 定义页面整体样式 */
    body {
        margin: 0;
        padding: 0;
        background: #f1f1f1;
        font: 70% Arial, Helvetica, sans-serif;
        color: #555;
        line-height: 150%;
        text-align: left;
    }
    /* 定义table内的字体样式 */
    table, td {
        font: 100% Arial, Helvetica, sans-serif;
    }
    /* 定义table样式 */
    table {
        width: 100%;
        border-collapse: collapse;
        margin: 1em 0;
    }
    /* 定义th和td的对齐方式、边距等 */
    th, td {
        text-align: left;
        padding: .5em;
```

```
        border: 1px solid #fff;
    }
    /* 定义表头所使用的背景图片 */
    th {
        background: #328aa4 url(tr_back.gif) repeat-x;
        color: #fff;
        cursor: pointer;
    }
    /* 定义td的背景色 */
    td {
        background: #e5f1f4;
    }
</style>

<table id='sortTable' cellspacing="0" cellpadding="0">
    <tr>
        <th>数字</th>
        <th>英文</th>
        <th>汉字</th>
        <th>标题</th>
    </tr>
    <tr>
        <td>1</td>
        <td>a</td>
        <td>啊</td>
        <td>Data1</td>
    </tr>
    <tr>
        <td>3</td>
        <td>b</td>
        <td>哦</td>
        <td>Data2</td>
    </tr>
    <tr>
        <td>8</td>
        <td>c</td>
        <td>饿</td>
        <td>Data3</td>
    </tr>
    <tr>
        <td>4</td>
        <td>d</td>
        <td>一</td>
        <td>Data4</td>
    </tr>
</table>
```

(2) 编写控制函数：

```
<script>
    var sortTable = document.getElementById('sortTable');
```

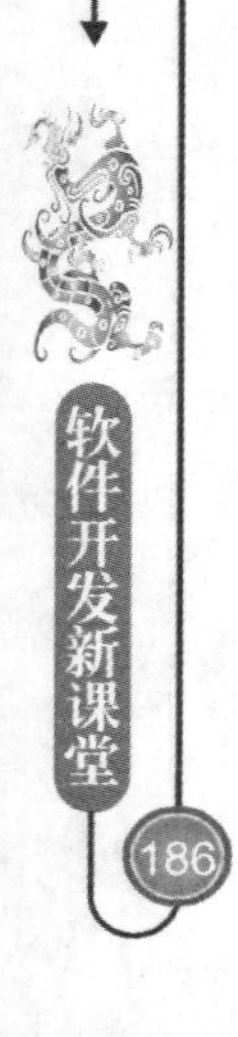

```
    //鼠标悬停事件
    sortTable.onmouseover = function(e) {
        //兼容事件对象
        e = e || event;
        //兼容事件源
        var target = e.target||e.srcElement;
        //如果事件源为td则执行if
        if(target.tagName.toLowerCase() == 'td') {

            //改变同列背景色
            for(var i=1,l=this.rows.length; i<l; i++) {
                this.rows[i].cells[target.cellIndex]
                  .style.background = '#bce774';
            }
            //改变单元格所在行中所有单元格背景色为浅绿
            var cells = target.parentNode.cells;
            for(var i=0,l=cells.length; i<l; i++) {
                cells[i].style.background = '#bce774';
            }
        }
    }
    //鼠标悬停移开事件
    sortTable.onmouseout = function(e) {
        //兼容事件对象
        e = e || event;
        //兼容事件目标
        var target = e.target||e.srcElement;
        //如果事件源为td则执行if
        if(target.tagName.toLowerCase() == 'td') {
            //改变同列背景色
            for(var i=1,l=this.rows.length; i<l; i++) {
                //设置该表格所有行中列索引为target.cellIndex的td对象
                this.rows[i].cells[target.cellIndex]
                  .style.background = '#e5f1f4';
            }
            //改变单元格所在行中所有单元格背景色为浅灰
            //通过target的父节点tr对象获取该行中所有列的引用
            var cells = target.parentNode.cells;
            for(var i=0,l=cells.length; i<l; i++) {
                cells[i].style.background = '#e5f1f4';
            }
        }
    }
</script>
```

就像你想到的那样，JavaScript 中大部分的控制效果都要使用事件来完成，对表格也一样。但你是否注意到上面的例子对事件监听的处理？并没有在这个 td 上进行监听，而是在它们的上层节点——table 上进行的监听。这种处理可以减少大量的系统资源消耗，换句话说，就是监听一个节点比监听一堆节点要省力多了。

利用事件对象中的事件源属性可以知道触发事件的是哪个 td 对象，接着以这个 td 对象

为切入点，处理与它同行、同列的所有 td 对象，结果就是如图 8.2 所显示的那样。

8.4 表格排序

虽然使用 SQL 语句可以从数据库中获取已经排序好的数据，但 SQL 语句只能按照一种规则来排序。对于展现在 HTML 页面中的数据表来说，很多用户都有按照不同列的内容来排序的需求。而这都可以通过 JavaScript 来完成。

表格的排序功能很常见，它可以帮助浏览者快速查询自己关心的信息。一个人性化的、面向用户的表格当然应该具有排序的功能，在 Windows 系统中，到处多有这样的表格，如图 8.3 所示。

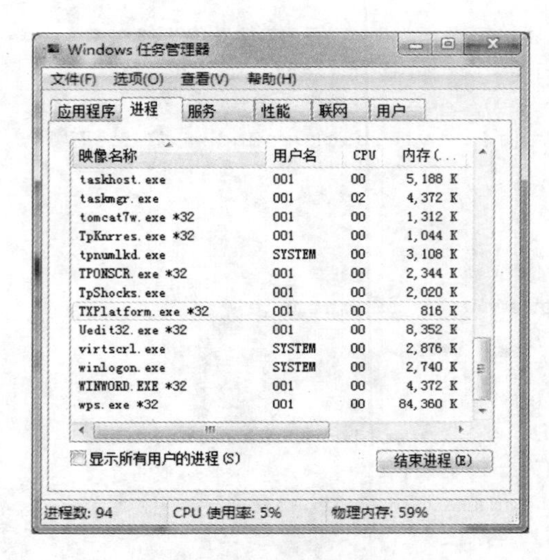

图 8.3 带排序功能的表格

在 Windows 系统中，同时按下 Ctrl+Alt+Del 三个按键，就可以弹出如图 8.3 所示的任务管理器。

在进程选项卡内有一个可以查看系统运行程序的表格。当点击不同的列头时，表格会根据所选列进行排序，按名称、按内存使用量或者按 CPU 的占用率等。没错，这看起来很实用。

在 JavaScript 中，表格排序还可以得到更大的发挥，不仅是英文和数字，还可以按汉字排序等，数字排序的代码如下：

```
//数字
var numbers = [2,4,8,5,1];
alert(numbers.sort());
```

结果如图 8.4 所示。

进行英文排序的代码如下：

```
//英文
var chars = ['b','c','e','x'];
alert(chars.sort());
```

结果如图 8.5 所示。

图 8.4 数字排序的效果

图 8.5 英文排序的效果

进行中文排序的代码如下：

```
//中文
var letters = ['呆','啊','猜','掰'];
alert(letters.sort());
```

结果如图 8.6 所示。

图 8.6 中文默认的排序效果

细看一下，中文排序为什么没有改变？还有，这些排序都是基于数组的，这和表格有什么关系？

首先，这里的确没有实现对中文的排序。其次，排序本来就与表格没关系。

实际上实现图 8.3 那样的排序需要两个部分：逻辑控制和显示控制。逻辑控制负责对表格中的数据进行排序，而显示控制则用来按照排序结果重新展示表格。而数组就是逻辑控制的核心。在继续研究如何获取表格数据之前，先来搞明白逻辑控制的核心。

ECMAScript 为数组添加了很多实用的方法，其中就包括 sort。sort()函数用来对数组中的数据进行排序，例如数字、字母等。就像图 8.4 和图 8.5 所演示的那样。但对于特殊字符，例如汉字，sort()函数就显得无能为力了。原因很简单，因为 ECMAScript 不是中国人写的。但作为一种国际通用的语言，ECMAScript 提供了强大的扩展功能，通过对 sort()函数的扩展，中文排序也是很容易的，例如：

```
//中文
var letters = ['呆','啊','猜','掰'];
//为 sort 函数添加一个 function 参数
alert(letters.sort(
    function(a,b) {
        return a.localeCompare(b);
    }
));
```

sort()函数可以接受一个“排序规则”函数作为排序的指导方案，在排序时依据规则函数的结果排序。而字符串函数 localeCompare()用来比较本地语言，也就是操作系统语言的字符串，对于中文，就是按照拼音顺序排序，如图 8.7 所示。

图 8.7 中文排序的效果

控制逻辑的核心就是 sort()函数，而接下来的问题就是如何获取列数据以及如何展示排序后的表格了，代码如下。

(1) 扩展数组原型，增加 xsort 方法：

```
//为数组对象扩展原型方法 xsort，该方法接收两个参数
//type - 排序类型。值为 1 时是中文排序，其他数字为默认排序
//direct - 排序方向。正序或者反序，默认正序
Array.prototype.xsort = function(sType, bDirect) {
    switch(sType) {
        case 1: this.sort(function(a,b){return a.localeCompare(b)}); break;
        default: this.sort();
    }
    if(bDirect==undefined) bDirect = 1;
    if(!bDirect) this.reverse();
}
```

为数组对象扩展原型后，所有引用这段代码的地方都可以直接使用“数组实例.xsort()”方法了。

reverse()函数也是数组的方法。它可以将数组内的元素顺序倒置，就像函数名本身一样。

(2) 定义表格的排序方法：

```
//排序方法
function sort(obj, type) {
    //获取本列原始行顺序数据
    var list = [];
    //获取本列排序后行顺序数据
    var sortedList = [];
    var tr = obj.parentNode;
    while(tr.nextSibling) {
        tr = tr.nextSibling;
        if(tr.nodeType == 1) {
            list.push(tr.cells[obj.cellIndex].innerHTML);
            sortedList.push(tr.cells[obj.cellIndex].innerHTML);
        }
    }
    //排序方式
```

```
    if(obj.direct == undefined)
        obj.direct = 1;
    //改变移动方向
    if(obj.direct)
        obj.direct = 0;
    else
        obj.direct = 1;
    sortedList.xsort(type, obj.direct, 'innerHTML');
    var target = [];
    //获取排序后行的原坐标
    for(var i=0,l=sortedList.length; i<l; i++) {
        for(var j=0,k=list.length; j<k; j++) {
            if(sortedList[i] == list[j])
                target.push(j+1);
        }
    }
    alert(list + "\n" + sortedList + "\n" + target);
    var cells = [];
    //根据坐标获取该列所有td
    for(var i=0,l=target.length; i<l; i++) {
        cells.push(document.getElementById('sortTable')
          .rows[target[i]].cells[obj.cellIndex]);
    }
    //移动行
    for(var i=0,l=list.length; i<l; i++) {
        //因为表头不能移动，所以i+1
        document.getElementById('sortTable').
        moveRow(cells[i].parentNode.rowIndex, i+1);
    }
}
```

list 用来存放排序前列索引为 obj.cellIndex 的所有行的 td 对象中的值。sortedList 用来存放完成排序后所有 td 对象中的值。而 target 则用来存放通过 list 和 sortedList 计算出来的行排序后的索引值，如图 8.8 所示。

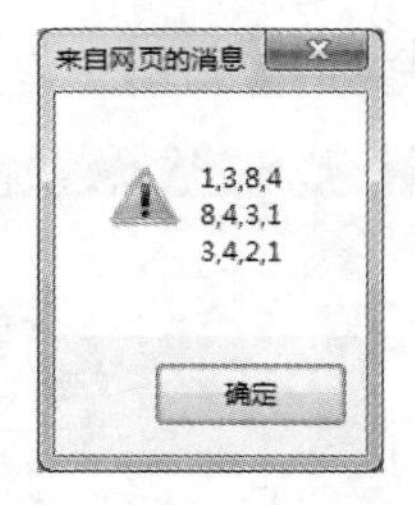

图 8.8　中文排序的效果

以对图 8.2 中的数字列进行排序为例，未排序前的行和列值的对应顺序如表 8.1 所示。1 行的值为 1，2 行的值为 3，...，而排序后的行发生了改变，改变的结果就是 target 数组中存储的值。

table 对象的 moveRow 方法可以在不重新生成 table 的情况下移动 tr 的位置，以此达到排序的目的，它接收两个参数“源位置”和“新位置”。但是本例中并没有直接使用 target

中的值进行匹配，原因就是 target 数组中的值是死的，但是移动后的行索引却是活的。比方说，根据 target 的值，第三行应该移动到第一行，第四行移动到第二行。注意，这里就会出问题了，根据 target 的第三个参数，未排序前的第二行应该移动到第三行，但是由于先前已经移动了两次，现在的第二行已经被原先的第四行所替代，这就导致了错误的发生。读者可以试着使用 target 作为 moveRow()函数的第一个参数来观察效果。

表 8.1　单元格所在行

行　号	单元格值
1	1
2	3
3	8
4	4

8.5 表格拖动

在表格的日常使用中，表格中的数据总会出现这样或那样的问题，例如过长的字符导致表格变得十分难看，如图 8.9 所示。

数字	英文	汉字	标题
1	a	这是一段十分非常很特别式长的长字段，当你改变表格宽度后，就会发现在表格外面的内容已经变成了……	Data1
31212 312312 33123	this is a long long string	哦	Data2
8	c	饿	Data3
4	d	一	这是一段没有进行溢出处理的长字段，当你改变表格宽度后，有可能会把表格变的很长很难看

图 8.9　文字溢出

这种现象就是表格数据溢出，通常是字符串过长导致。通常处理表格中溢出的数据都可以使用 CSS 样式来控制，例如把过长的字符显示为省略号，如图 8.10 所示。

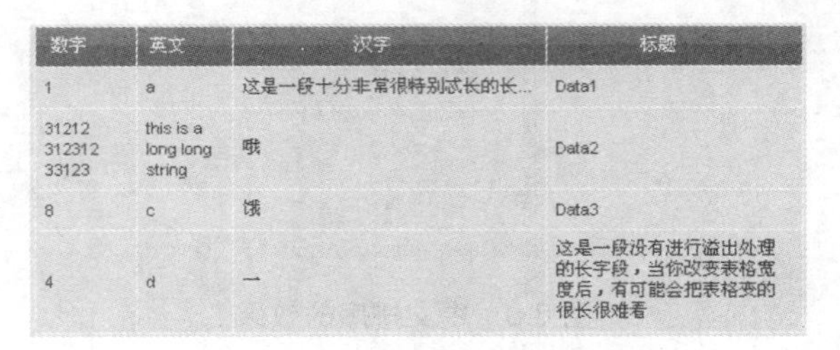

数字	英文	汉字	标题
1	a	这是一段十分非常很特别式长的长…	Data1
31212 312312 33123	this is a long long string	哦	Data2
8	c	饿	Data3
4	d	一	这是一段没有进行溢出处理的长字段，当你改变表格宽度后，有可能会把表格变的很长很难看

图 8.10　文字溢出的处理效果

这样，从效果上就让用户比较满意了，但有些时候，表格中的数据并不提供详细查看，只有列表显示，那么省略号就会让用户比较郁闷了，无法知道省略的到底是什么。如果能由用户控制表格的宽度，那就不会存在上面的问题了。

表格拖动和表格排序一样，都是表格中的基本功能，作为一种数据显示载体，拖动能为表格带来更好的体验性。下面就来看看如何实现表格的拖动。

理想中的表格拖动就像图 8.3 中的任务管理器，当把鼠标放在两个表头的中间时，鼠标就变成了左右拖动的箭头，指示表格可以拖动，如图 8.11 所示。

数字	英文	汉字	标题
1	a	这是一段十分非常很特别忒长的长字段，当你改变表格...	Data1
31212 312312 33123	this is a long long string	哦	Data2
8	c	饿	Data3
4	d	一	这是一段没有进行溢出处理的长字段，当你改变表格宽度后，有可能会把表格变的很长很难看

图 8.11　鼠标感应

当然，这就是首先要解决的问题，即如何让鼠标放在两个表头的中间时发生样式的改变。换句话说，就是怎样感应鼠标的事件。

读者如果还没有忘记本书第 6 章中的事件内容的话，应该知道任何鼠标事件都是依赖于元素而存在的。那么如何让鼠标在表头的中间线附近才有所感应而不是表头的其他部分？这一定是读者现在最为关心的内容了。答案很简单，那就是在表头之间的部分存在一个元素，并且这个元素是透明的。这个元素的宽度并不长，所以在鼠标接近表头相接的部分时才会引起样式的改变。

那么这个元素应该是什么样的呢？下面的图片也许可以给你些启示，如图 8.12 所示。

数字	英文	汉字	标题
1	a	这是一段十分非常很特别忒长的长字段，当你改变表格...	Data1
31212 312312 33123	this is a long long string	哦	Data2
8	c	饿	Data3
4	d	一	这是一段没有进行溢出处理的长字段，当你改变表格宽度后，有可能会把表格变的很长很难看

图 8.12　感应元素

看到图 8.12 以后，你是否觉得实现鼠标样式改变的功能太简单了。没错，只要把一个元素放在表头边界的中间，就可以实现类似 Windows 任务管理器的感应效果了。当然，我们需要用到 CSS：

```
<!-- table 部分代码 -->
<td class='thead'>
    <font class="resizeDivClass"> </font>
    英文
</td>
<style>
    /* 拖动点样式 */
    .resizeDivClass {
        width: 18;
```

```
        z-index: 999;
        position: relative;
        float: right;
        left: 15px;
        cursor: e-resize;
        height: 100%;
    }
</style>
```

通过在 td 元素中添加 font 元素，表头与表头之间就存在了一个绿色的方块。而当鼠标放在这个绿色方块上时，鼠标就会被 cursor: e-resize;样式变成左右箭头的形状。那么这个绿色方块是如何存在于两个表头之间的呢。默认情况下 font 元素是 td 中的第一个元素，那么默认应该出现于文本节点“英文”的左边。但是从图 8.12 中可以看到，绿色方块都存在于当前 td 与下一个 td 的交界处，而不是前一个。这是由于下面三句样式的作用：

```
/* 相对定位 */
position: relative;
/* 向右浮动 */
float: right;
/* 向右偏移 15 像素 */
left: 15px;
```

当 font 元素向右浮动后，font 元素的位置就已经到了 td 的最右边，然后通过相对定位再向右偏移 15 个像素，font 元素就到达了表头之间的交界位置。

那接下来的问题就是鼠标如何通过这个绿色的方块来改变表格的宽度了。在 Windows 的任务管理器中，我们用鼠标按住表头交界处，然后往左边拖动，表格的一列就变窄了，反之就变宽了。在 JavaScript 中，完全可以采用同样的操作方式来完成这个过程。

创建上述程序的操作步骤如下。

(1) 定义表格：

```
<table id='sortTable' cellspacing="0" cellpadding="0">
    <tr>
        <td class='thead'>
            <font class="resizeDivClass" id='dragBlock1'> </font>
            数字
        </td>
        <td class='thead'>
            <font class="resizeDivClass" id='dragBlock2'> </font>
            英文
        </td>
        <td class='thead'>
            <font class="resizeDivClass" id='dragBlock3'> </font>
            汉字
        </td>
        <td class='thead'>
            <font class="resizeDivClass" id='dragBlock4'> </font>
            标题
        </td>
    </tr>
```

```
    <tr>
        <td>1</td>
        <td>a</td>
        <td>
            <div>
            这是一段十分非常很特别忒长的长字段，当你改变表格宽度后，就会发现在表格外面
            的内容已经变成了.....................
            </div>
        </td>
        <td>Data1</td>
    </tr>
    <tr>
        <td>3121231231233123</td>
        <td>this is a long long string </td>
        <td>哦</td>
        <td>Data2</td>
    </tr>
    <tr>
        <td>8</td>
        <td>c</td>
        <td>饿</td>
        <td>Data3</td>
    </tr>
    <tr>
        <td>4</td>
        <td>d</td>
        <td>一</td>
        <td>这是一段没有进行溢出处理的长字段，当你改变表格宽度后，有可能会把表格变的很
        长很难看</td>
    </tr>
</table>
<style>
    /* 拖动块样式 */
    .resizeDivClass {
        /* 绿色背景色 */
        background: #00FF00;
        width: 18px;
        z-index: 999;
        position: relative;
        float: right;
        left: 15px;
        cursor: e-resize;
        height: 100%;
    }
    /* 定义页面整体样式 */
    body {
        margin: 0;
        padding: 0;
        background: #f1f1f1;
        /* 分别处理 IE 和 FF 下的字体样式 */
        font-size: 13px;
```

```
        font: 70% Arial, Helvetica, sans-serif;
        color: #555;
        /* 页面内容溢出时，自动出现滚动条 */
        overflow: auto;
    }
    /* 定义table内的字体样式 */
    table, td {
        font: 100% Arial, Helvetica, sans-serif;
    }
    /* 定义table样式 */
    tpable {
        border-collapse: collapse;
        margin: 1em 25%;
    }
    /* 定义td的对齐方式、内边距等 */
    td {
        text-align: left;
        padding: .5em;
        border: 1px solid #fff;
    }
    /* 定义表头所使用的背景图片 */
    .thead {
        background: #328aa4 url(tr_back.gif) repeat-x;
        color: #fff;
        text-align: center;
    }
    /* 定义td的背景色 */
    td {
        background: #e5f1f4;
    }
</style>
```

表格定义完成之后，就如图 8.13 所示的那样，很长的内容会把表格撑得很难看。

数字	英文	汉字	标题
1	a	这是一段十分非常很特别式长的长字段，当你改变表格宽度后，就会发现在表格外面的内容已经变成了....................	Data1
31212 312312 33123	this is a long long string	哦	Data2
8	c	饿	Data3
4	d	一	这是一段没有进行溢出处理的长字段，当你改变表格宽度后，有可能会把表格变的很长很难看

图 8.13　未加溢出处理的表格

所以，下面就要定义处理内容溢出的样式。

(2) 处理表格内容溢出：

```
<td>
    <!–增加溢出处理样式 -->
```

```
    <div class='hiddenLongChar'>
        这是一段十分非常很特别忒长的长字段，当你改变表格宽度后，就会发现在表格外面的内
        容已经变成了....................
    </div>
</td>
<style>
    /* 溢出处理样式 */
    .hiddenLongChar {
        /* 必须明确指出宽度 */
        width: 300px;
        white-space: nowrap;
        /* 超过宽度的隐藏 */
        overflow: hidden;
        /* 文字超过宽度的用省略号代替。IE 下有效 */
        text-overflow: ellipsis;
    }
</style>
```

为了进行区分，表格中只有一列中的一个单元格进行了溢出处理，处理后的效果就如同图 8.10 所示的那样了。

作为静态数据展示的载体，table 已经很好地完成了它的任务。下面，就该 JavaScript 出场了。

(3) 设置拖动效果：

```
<script>
    //获取所有拖动块引用
    var dragBlock1 = document.getElementById('dragBlock1');
    var dragBlock2 = document.getElementById('dragBlock2');
    var dragBlock3 = document.getElementById('dragBlock3');
    var dragBlock4 = document.getElementById('dragBlock4');
    var sortTable = document.getElementById('sortTable');

    //设置表格拖动点
    function changeWidth(obj) {
        //在拖动点按下鼠标时，记录拖动点的横坐标
        obj.onmousedown = function(e) {
            e = e||event;
            //this 指向 obj 对象。获取鼠标当前的 X 轴坐标
            this.mouseDownX = e.clientX;
            //获取 font 的父元素 td 的宽度
            this.pareneTdW = this.parentNode.offsetWidth;
            //IE 下设置鼠标点捕获，防止鼠标焦点被打断。FF 下无须捕获
            if(this.setCapture)
                this.setCapture();

            //鼠标移动时触发的事件，计算拖动了多少偏移量
            document.onmousemove = function(e) {
                e = e||event;
                if(!obj.mouseDownX) return;
                //newWidth 的值为 td 宽度加鼠标当前的 X 轴坐标再减去 mouseDownX
```

```
                //表示现在比原先移动了多少偏移量
                var newWidth = obj.pareneTdW + e.clientX - obj.mouseDownX;

                //最小宽度为 60 像素，不可再移动 TD
                if(newWidth<60) return;
                //改变 td 的宽度
                obj.parentNode.style.width = newWidth + 'px';
            }
            //在拖动点松开鼠标时，还原拖动点的横坐标
            document.onmouseup = function(e) {
                e = e||event;
                //释放焦点捕获
                if(obj.releaseCapture)
                    obj.releaseCapture();
                //设置拖动点 X 轴坐标为 0，表示拖动停止中
                obj.mouseDownX = 0;
            }
        }
    }

    //调用拖动设置函数
    changeWidth(dragBlock1);
    changeWidth(dragBlock2);
    changeWidth(dragBlock3);
    changeWidth(dragBlock4);
</script>
```

通过 onmousedown、onmousemove 和 onmouseup 三个鼠标事件，我们可以完全模拟出 Windows 任务管理器的操作方式。关于 Web 拖动技术，在本书后面的章节中会进行详细介绍，这里只做抛砖引玉。

现在读者就可以按住绿色的小方块来改变它所在列的宽度了。先别急着把难看的绿色小方块去掉，因为你马上就会遇见新的问题。

你是否发现，在拖动的时候，列虽然宽了，但两边未调整的列却被挤扁了，还有，就是无法把设置溢出处理的列变窄。因为还有事情未做。

(4) 改变 table 和溢出列的宽度：

```
function changeWidth(obj) {
    //在拖动点按下鼠标时，记录拖动点的横坐标
    obj.onmousedown = function(e) {
        //省略重复代码...

        //增加表格初始宽度
        this.pareneTableW = sortTable.offsetWidth;

        //鼠标移动时触发的事件，计算拖动了多少偏移量
        document.onmousemove = function(e) {
            //省略重复代码...

            //增加改变整个表单宽度
```

```
            sortTable.style.width =
              obj.pareneTableW + e.clientX - obj.mouseDownX;

            //增加更新隐藏样式宽度
            if(obj.id == 'dragBlock3')
                (document.styleSheets[0].rules
                ||document.styleSheets[0].cssRules)[0]
                .style.width = newWidth + 'px';
        }
        //省略重复代码...
    }
}
```

通过直接更改溢出处理的样式，就可以更改所有使用此样式的元素，对于一个列的多个单元格都需要进行溢出处理的情况，这样的处理方式显然是最有效率的。关于样式的操作，见本书第 6 章的 CSS 部分。

现在一个全功能的可拖动表格就完成了。只要再把绿色的小方块去掉就可以了。

(5) 清除拖动块的背景色：

```
/* 拖动块样式 */
.resizeDivClass {
    /* 绿色背景色 */
    /* background: #00FF00; 删除*/
    width: 18px;
    z-index: 999;
    position: relative;
    float: right;
    left: 15px;
    cursor: e-resize;
    height: 100%;
}
```

完成后的效果就如图 8.10 所示的那样。读者可以观察进行溢出处理和未进行处理的列在拖动时的区别。在实际使用中，也可以采用本例的方式，直接改变溢出处理样式的宽度就可以了。

8.6 上机练习

(1) 通过 JavaScript 进行 td 或 tr 的合并，对应于 HTML 中的 colspan 和 rowspan。

(2) 使用 innerHTML、createElement 和 insertRow/insertCell 三种方式动态创建表格。

(3) 编写一个带有三种排序功能的表格。

第 9 章

网页 Word

学前提示

框架在 Web 开发中的比重远比表格和表单要少，但在某些场合，利用框架开发又是很简单的，比如开发一个左边是目录，右边是内容的典型信息管理系统。虽然通过 CSS 我们可以做到任何页面布局样式，但从开发量和学习周期上来讲，框架仍然还有它存在的价值。

本章从框架集讲起，着重介绍内部框架的使用，以及如何用它来实现一个网页版的 Word 文档编辑器。

知识要点

- 框架集
- 弹出窗口
- 内部框架的使用
- 跨平台的富文本编辑器

9.1 框 架 集

虽然框架的使用越来越少，尤其是框架集 frameset，但掌握框架集的脚本编写还是很有必要的，在多个嵌套关系(见本书 5.1.1 节)的页面中正确地访问每个页面中的变量并进行交互是保证页面运行的基础，如图 9.1 所示。

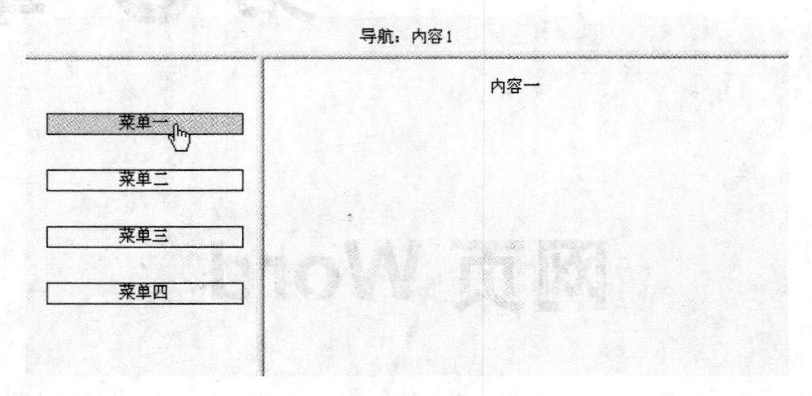

图 9.1　框架集的应用

图 9.1 演示了一个典型的框架集应用，上面是导航区，左边是菜单区，右边是内容区。以如今的观点来看这个应用，它有太多的缺点，但还是先关注框架中的 JavaScript 应用吧。

对于框架集的使用，读者可能在学习 HTML 时已经掌握了，一个框架集的构成包含了若干的页面，也就是区。分几个区就需要几个页面，图 9.1 中的例子就需要三个页面，当然还有一个 frameset 页面作为支撑它们的骨架。

创建上述程序的操作步骤如下。

(1) 定义框架集：

```
<html>
   <frameset rows="30,*">
      <frame src="head.html" scrolling="no">
      <frameset cols="180,*">
         <frame src="menu.html">
         <frame name="main" src="main.html">
      </frameset>
   </frameset>
</html>
```

即使还没有内容出现，我们也可以先把骨架搭起来，观察布局的结构、每个区域的大小是否合适等。本例中设置了顶部的 frame 不能改变大小。

(2) 定义菜单部分：

```
<style>
   a {
      display: block;
      width: 150px;
```

```
        border: 1px solid #000;
        margin-left: auto;
        margin-top: 2em;
        text-align: center;
        cursor: pointer;
        text-decoration: none;
        color: #000;
    }
    //定义 a 的伪样式
    a:hover {
        background: lightGrey;
    }
</style>

<body>
    <a href="a.html" target="main">
        菜单一
    </a>
    <a href="b.html" target="main">
        菜单二
    </a>
    <a href="c.html" target="main">
        菜单三
    </a>
    <a href="d.html" target="main">
        菜单四
    </a>
    <script>
        //回调函数
        function callback() {
            //获取顶部文件的 window 引用
            var headWindow = top.frames[0];
            //通过 window 对象获取指定元素
            var path = headWindow.document.getElementById("path");
            path.innerHTML = this.innerHTML;
        }

        var links = document.getElementsByTagName("a");
        //为每个链接都增加 onclick 事件监听
        for(var i=0; i<links.length; i++) {
            links[i].onclick = callback;
        }
    </script>
```

菜单是整个框架的控制系统，也是本例的重点。在使用框架集的应用中编写脚本，需要注意的问题就是框架中每个页面的关系。在涉及到页面间数据传递的时候，了解这一点是非常重要的。

在本例中，当点击菜单项触发 onclick 事件后，在链接上的监听器就会更改框架中导航文件的内容。每个页面都有自己的 window 对象，而这些处在框架中的页面会通过 top 或者

parent 等 window 对象的属性进行相互引用。在控制和改变非本页面的信息时，必须先获取其他页面的引用，之后才能对获取的 window 对象进行操作。

(3) 定义导航部分：

```
<center>
    导航：<span id="path">内容 1</span>
</center>
```

导航页面很简单，只有一个 id 为 path 的 span 元素。注意 span 元素中的内容会被同框架集中的其他页面所改变。

框架集的缺点是明显的。对浏览者来说，框架集造成了太多的 HTML 文件，每个文件都会增加网络信息的交互量，并且对每个 HTML 页面，浏览器都要进行渲染。

对这个应用而言，从实现的角度来说，完全没有必要使用框架集。实际上目前的 Web 应用基本上都很少使用框架集，大量的布局都使用 table 或者 CSS。如果需要在页面中包含一个非本网站的页面时，也可以使用 iframe。

9.2 弹出窗口

弹出窗口虽然不是 HTML 框架标签中的一种，但从形式上来说，它完全可以被理解为另一种框架，而且是浮动框架，如图 9.2 所示。

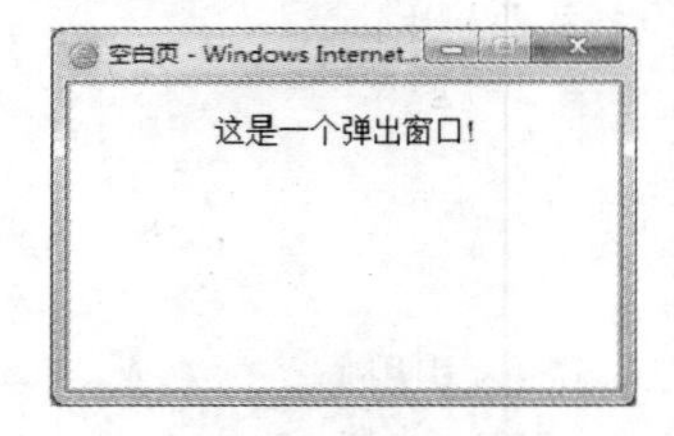

图 9.2 弹出窗口

图 9.2 演示了一个通过弹出窗口打开的页面。可以看到这个窗口既没有顶部的菜单栏，也没有底部的状态栏，这就是弹出窗口的功能。

一个创建弹出窗口的典型代码如下：

```
<script>
    var newWindow =
      window.open("", "none", "width=280,height=160");
    newWindow.document.body.innerHTML = "<center>这是一个弹出窗口!</center>";
</script>
```

open()函数通过指定一个已经存在的 HTML 页面地址，来打开这个页面，当然你可以指定地址为“about:blank”来打开一个虚拟页面。

函数返回被打开页面的 window 对象，用来从外部控制这个页面，这一点与框架的控制是相同的。

弹出窗口可以被用来提醒正在浏览网页的人一些重要的信息，这本来是很好的事情。但现实是，以弹出窗口为载体的广告有如滔滔江水连绵不绝，又有如黄河泛滥一发不可收

拾。结果就是网页的浏览者基本上无法正常浏览一个自己想看的网页，所以目前大部分浏览器默认地都会阻止使用 open()函数弹出的窗口。对脚本开发者而言，这并不是好事，页面的开发者不能要求用户修改浏览器阻止弹出窗口的设置，唯一的办法就是使用其他方法来模拟弹出窗口的效果，比如利用 CSS。

9.3　内部框架

自从浏览器开始支持<iframe>标签后，<frameset>几乎就不再被使用了。内部框架可以更好地与页面结合，它没有框架集那么繁琐，并且它是轻量级的嵌入系统，轻到可以用 JavaScript 来控制它在页面中的位置。

如果将 frameset 中的例子用 iframe 来实现，会减少大量的页面使用，从而提高浏览速度，比如：

```
<style>
    /* 所有链接的样式 */
    a {
        display: block;
        width: 150px;
        border: 1px solid #000;
        margin-left: 5px;
        margin-top: 2em;
        text-align: center;
        cursor: pointer;
        text-decoration: none;
        color: #000;
    }

    /* 鼠标悬停时链接的样式
     (用<a>的优点就是可以实现
    这个效果并且不需要写
    JavaScript 代码) */
    a:hover {
        background: lightGrey;
    }

    /* 导航条 */
    #naviBar {
        width: 100%;
        height: 30px;

        /* 显示下边框 */
        border-bottom: 1px solid #000;
        text-align: center;
    }
    /* 菜单列表 */
    #menuList {
        width: 30%;
```

```
        height: 180px;
        /*左对齐 */
        float: left;

        /* 显示右边框 */
        border-right: 1px solid #000;
    }
    /* 正文 */
    #main {
        width: 69%;
        height: 180px;

        float: left;
    }
    </style>
    <body>
        <div id="naviBar">
            导航：<span id="path">内容 1</span>
        </div>
        <div id="menuList">
            <a href="main.html" target="main">
                菜单一
            </a>
            <a href="b.html" target="main">
                菜单二
            </a>
            <a href="c.html" target="main">
                菜单三
            </a>
            <a href="d.html" target="main">
                菜单四
            </a>
        </div>
        <div id="main">
            <iframe name="main" frameborder="0"
              src="" width="100%" height="100%"></iframe>
        </div>
        <script>
            //回调函数
            function callback() {
                var path = document.getElementById("path");
                path.innerHTML = this.innerHTML;
            }

            var links = document.getElementsByTagName("a");
            //为每个链接都增加 onclick 事件监听
            for(var i=0; i<links.length; i++) {
                links[i].onclick = callback;
            }
        </script>
    </body>
```

代码的运行结果如图 9.3 所示。

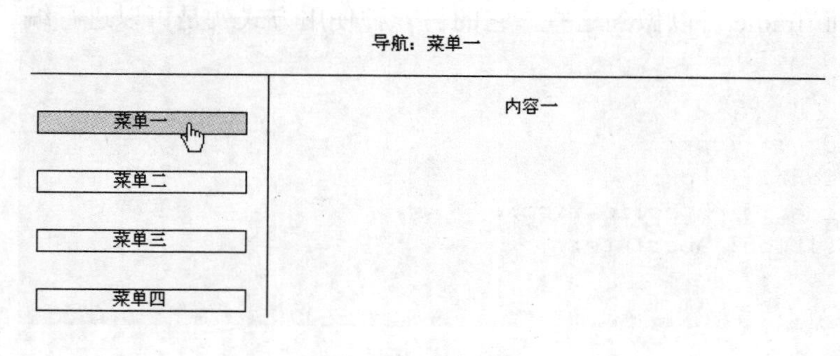

图 9.3　内部框架

在用 frameset 实现这个例子的时候，我们要用到 4 个页面，还要在不同的页面间控制其他页面的对象，比起用 iframe 实现的例子来说要复杂得多。

使用 iframe 就意味着没有整体框架的概念，也就是说，要通过 table 或者 CSS 来实现页面布局，而不像 frameset 那样可以直接对页面进行区域划分。

不过，如果要在一个页面中展示另一个页面的内容，就该使用 iframe 了，并且也只有 iframe。

同样实现了一个管理界面，拥有同样的功能，iframe 版本就要比 frameset 版本更简单、更有整体性。无论从开发还是维护的角度来说，iframe 都比 frameset 要好得多。

除了这种大众化应用外，iframe 还曾经被用在一个目前很流行的技术中。就是 Ajax。Ajax 技术的核心思想就是防止页面与服务器交互而导致的页面停顿甚至卡死对用户造成的不良体验，这种思想的早期实现就是通过 iframe 来完成的。

9.4　文本编辑器

细心的读者有没有发现内部框架与框架集标签的格式差异？在<iframe></iframe>和<frame/>中，一个是有体标签，另一个是无体标签。为什么内部框架会有这种设定呢？

当你在某个网站或者论坛中看到帖子回复框时，一定会认为这就是一个多行文本输入框<textarea>。但当你看到输入框里可以改变字体的样式、颜色甚至显示图像时，你是否尝试过在文本框中实现这些效果？如图 9.4 所示。

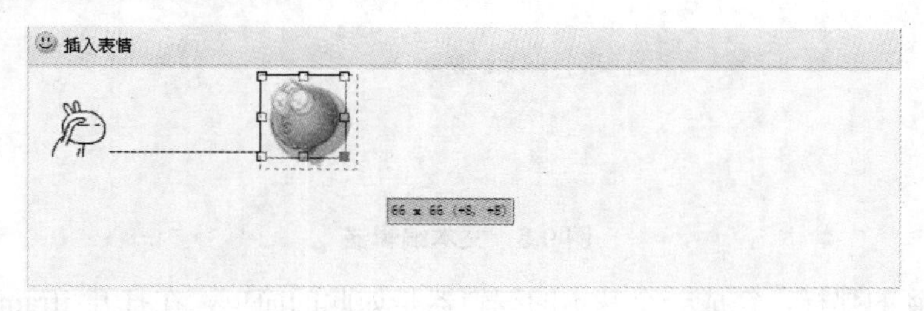

图 9.4　文本编辑器

越来越多的网站中出现了这种可以插入图片以及改变文字样式的编辑系统，如果你已

经尝试了使用<textarea>标签来实现这个效果的话，那么你一定非常失望，因为这是不可能完成的任务，而 iframe 可以做到这些，它的另一种使用方式就是可以进行编辑，比如：

```
<style>
    #main {
        width: 370px;
        height: 150px;
        border: 1px solid #ccc;
        position: absolute;
    }
</style>
<body>
    <div id='main'>
        <iframe allowTransparency='true' scrolling='auto'
          width='100%' height='122' src="" id='editor' frameBorder='0'>
        </iframe>
    </div>
</body>
<script type="text/JavaScript">
    //定义编辑窗口引用
    var editPane = null;

    //初始化编辑窗口
    (function() {
        editPane = document.getElementById("editor").contentWindow;
        //打开编辑模式
        editPane.document.designMode = 'on';
        editPane.document.contentEditable = true;
        //打开文档流
        editPane.document.open();
        //写入文档信息
        editPane.document.write(
          '<font color="blue" size=+2>富文本编辑器</font>');
        //关闭流
        editPane.document.close();
    })();
</script>
```

代码运行结果如图 9.5 所示。

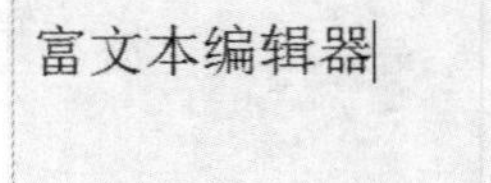

图 9.5　文本编辑器

就像你看到的那样，完成一个基本的编辑器是如此的简单，在打开 iframe 文档的编辑模式后，iframe 的表现就和 textarea 一样了，可以在光标后输入信息。

也许你在正在奇怪上面的例子与 textarea 没有什么不同，别急，请按照下面的步骤操作

一下。

(1) 打开百度页面。

(2) 在打开的百度页面上按 Ctrl+A，也就是全部拷贝。

(3) 然后在刚才写的编辑框中按 Ctrl+V，也就是粘贴。

你看到了什么？是不是如图 9.6 所示的那样。

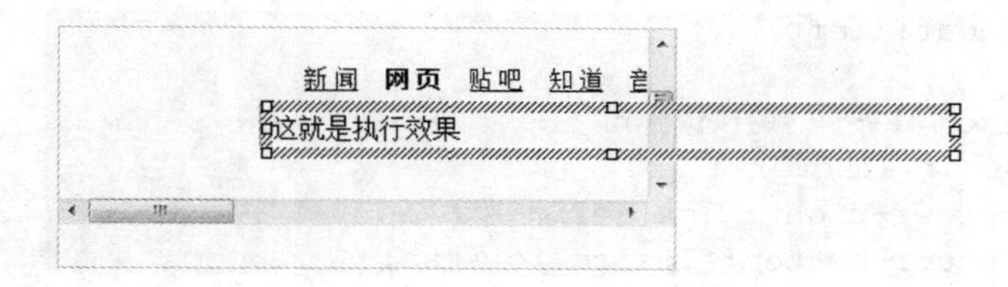

图 9.6　直接粘贴内容

除了图片，甚至把输入框也粘贴到了我们的编辑器中，现在似乎有了点 Word 的味道。不过不能总是让我们把内容粘贴进来吧，作为一个编辑器，起码应该出现工具条这么个工具。下面就一起对先前的编辑器进行扩展，增加一个工具条。

创建上述程序的操作步骤如下。

(1) 定义 HTML 页面：

```
<html>
    <head>
    <style>
        /* 定义表情框样式 */
        #face {
            table-cellspcing: 1px;
            display: none;
            position: absolute;
            top: 30px;
            left: 100%;
            border: 1px solid #aaa;
            background: #fff;
        }
        /* 定义编辑框样式 */
        #maipn {
            width: 370px;
            height: 150px;
            border: 1px solid #ccc;
            position: absolute;
        }
        /* 定义编辑框中的工具条样式 */
        #main #toolbar {
            width: 100%;
            height: 30px;
            background: url(images/bg.gif) repeat-x;
        }
        /* 定义工具条中的链接样式 */
        #toolbar a {
            width: 24px;
```

```
            height: 24px;
            line-height: 24px;
            text-align: center;
            text-decoration: none;
            color: #000;
            font-weight: bold;
            font-size: 15px;
            float: left;
        }
        /* 定义工具条中的链接伪样式 */
        #toolbar a:hover {
            border-right: 1px solid #aaa;
            border-bottom: 1px solid #aaa;
        }
    </style>
    </head>
<body>
    <div id='main'>
        <!-- 工具条 -->
        <div id='toolbar'>
            <a href='JavaScript:void(0)' onclick='onEffect("Bold")'>B</a>
            <a href='JavaScript:void(0)' style='font-style:italic'
              onclick='onEffect("Italic")'>I</a>
            <a href='JavaScript:void(0)' style='text-decoration:underline'
              onclick='onEffect("Underline")'>U</a>
            <img width=24 height=24 src='face/0.gif'
              style='float:right;cursor:pointer;'
              onclick='showFace(this)'/>
        </div>
        <!-- 编辑区 -->
        <iframe allowTransparency='true' scrolling='auto'
          width='100%' height='122' src="" id='editor' frameBorder='0'>
        </iframe>
        <!-表情框 -->
        <table id="face">
        <tr>
            <td><img src="face/0.gif"  onclick="insertFace(this)" /></td>
            <td><img src="face/1.gif"  onclick="insertFace(this)" /></td>
            <td><img src="face/2.gif"  onclick="insertFace(this)" /></td>
            <td><img src="face/3.gif"  onclick="insertFace(this)" /></td>
        </tr>
        <tr>
            <td><img src="face/4.gif"  onclick="insertFace(this)" /></td>
            <td><img src="face/5.gif"  onclick="insertFace(this)" /></td>
            <td><img src="face/9.gif"  onclick="insertFace(this)" /></td>
            <td><img src="face/7.gif"  onclick="insertFace(this)" /></td>
        </tr>
        <tr>
            <td><img src="face/8.gif"  onclick="insertFace(this)" /></td>
            <td><img src="face/9.gif"  onclick="insertFace(this)" /></td>
            <td><img src="face/10.gif" onclick="insertFace(this)" /></td>
```

```
            <td><img src="face/11.gif" onclick="insertFace(this)" /></td>
        </tr>
        <tr>
            <td><img src="face/12.gif" onclick="insertFace(this)" /></td>
            <td><img src="face/13.gif" onclick="insertFace(this)" /></td>
            <td><img src="face/14.gif" onclick="insertFace(this)" /></td>
            <td><img src="face/15.gif" onclick="insertFace(this)" /></td>
        </tr>
        </table>
    </div>
</body>
</html>
```

一个理想中的编辑器最起码可以改变字体的样式，最重要的是作为一款流行的编辑器一定要能插入图片，第一步完成后的效果如图 9.7 所示。

图 9.7　加强版的编辑器

(2) 编写控制代码：

```
<script type="text/JavaScript">
    //定义编辑窗口引用
    var editPane = null;

    //打开表情窗口
    function showFace(img) {
        var face = document.getElementById("face");
        face.style.display = "block";
        face.style.left =
          img.offsetLeft + img.offsetWidth - face.offsetWidth + 'px';
        face.onclick = function(){face.style.display="none";};
        editPane.document.onclick = function(){face.style.display="none";};
    }

    //插入图片
    function insertFace(img)
    {
        var image = "<img src='" + img.src + "' />";
        editPane.focus()
        editPane.document.execCommand('insertImage', false, img.src);
    }

    //初始化编辑窗口
    (function()  {
        editPane = document.getElementById("editor").contentWindow;
```

```
        editPane.document.designMode = 'on';
        editPane.document.contentEditable = true;
        editPane.document.open();
        editPane.document.close();
    })();

    //改变效果
    function onEffect(effect) {
        editPane.document.execCommand(effect);
    }
</script>
```

现在我们可以在编辑器中插入图片以及改变字体的样式等，如图 9.8 所示。

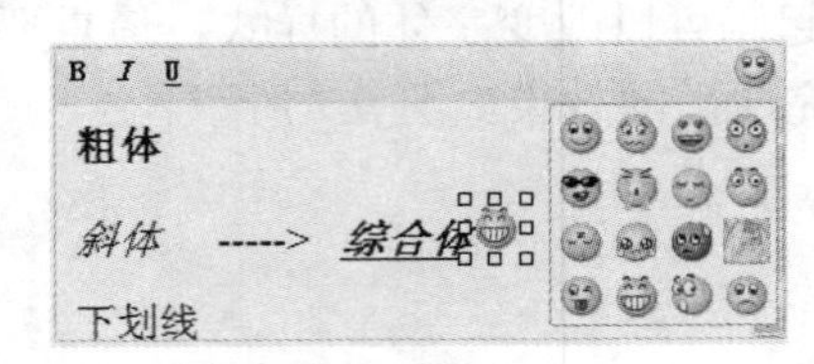

图 9.8　加强版编辑器的运行结果

实际上，代码中最重要的就是 onEffect()函数，而它的核心就是 document 对象的 execCommand()方法。

在确定如何控制编辑器中的文本变化时，你是否想到了很多种方案，比如获取所选文字的内容，以及在整个文本中的顺序，这样就可以对这些内容进行样式替换。起初作者也是这么想的，但既然 iframe 的缔造者赋予了 iframe 可以进行编辑的能力，那么它理应完善和提高编辑的处理能力，execCommand()方法就是这么诞生的。利用 execCommand()方法，我们可以传递指定的参数来进行控制，比如设置粗体或者斜体等。

与百度中的编辑器相比，我们的编辑器功能更多，现在用 FF 打开二者比较一下。奇怪的事情发生了，在 FF 中虽然可以进行编辑，但无法执行任何样式改变和图片插入的操作。

难道是因为 FF 不支持 execCommand()方法吗？实际上从 Mozilla 1.3 开始就已经支持 execCommand()方法方法了，况且 FF3 的 Mozilla 版本已经是 19.0.2 了，如图 9.9 所示。

图 9.9　FF3 核心版本

iframe 的编辑模式最早出现在微软的 Internet Explorer 中，而从 Mozilla 1.3 版本开始，Netscape 浏览器就也开始支持 iframe 的编辑模式，但直到 Firefox 3 出现以后，Mozilla 才开始支持 contentEditable 属性。contentEditable 属性用来指定任何一个元素为可编辑状态，听起来这有点抽象，执行一下下面的例子，你就会明白：

```
<div contentEditable=true
 style="font-size:13px;width:100px;height:20px;border:1px solid #000">
</div>
```

代码的执行结果如图 9.10 所示。

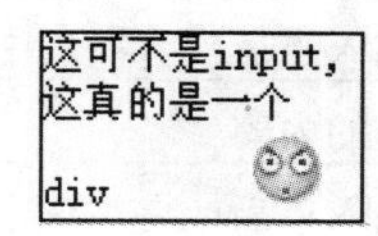

图 9.10　contentEditable 属性的效果

一个 div 元素被设置 contentEditable=true 后，就变成可编辑状态，这就是 contentEditable 属性的作用，本例中对 document 属性设置了 contentEditable 属性，那么它的所有子元素就都会继承这个属性。

那么，为什么编辑器在 FF 下执行不正常呢？实际上，是由于 execCommand()方法使用不规范造成的。execCommand()方法的标准定义如下：

```
execCommand(
 String aCommandName, Boolean aShowDefaultUI, String aValueArgument)
```

execCommand()方法有 3 个参数，指令名称、是否显示默认 UI 以及参数值。在 IE 中，当不需要设置后两个参数时，是可以省略的，而在 FF 的实现中，规定了不能省略，并且在 FF 的实现版本中，第二个参数永远为 false。

现在只要修改一下 execCommand()方法的调用即可，代码如下：

```
//改变效果
function onEffect(effect) {
   //兼容 IE 和 FF 的写法，第二个参数永远为 false
   editPane.document.execCommand(effect, false, null);
}
```

最后一个参数是根据不同的命令来传递的，比如要插入图片时，就需要传递图片的路径，代码见编辑器中的 insertFace()函数。

除了插入图片，改变字体的样式外，execCommand()方法还提供了很多的操作命令，FF 中的操作命令如表 9.1 所示。

表 9.1　FF 中的 execCommand()操作命令

命　令	含　义	是否需要参数
backColor	设置文档背景色。在 IE 中只设置文本的背景色。需要传递颜色参数	是
bold	改变光标插入点后或者被选中文本为粗体	否

续表

命　令	含　义	是否需要参数
contentReadOnly	设置文档是否为只读。需要传递是/否参数	是
copy	拷贝选中的内容到剪切板上。剪切板的内容可以通过 document.getSelection()来获取。 IE 下获取方式为 document.selection.createRange().text	否
createLink	把被选中的内容作为链接。需要传递链接地址	是
cut	剪切选中的内容	否
decreaseFontSize	缩小光标插入点后或者被选中文字的大小。IE 不支持	否
delete	删除被选中的内容	否
fontName	改变光标插入点后或者被选中文字的样式。需要传递样式名称	是
fontSize	改变光标插入点后或者被选中文字的大小。需要传递字号，从 1~7	是
foreColor	改变光标插入点后或者被选中文字的颜色。需要传递颜色值	是
formatBlock	在光标插入点后或者被选中内容外插入格式化标签。需要传递标签名，比如“<H1>”。 常见的还包括 BUTTON、TEXTAREA 等。IE 只支持 H1~H6、ADDRESS 和 PRE	是
hiliteColor	改变光标插入点后或者被选中内容的背景色。需要传递颜色值	是
increaseFontSize	放大光标插入点后或者被选中文字的大小。IE 不支持	否
indent	缩进光标插入点后或者被选中文字	否
insertHTML	在光标插入点后或者被选中内容上(删除被选中内容)插入 HTML 代码。IE 不支持	是
InsertImage	在光标插入点后或者被选中内容上(删除被选中内容)插入图片	是
insertOrderedList	在光标插入点后或者被选中内容上(删除被选中内容)插入一个数字排序的<ol>	否
insertUnorderedList	在光标插入点后或者被选中内容上(删除被选中内容)插入一个数字排序的<ul>	否
italic	改变光标插入点后或者被选中文本为斜体	否
justifyCenter	改变光标插入点或者被选中文本居中	否
justifyLeft	改变光标插入点后或者被选中文本向左移动	否
justifyRight	改变光标插入点或者被选中文本向右移动	否
outdent	减少缩进光标插入点后或者被选中文字	否

续表

命　令	含　义	是否需要参数
paste	在光标插入点后或者被选中内容上(覆盖被选中内容)插入剪切板内容	否
redo	执行前一个操作	否
removeFormat	删除选中内容上的所有样式	否
selectAll	选中编辑器中的所有内容	否
strikeThrough	改变光标插入点后或者被选中文本为删除线	否
subscript	改变光标插入点后或者被选中文本为下标	否
superscript	改变光标插入点后或者被选中文本为上标	否
underline	改变光标插入点后或者被选中文本为下划线	否
undo	取消前一个操作	否
unlink	取消 createLink 创建的链接	否
styleWithCSS	当样式改变时是生成 CSS 还是生成一个样式控制标签，参数为 true 时生成 CSS	是

在看完表 9.1 后，是不是发现完成一个如图 9.11 所示的编辑器也并不是很难了。

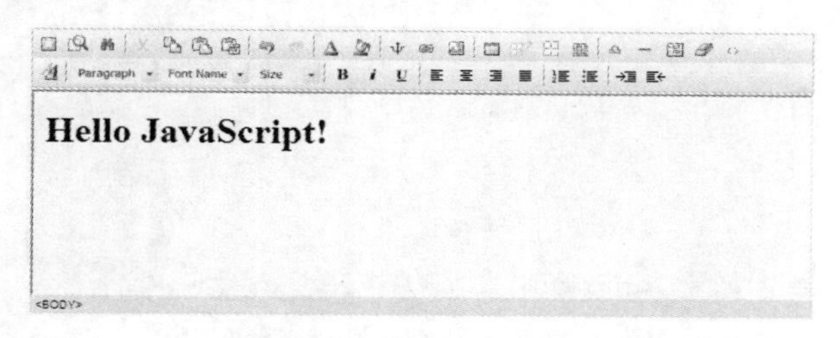

图 9.11　功能强大的编辑器

本章的重点是如何制作一个跨平台的文本编辑器，并且是“所见即所得”的。这种可视化的文本编辑器被广泛地使用在包括博客、空间、论坛等的很多地方，只要是需要与用户交互的网站，基本上都使用了这种文本编辑器。

读者可在本例的基础上继续完善这个编辑器，达到甚至超过如图 9.11 所示的效果。

9.5　上 机 练 习

(1)　新建一个 HTML 对象，并包含一个 iframe 对象，iframe 的地址为百度的首页，然后在主页面通过 JavaScript 访问 iframe 内部的元素，看看会发生什么？为什么会这样？

(2)　比较 window.open()、window. showModalDialog()的区别。

(3)　创建一个自适应高度的 iframe。

(4)　为文本编辑器增加改变字体颜色和大小的功能，要兼容 IE 和 FF。

第 10 章

JavaScript 的动画

学前提示

在 Web 中，“动画”这个词一向都属于网页动画王者 Flash。但并不是说 JavaScript 就不能做出动画效果。虽然不借助于 VML 或者 SVG，JavaScript 就没有处理矢量图形的能力，但是对页面元素的控制力却是 Flash 不可比拟的。

通过对页面元素的控制，使用 JavaScript 同样可以创造出接近于 Flash 的动画效果。本章就与读者一起，使用 JavaScript 来制作漂亮的动画效果。

知识要点

- 动画基础
- 定时器
- 动画的实现
- 通用接口

10.1 动画基础

简单地说，动画可以理解为能动的图画。这确实很简单，简单到可以使用 CSS 技术轻松地来实现，在本章的例子中，将介绍一个使用 IE 滤镜效果实现的动画。

动画效果的原理就是利用人的视觉暂留，通过快速地播放连续的画面而产生场景中物体的运动效果。当然，连续的画面需要有连贯性——比如一个完整的走路动作，按照规律一次变化一点点，这样才能产生平滑的运动效果。

目前最流行的动画制作工具 Flash 就是利用这个方式来进行动画制作的。这里涉及到两个关键的概念——帧和秒。

帧可以理解为一幅画，或者电影胶片中的一张，每一帧都记录着一个瞬间的行为状态。比如第一帧，人物准备抬起左手；第二帧，人物左手抬起到了半空；第三帧，人物左手伸了出去。这三帧连续播放的效果就是一个完整的抬手伸出的动作。当然影响最终表现结果的还有一个重要因素，就是秒。

通常，电影播放时，在一秒内会播放 24 幅画面。也就是说，人眼在一秒内看 24 帧就会觉得很正常，如果在一秒内播放的帧数过少，或者过多，就会造成画面过快或者过慢的效果了。当然这并不是绝对的，这与每帧之间的“间距”有关系，每帧移动的距离不同，那么效果也不同。

帧和秒决定了最后动画播出的效果，这个由帧/秒决定的单位被称为 FPS，也就是帧每秒(Frame Per Second)。虽然对于看电影来说，24FPS 就够了，但是，目前在游戏中经常以高 FPS 为追求的目标，这是因为高 FPS 可以使整个过程表现得更细腻。

10.2 定时器

说到 JavaScript 动画，在本书第 6 章中就介绍过如何通过改变元素样式来制作动画效果。因为在 JavaScript 中只能控制元素进行改变，而不能创造矢量图形，当然这不包括 VML 或者 SVG。所以只能实现“元素动画”。

在 HTML 5 中，JavaScript 可以实现矢量绘图，但 HTML 4.x 中的元素动画同样重要。

而实现元素动画只有两个要素，元素属性改变量以及完成改变量的时间，如图 10.1 所示。以元素移动来说，图 10.1 描述了在指定时间内完成指定移动量的过程。现在有了时间，也有了总量，问题是帧在哪里？这需要我们假定一个常量：FPS，如果使用 24FPS，那么完成这个动画的总帧数为：

$$总帧数(Fs) = FPS \times 总时间(S)$$

新的问题是：如何在总时间(S)内完成 Fs 帧？对于 JavaScript 来说，这才是重点。

答案是：我们需要一个定时器来周期性地驱动动画的改变，也就是帧的更新。

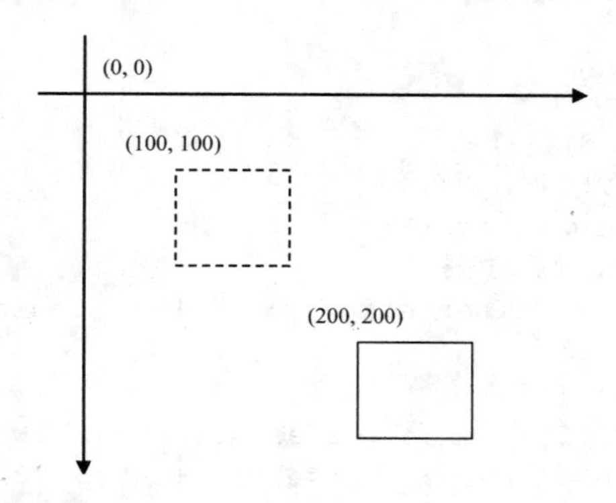

图 10.1　元素的移动

10.2.1　JavaScript 中的定时器

在本书第 5 章中，介绍了两种 JavaScript 支持的定时器函数：

```
setTimeout()     //允许延时执行函数
setInterval()    //允许在指定的间隔时间后重复执行函数
```

从函数定义上来看，setInterval 更适合作为定时器来周期性的改变元素属性，看下面的例子：

```
<style>
    #block {
        width: 100px;
        height: 100px;
        background: #aaa;
        position: absolute;
        top: 100px;
        left: 100px;
    }
</style>
<div id="block">
</div>
<script>
    //每秒帧数
    var FPS = 24;
    //每帧间隔
    var SPF = 1000/FPS;
    //总时间 3 秒
    var period = 3;
    //移动 100 像素
    var distance = 100;
    //总帧数
    var frames = parseInt(FPS * period);
    //每帧移动的距离
    var step = distance/frames;
    var block = document.getElementById("block");
    //定时器引用，用于结束动画
    var timer;
```

```
    //动画处理函数
    function callback() {
        if(frames <= 0) {
            //当总帧数到 0 时，停止动画
            clearInterval(timer);
            //显示完成动画后的坐标
            alert(block.offsetLeft + ":" + block.offsetTop);
        }
        //变更移动量
        block.style.left = block.offsetLeft + step+'px';
        block.style.top = block.offsetTop + step + 'px';
        frames--;
    }
    timer = setInterval(callback, SPF);
</script>
```

定时器启动之后，灰色的方块 block 就会沿着对角线的方向往右下角移动。虽然它很简单地只进行了位置的变动，但它确实是一个动画。

除了使用 setInterval 来实现周期定时器外，还可以使用 setTimeout 来实现周期调度，看下面的例子：

```
<script>
    //每秒帧数
    var FPS = 24;
    //每帧间隔
    var SPF = 1000/FPS;
    //总时间 3 秒
    var period = 3;
    //移动 100 像素
    var distance = 100;
    //总帧数
    var frames = parseInt(FPS * period);
    //每帧移动的距离
    var step = distance/frames;
    var block = document.getElementById("block");
    //定时器引用，用于结束动画
    var timer;
    //动画处理函数
    function callback() {
        if(frames <= 0) {
            //当总帧数到 0 时，停止动画
            clearTimeout(timer);
            //显示完成动画后的坐标
            alert(block.offsetLeft + ":" + block.offsetTop);
        }
        //变更移动量
        block.style.left = block.offsetLeft + step + 'px';
        block.style.top = block.offsetTop + step + 'px';
        frames--;
        setTimeout(callback, SPF);
    }
```

```
    timer = setTimeout(callback, SPF);
</script>
```

这是一个递归调用，看起来比 setInterval 要复杂一些，但在实际的使用中，基本都是使用这种方式来处理动画的。

为什么呢？答案稍后揭晓。

提示

在 HTML5 中，有了新的定时器接口 requestAnimationFrame，该接口不需要使用者指定 SPF，因为浏览器内部会为 60 帧的 FPS 而自动管理。

该接口可以获得更低的 CPU 消耗、更少的电量消耗和更平滑的效果。

10.2.2 帧和时间

虽然这不是一本关于游戏开发的书籍，但我们仍然想把游戏开发中的一些经验介绍给读者。

在本章的开头介绍了帧的概念，帧表示了 1 秒内定时器的循环次数，而我们使用帧进行动画的更新：在上面的例子中，动画在每帧更新一次 block 的位置，而在总帧数为 0 时结束动画。

为什么没有说到时间呢？一般情况下，我们都会讲：我要看一个 10 秒的广告，或者长达 2 个小时的动画，从来没人说：我想看一个 216000 帧(60FPS 持续 1 小时)的动画。这就是我们想说的问题，时间。

考虑这样一个场景：我们想在用户进入这个页面的时候显示一个欢迎动画，长度 3 秒(类似很多门户网站首页的强行广告)。如果动画刚开始播出 1 秒的时候，页面因为其他计算而导致性能下降，也许是卡住了 10 秒，那么 10 秒后动画是否应该消失？还是继续播完剩下的 2 秒？

答案是消失。当然这还取决于程序的目的，是否需要一个与时间同步的动画。与时间同步的好处在于多人联网时，可以得到最小误差的相同体验：比如在一个抢购商品页面开放抢购之前播放了一些动画特效，之后开始抢购商品。如果动画长 5 秒，而某人从开始就卡了 4 秒，那他是该继续播完那剩下的 1 秒就开始抢购商品呢，还是继续等待 5 秒直到动画结束后才开始抢购商品？你一定已经知道答案了。

下面来看看如何在代码中实现根据时间来进行的动画：

```
<script>
    //每秒帧数
    var FPS = 24;
    //每帧间隔
    var SPF = 1000/FPS;
    //总时间 3 秒
    var period = 3;
    //移动 100 像素
    var distance = 100;
    //总帧数
    var frames = parseInt(FPS * period);
```

```
    //每帧移动的距离
    var step = distance/frames;
    var block = document.getElementById("block");
    //定时器引用，用于结束动画
    var timer;

    //动画处理函数
    function callback() {
        //当前时间 - 动画开始时间
        //如果因为某些原因，只执行了 1 帧时间就超过了 3 秒，
        //那么动画同样会停止，因为不能影响后续的处理
        duration = +new Date() - startTime;      // +相当于.valueOf();
        if(duration >= 3000) {
            //当时间超过 3 秒时，停止动画
            clearTimeout(timer);
            //显示完成动画后的坐标
            alert(block.offsetLeft + ":" + block.offsetTop);
        }
        //变更移动量
        block.style.left = block.offsetLeft + step + 'px';
        block.style.top = block.offsetTop + step + 'px';
        //这句很重要
        setTimeout(callback, SPF);
    }

    //开启时间
    var startTime = +new Date();     // +相当于.valueOf();

    //执行时长
    var duration = 0;
    timer = setTimeout(callback, SPF);
</script>
```

使用时间来控制动画并不复杂，但是它可以保证你的整个程序流程不会因为图像显示的卡顿而影响后续的逻辑。

提示

一般来说，在画面需要频繁更新的游戏或者动画中，60FPS 可以保证画面过渡看起来更平滑，但这不是必需的，有些类型只需要大于 24 的 FPS 就够了。高 FPS 会提高 CPU 和电量的消耗。当然在 HTML5 中，这种情况得到了改善。

10.3 动起来还不够

只移动位置能算得上动画么？虽然从技术上来说，它算是动画，但从视觉上来说，它太简单了，简单到人们认为它不是动画。

那现在我们就来完成更多的改变吧。

10.3.1　线性处理

在开始编码之前，首先来构思一个动画场景，比如一个 100*100 像素的 div 在 5 秒的时间内渐变为透明、变小，随之消失。

创建上述程序的操作步骤如下。

(1)　定义元素样式：

```
<style>
    #block {
        width: 100px;
        height: 100px;
        background: #aaa;
        position: absolute;
        top: 100px;
        left: 100px;
        overflow: hidden;

        /* 初始化透明属性 */
        opacity: 1;  /* CSS 标准方式，IE7 以上支持 */
        filter: Alpha(Opacity='100');  /* 滤镜透明方式，IE6 支持 */
    }
</style>
<div id="block">
</div>
```

为元素增加了跨平台的透明属性。

(2)　定义动画参数：

```
//帧每秒
var FPS = 24;
//每帧间隔
var SPF = 1000/FPS;
//总时间 3 秒
var period = 3;

//移动 100 像素
var distance = 100;
//修改尺寸，从 100 到 0
var size = 100;
//透明度，从不透明 100 到透明 0
var opacity = 100;

//总帧数
var frames = parseInt(FPS * period);
//每帧移动距离
var disStep = distance/frames;
//每帧缩小尺寸
var sizeStep = size/frames;
//每帧增加透明度
```

```
var opaStep = opacity/frames;
var block = document.getElementById("block");
//获取运行时样式
var ocurStyle = window.getComputedStyle ?
  window.getComputedStyle(block,null) : block.currentStyle;
```

本例中的动画要改变 3 个属性，要分别计算每个属性的每帧改变量，对于透明属性，要通过运行时样式来获取。

(3) 启动定时器：

```
//定时器引用，用于结束动画
var timer;

//动画处理函数
function callback() {
    duration = +new Date() - startTime;     // +相当于.valueOf();
    if(duration >= 3000) {
        //当时间超过 3 秒时，停止动画
        clearInterval(timer);
        if(block.offsetLeft != 200)
            block.style.left = '200px';
        if(block.offsetTop != 200)
            block.style.top = '200px';
    }
    //移动位置
    block.style.left = block.offsetLeft + disStep + 'px';
    block.style.top = block.offsetTop + disStep + 'px';
    //缩小尺寸
    block.style.width = block.offsetWidth - sizeStep + 'px';
    block.style.height = block.offsetHeight - sizeStep + 'px';
    //透明渐变
    block.style.cssText += ';' + 'opacity:' + (ocurStyle['opacity']
      - opaStep/100) + ';filter:Alpha(Opacity='
      + (ocurStyle['opacity']*100-opaStep) + ')';
    //这句很重要
    setTimeout(callback, SPF);
}

//开启时间
var startTime = +new Date();      // +相当于.valueOf();

//执行时长
var duration = 0;
timer = setInterval(callback, SPF);
```

在设置元素透明属性的时候，使用了 style 对象的 cssText 属性，该属性接收 CSS 定义字符串作为参数，直接对样式进行修改。对于需要动态设置元素样式的操作来说，这种方式更加简便。

虽然增加了更多的改变属性，但是每个属性的改变都是线性的，如何实现加速、减速或者弹簧效果的非线性改变呢？答案即将揭晓。

10.3.2　非线性处理

如果只需要加速或者减速效果，可以很容易地实现一个加/减速度变量，在每帧更新元素位置之前，先更新速度本身，这样就是一个简单的二次曲线效果了。

不过对于更复杂的效果，可以选择使用通用的方程函数，比如下面这个例子：

```
//定时器引用，用于结束动画
var timer;
//动画处理函数
function callback() {
   duration = +new Date() - startTime;    // +相当于.valueOf();
   if(duration >= 3000) {
      //当时间超过 3 秒时，停止动画
      clearInterval(timer);
      if(block.offsetLeft != 200)
         block.style.left = '200px';
      if(block.offsetTop != 200)
         block.style.top = '200px';
   }
   //移动位置
   var deltaDis = quadIn(duration, 0, 100, 3000);
   block.style.left = block.offsetLeft + deltaDis + 'px';
   block.style.top = block.offsetTop + deltaDis + 'px';
   //缩小尺寸
   var deltaSize = quadIn(duration, 100, -100, 3000);
   block.style.width = block.offsetWidth - deltaSize + 'px';
   block.style.height = block.offsetHeight - deltaSize + 'px';
   //透明渐变
   var deltaAlpha = quadIn(duration, 100, -100, 3000);
   block.style.cssText += ';' + 'opacity:' + (ocurStyle['opacity']
    - deltaAlpha/100) + ';filter:Alpha(Opacity='
    + (ocurStyle['opacity']*100-deltaAlpha) + ')';
   //这句很重要
   setTimeout(callback, SPF);
}
//渐变公式
function quadIn(t, b, c, d) {
   return c*(t/=d)*t + b;
}
//开启时间
var startTime = +new Date();     // +相当于.valueOf();
//执行时长
var duration = 0;
timer = setInterval(callback, SPF);
```

注意上面的例子，所有的变化量都是动态算出来的。我们不打算解释这个公式的数学含义，但还是要说一下它的参数。有没有注意到计算公式的第一个参数？没错，动画运行时长就是第一个参数，而最后一个参数则是动画的总时长，现在聪明的读者一定已经明白

计算公式的原理了吧。

在 http://www.robertpenner.com/easing/ 这个地址可以找到最常用的渐变公式。

10.4 通用接口

元素动画大量地应用在页面组件的过渡效果中，比如菜单的收缩效果也就是改变尺寸，菜单的弹簧效果也就是改变位置。在这些效果的实现中，有一个问题是，难道每次改变一个元素属性都要写一堆的控制代码吗？如果对多个元素进行动画控制，那代码岂不是要非常多。

一个通用的容易扩展的接口就是问题的解决之道。

一个理想的元素动画接口应该只需要指定动画完成所需要的时间、需要进行改变的属性、需要改变属性的目标值，然后动画就会自动出现了。不需要每次编写复杂的控制代码，也不需要每次计算不同属性的改变量。下面的接口便接近于我们正在寻找的方式：

```
transform(obj,{left:100,opacity:0.5,fontSize:90},1000)
```

理想中的 transform 接口可以识别不同的属性并自动进行控制。下面就一起来分析如何实现这种接口：

- 如果只接收属性的目标值，那么如何获取属性目前的值？这样才能算出目标单位与源单位之间的差距。这个问题可以通过运行时样式来进行获取。
- 如何计算每个属性的每帧改变量？
- 知道总时间，知道帧数，知道每帧改变量。那唯一的问题就剩下编码了。

创建上述程序的操作步骤如下。

(1) 解析参数中包含的属性以及属性值：

```
function transform(obj, params, period) {
    var FPS = 24;
    var SPF = 1000/FPS;
    //开启时间
    var startTime = +new Date();     // +相当于.valueOf();
    //执行时长
    var duration = 0;
    //总时间，默认 1000ms
    period = period || 1000;
    //目标属性集合
    var desObj = {};
    //当前属性集合
    var srcObj = {};
    //定义当前值和目标值
    var desValue, srcValue;
    //运行时样式
    var ocurStyle = window.getComputedStyle ?
     window.getComputedStyle(obj, null) : obj.currentStyle;
```

因为参数 params 中有可能定义了很多属性，所以使用属性集合来存放每个属性以及对应的值。

(2) 计算所有属性的每帧步长：

```
//遍历 params 对象中的属性
for(var i in params) {
    //获取在运行时样式中的当前属性值
    srcValue = ocurStyle[i];
    //获取目标属性值
    desValue = params[i];

    //如果运行时样式中有该属性，可能有不合法的属性名
    if(srcValue) {
        //如果属性值为 auto，改为 0
        srcValue = srcValue.replace(/auto/i, '0');
        //如果当前属性值不是数字或者为空，那么无法进行动画处理
        if(!/[0-9]+/i.test(srcValue) || (srcValue.indexOf(' ') != -1))
            continue;
        //把属性 i 的值分别存储
        desObj[i] = parseFloat(desValue || 0);
        srcObj[i] = parseFloat(srcValue || 0);
        //获取每个属性的每帧改变量
        paramStepObj[i] = (desObj[i] - srcObj[i])/frames;
    }
}
```

在基于时间同步的动画处理中，我们可以预先计算出所有属性的每毫秒改变值，但我们需要为此付出大量内存，有两个选择：降低精度，只计算 10 毫秒级别的改变值，或者运行时计算。

(3) 动画核心控制：

```
//计算不同属性的每帧改变量
var opacity;
var nValue;
var timer = setTimeout(function() {
    duration = +new Date() - startTime;     // +相当于.valueOf();
    if(duration >= period) {
        //当时间超过指定时长时，停止动画
        clearInterval(timer);
    }

    //动画处理核心
    for(var i in paramStepObj) {
        if(/opacity/i.test(i)) {
            //如果元素没有透明样式，那么必须初始化一个
            if((obj.style[i] != 0) && (!obj.style[i])) {
                obj.style.cssText += ';opacity:1;filter:Alpha(Opacity=100)';
            }
            obj.style.cssText += ';opacity:'
              + (parseFloat(ocurStyle['opacity'])
```

```
            + paramStepObj[i]) + ';filter:Alpha(Opacity='
            + (parseFloat(ocurStyle['opacity'])*100
            + paramStepObj[i]*100) + ')';
        } else {
            try {
                obj.style[i] = obj.style[i] ?
                    parseFloat(obj.style[i]) + paramStepObj[i]
                    : srcObj[i] + paramStepObj[i];
            } catch(el) {
                obj.style[i] = '0px';
            }
        }
    }
    //这句很重要
    setTimeout(callback, SPF);
}, SPF);
```

通过比较属性名 i 的值为 opacity，进入特定的透明控制逻辑。在处理一个元素的透明属性之前，这个元素必须已经被设置过透明属性，否则在样式中就无法获取到 opacity 属性的值，也就无法完成透明渐变效果。

(4) 调用接口：

```
//调用接口
var block = document.getElementById("block");

transform(block, {left:300,top:500,opacity:0},1000);
```

对于 transform 接口，基本上已经可以满足大部分的需求了，但还有一些特性需要完善，比如增加有效性验证、增加颜色的处理、增加相对参数值以及方法原型化等。

10.5 上机练习

(1) 创建一个可以交互的动画效果。

(2) 现在的动画接口都是指定绝对单位，比如：

```
transform(block, {left:300,top:500,opacity:0,period:1});
```

这句就是移动 block 元素到(300, 500)坐标的地方。

尝试为接口增加相对单位，例如：

```
transform(block, {left:'-30',top:'+30',opacity:0,period:1});
```

就是向左移动 30 像素，向下移动 30 像素。

(3) 为 transform 增加非线性处理机制。

第11章

多媒体内容管理

学前提示

页面中使用最多的元素不是表单，也不是表格，除了文字外，图片就是页面中出现频率最高的元素了。在这种类型的网站中，图片都以不同的方式被展现：信息提示、图片链接、图片浏览器等。

虽然目前Flash已经取代传统的GIF文件成为了页面中的动画霸主，但大部分的页面非动画图片仍然使用JavaScript作为控制方式来实现各种效果。本章就以Flash为目标，以JavaScript为工具，来展示JavaScript在图片方面的能力。

知识要点

- 图片对象的创建和使用
- 使用动画效果的图片浏览器
- 多媒体元素和音乐播放器

11.1 图 片

作为一种浏览器脚本编程语言，JavaScript 并没有提供绘制图形的功能，这多少有些遗憾。虽然 IE 提供了大部分浏览器都不支持的 VML，W3C 也提供了大部分浏览器都不支持的 SVG，但离普及还差得比较远，这里就不多介绍了。

图片作为一种非文本元素，与其他页面元素(例如按钮，列表框)一样，都被纳入 DOM 元素的管理范围，都允许通过改变元素的样式来修改图形渲染样式。

11.1.1 Image 对象

图片对象是一个比较特殊的 HTML 元素，对于其他 DOM 元素来说，只能通过标准 DOM 接口 createElement 来创建一个元素对象，而对于图片，却可以通过创建一个宿主对象来达到相同的目的，例如 new Image()。

一个<img>标签就在 DOM 树中对应一个 Image 对象实例。通过 Image 对象实例，脚本可以动态地控制一个图片的位置、大小甚至是颜色。

常用的 Image 对象属性如表 11.1 所示。

表 11.1 Image 对象的常用属性

DOM 属性名	含 义
src	读取或设置图片对象实际加载的图片路径
width	读取或设置图片的宽度
height	读取或设置图片的高度
alt	读取或设置无法显示图像时的替代文本

Image 对象的 DOM 属性和<img>标签属性名都是相同的，对开发者来说，这更容易掌握。究竟在对象中还是标签中设置图片的属性，取决于开发者的实现目的。

与使用<img>标签创建一个能显示在页面上的图片对象相比，通过脚本动态地创建一个图形元素就稍微复杂了点，例如：

```
var img = new Image();
img.src = "图片路径";
//最重要的一步，必须附加到当前的 DOM 树中
document.body.appendChild(img);
```

除了要创建一个 Image 实例对象外，最重要的是把这个对象加入当前正在运行的 DOM 树中，appendChild(child)方法是每个 DOM 节点都拥有的方法，表示把 child 对象追加在自己的最后一个直接子节点之后。一个图片对象必须被加入到 DOM 树中，但并不是所有 DOM 节点都可以添加，只有加入到 body 元素以及它的子元素内才有意义，因为这样才会被显示在页面上。

例子中是作为 body 的子节点添加，而在实际开发中，是根据图片需要存在的位置来决定到底追加到哪个节点之后。

图片也属于 DOM 节点，所以 Image 实例对象也可以通过标准的 DOM 接口来创建。例如：

```
var img = document.createElement('img');
img.src= "图片路径";
//最重要的一步，必须附加到当前的 DOM 树中
document.body.appendChild(img);
```

11.1.2　图片控制

对 JavaScript 来说，控制一个图片和控制一个 div 没有什么区别。它们拥有相同的 style 属性，从技术实现的角度来讲，一个 100×100 的图片和一个 100×100 的 div 都需要进行像素点渲染，只是对图片来说，这 10000 个像素点有着不同的颜色。

目前很多网站上都对页面中的图片进行了鼠标事件控制，来达到更好的效果，例如鼠标放在图片上时图片变大，移开时图片又变小，下面就使用动画接口来实现这个效果。

创建上述程序的操作步骤如下。

(1)　定义页面元素及样式：

```
<center>
    <img src='images/1.PNG' width='100' height='100'/>
    <img src='images/2.PNG' width='100' height='100'/>
    <img src='images/3.PNG' width='100' height='100'/>
</center>
```

(2)　编写事件监听函数：

```
//鼠标悬停事件
document.onmouseover = function(e) {
    e = e||event;
    var target = e.target||e.srcElement;
    //判断事件源是否为 image 对象
    if(target.tagName.toLowerCase() == 'img') {
        with(target.style) {
            width = '120px';
            height = '120px';
        }
    }
}
//鼠标悬停移开事件
document.onmouseout = function(e) {
    e = e||event;
    var target = e.target||e.srcElement;
    if(target.tagName.toLowerCase() == 'img') {
        with(target.style) {
            width = '100px';
            height = '100px';
        }
    }
}
```

可以看出，处理图片对象与处理其他元素对象没有什么区别，因为图片对象本身也是DOM 中的节点。我们要做的，只是给出一个 src，然后就可以认为它是一个有 src 属性的div 了。

11.1.3 图片与 CSS

在大部分图像处理软件中，都可以对图像进行类似剪切、旋转、灰度调节等操作，但是在 HTML 中并没有这样的标签。

好消息是 CSS 中存在着这样的功能，我们不仅可以对图片进行剪切、旋转、灰度调节，还能进行曝光、模糊、阴影等处理。

来看看我们都能把图 11.1 变成什么样子。

(1) 先来旋转一下看看，如图 11.2 所示。

图 11.1 正常状态的图片

图 11.2 垂直旋转

垂直旋转的代码如下：

```
<center>
    垂直旋转</br>
    <img style='filter:flipv()' src='images/4.jpg'
      width='300' height='200'/>
</center>
```

(2) 再来看看绚丽的底片效果，如图 11.3 所示。

图 11.3 底片效果

底片效果的代码如下：

```
<center>
    底片效果</br>
    <img style='filter:invert()'
      src='images/4.jpg' width='300' height='200'/>
</center>
```

(3)　模糊效果，如图 11.4 所示。

图 11.4　模糊效果

模糊效果的代码如下：

```
<center>
    模糊</br>
    <img style='filter:blur(strength=15)'
      src='images/4.jpg' width='300' height='200'/>
</center>
```

(4)　还有让大家心情都变得沉重的灰色，如图 11.5 所示。

图 11.5　灰色效果

灰色效果的代码如下：

```
<center>
   灰色</br>
   <img style='filter:gray()'
     src='images/4.jpg' width='300' height='200'/>
</center>
```

地震灾难发生以后，很多网站的图片都变成如图 11.5 那样的灰色，以示对地震中遇难同胞的哀悼。那么，网站是如何在很短的时间内修改大批量图片的呢？答案就是增加了图片样式控制，例如：

```
/* 影响所有图片的样式 */
img {
   filter: gray();
}
```

这样就可以对引用此样式的所有图片都进行灰色处理了。

CSS 对图片处理的功能很强大，但坏消息是，上面的所有特效只有 IE 支持，因为它们都使用了 IE 的 CSS 滤镜。虽然 IE 在 JavaScript 性能方面差强人意，但事实是，它的图像处理能力确实很强大。

难道在非 IE 浏览器上只能对图片进行放大、缩小、透明处理？差不多就是这样的。不过不要忘记剪切效果。目前流行的网页地图以及在缩略图中查看大图的效果如图 11.6 所示。

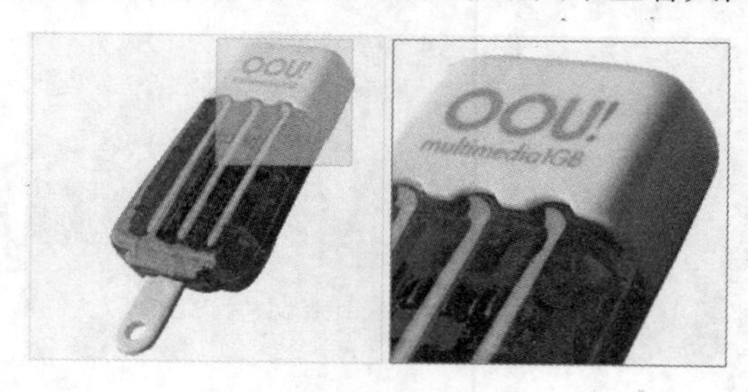

图 11.6　缩放效果

获取图片某一个部分的剪切代码如下：

```
<div id='m'
  style='width:200px;height:60px;background:url(images/4.jpg) -0px -90px'>
</div>
```

元素 m 利用背景属性 background 来加载背景图并指定加载背景图的起始点坐标，而起始点就是实现剪切的关键。(-0, -90)表示 m 的背景图是从 4.jpg 的横坐标 0px，纵坐标 90 开始截取图像作为 div 的背景图像，而从这一点开始剪切多少背景图则取决于 div 的尺寸了，如图 11.7 所示。

图 11.7　图像剪切效果

图 11.7 就是在图 11.1 的基础上剪切而来。但需要注意的是，这种“剪切”并没有对图像本身产生任何影响，它只是一种遮罩效果，就好像图 11.6 中的效果一样。

利用剪切效果可以做出一些有意思的应用，例如拼图游戏。在本书第 13 章中就将介绍如何使用剪切技术来完成一个拼图游戏。

11.1.4　图片浏览器

用 JavaScript 控制图片最实质性、最有价值的应用非图片浏览器莫属了。在空间、博客、相册等网站中，都有各种各样的图片浏览器，而这也成为了个性化的又一表现。

从绚丽效果来说，使用 Flash 来完成这样一个应用绝对可以赢得众多的眼球，但 JavaScript 是否就没办法了呢？

本书就与读者一起，完成一个类似 Flash 效果的好看、好用、好学的图片浏览器，效果如图 11.8 所示。

图 11.8　图片浏览器

这是一个比较有立体感的图片浏览器，通过图层定位技术让浏览器正在查看的图片突显出来，并让后面的图片呈现半透明状态。这看起来很好，不是吗？不过在实现之前，我们必须搞明白一件事情，什么是图层定位？

在 HTML 页面中，每个元素都有一个 zIndex 属性，用来标识自己所在的层。层是一个立体的概念，就像图 11.8 所展示的那样。从垂直屏幕的方向往里看就好像有多个层次，每个元素都可以存在于不同的层次上，这样就可以让平面的 HTML 页面更加富有立体感。

控制元素的层次可以使用 CSS 代码，例如：

```
<style>
    #b1 {
        width: 100px;
        height: 100px;
        background: #ddd;
        position: absolute;
        left: 50px;
        top: 50px;
        z-index: 1;
    }
    #b2 {
        width: 100px;
        height: 100px;
```

```
        background: #bbb;
        position: relative;
        left: 60px;
        top: 60px;
        z-index: -9;
    }
</style>
<div id='b1'></div>
<div id='b2'></div>
```

运行结果如图 11.9 所示。

图 11.9 以 CSS 设置元素的层次

同样，使用 JavaScript 也可以设置元素的层次，例如：

```
<script>
    var b1 = document.getElementById('dragger');
    var b2 = document.getElementById('dragger2');
    //设置图层
    b1.style.zIndex = 9;
    b2.style.zIndex = 99;
</script>
```

注意 JavaScript 中层次属性的名字与 CSS 中的区别。运行结果如图 11.10 所示。

图 11.10 以 JS 设置元素的层次

层次的大小不一定必须按照数字顺序来执行，只要两个元素的层次大小存在差异，系统就会自动地在界面上表现出来。

如果元素的 zIndex 属性值相同，那么系统会按照元素定义的先后顺序来进行层次的划分。同级别的节点，在代码书写顺序中越靠后，图层级别就越高，例如：

```
<div id='b1'></div>
<div id='b2'></div>
```

b2 的图层级别就高于 b1。而在嵌套结构中，内层的级别高于外层的级别，例如下面的代码，b1 的图层级别就高于 b2：

```
<div id='b2'>
    <div id='b1'>
    </div>
</div>
```

搞明白什么是图层后，我们就可以开始构建一个像图 11.8 那样的图片浏览器了。

创建上述程序的操作步骤如下。

(1)　编写 HTML 代码：

```
<div id='container'>
    <!-- 左箭头 -->
    <img src="left.png"  style="left:-5px;top:85px;"
      onclick="JavaScript:showImg(-1)" />
    <!-- 左边第一个图片框 -->
    <img id="img01"
      style="z-index:4;left:31px;top:63px;width:74px;height:74px"
      onclick="JavaScript:showImg(2)" />
    <img id="img02"
      style="z-index:5;left:71px;top:32px;width:138px;height:138px"
      onclick="JavaScript:showImg(1)" />
    <!-- 中间的图片框 -->
    <img id="img03"
      style="z-index:6;left:151px;top:0px;width:198px;height:198px"
      onclick="JavaScript:showImg(0)" />
    <!-- 右边第二个图片框 -->
    <img id="img04"
      style="z-index:5;left:291px;top:32px;width:138px;height:138px"
      onclick="JavaScript:showImg(-1)" />
    <img id="img05"
      style="z-index:4;left:395px;top:64px;width:74px;height:74px"
      onclick="JavaScript:showImg(-2)" />
    <!-- 右箭头 -->
    <img src="right.png" style="left:486px;top:85px;"
      onclick="JavaScript:showImg(1)" />
</div>
```

根据图 11.8 所显示的样式，我们需要定义左右两个方向箭头，还有 5 个大小不同的图片，总共 7 个 image 对象。

(2)　编写 CSS 代码：

```
<style>
    /* 图片浏览器容器 */
    #container {
        position: absolute;
        left: 20%;
        text-align: center;
        margin-top: 150px;
        width: 500px;
```

```
        height: 198px;
    }
    /* 图片浏览器容器中的所有图片样式 */
    #container img {
        position: absolute;
    }
</style>
```

理想中，我们可以很容易地更新图片浏览器所在的位置，那么最好的选择就是绝对定位(absolute)。

使用一个绝对定位的 div 作为图片浏览器的容器有两个好处——可以方便地布局图片浏览器以及方便容器内部元素的布局。

还记得绝对定位的相对性吗？绝对定位元素相对于也是绝对定位或者相对定位的外层元素，所以使用#container img 样式来定义容器内所有图片也是绝对定位。这样就可以让 image 对象相对于 container 来进行定位处理，就像第 1 步中写的那样。

(3) 编写控制代码：

```
<script type="text/JavaScript">
    //图片列表数组
    var imgArray = new Array();
    imgArray[0] = "1.png";
    imgArray[1] = "2.png";
    imgArray[2] = "3.png";
    imgArray[3] = "4.png";
    imgArray[4] = "5.png";
    imgArray[5] = "6.png";
    imgArray[6] = "7.png";
    imgArray[7] = "8.png";
    imgArray[8] = "9.png";
    imgArray[9] = "10.png";

    //默认显示的图片序号
    var base = 0;
    //通过指定偏移量来显示数组顺序中前或者后的第几张图片
    function showImg(offset)
    {
        base = (base - offset) % imgArray.length;
        //显示从 base 号开始的 5 个图片
        for(var i=base; i<base+5; i++)
        {
            var img = document.getElementById("img0" + (i-base+1));
            //判断图片是否从前往后循环显示
            if(i < 0)
            {
                img.src = imgArray[imgArray.length + i];
            }
            //判断图片是否从后往前循环显示
            else if(i > (imgArray.length-1))
            {
```

```
                img.src = imgArray[i - imgArray.length];
            }
            else
            {
                img.src = imgArray[i];
            }
        }
    }
    //初始化图片浏览器中的图片
    function initImg()
    {
        showImg(3);
    }
    //在页面加载完成后调用
    window.onload = initImg;
</script>
```

图片浏览器中所包含的图片数是一个定值，本例中包含 10 个图片，都存在于数组中。showImg()函数接收一个偏移量来进行图片集的浏览，例如上一张图片 showImg(-1)，下一张图片 showImg(1)，在步骤 1 的两个左右箭头图片对象上就分别使用了这个函数，而在每个图片中也增加了 showImg()函数，结果是不仅可以点箭头图标来进行图片集的左右浏览，还可以直接点击图片来显示要查看的图片。

这样就设计完成了图 11.8 中的图片浏览器，读者可以分别在 IE 和 FF 中执行，以观察运行差异。不出意外的话，应该会觉得在 FF3 下运行的速度和流畅度比在 IE6 中要好得多。

通过图层技术，我们可以模拟出一些立体感，但你是否总感觉还不够立体，如果能模拟出层次间的距离感那就更好了。

当然可以，实际上这很简单，只要把不同层次上图片的“光照”进行调整就可以了，如图 11.11 所示。

图 11.11　调整不同层次的光照效果

离屏幕越远的层次，光照越小，图片也就显得越黑，而越近的图片就显得明亮起来了。那么如何实现呢？你可能会首先想到使用灰色滤镜，当然可以，不过在非 IE 浏览器下完全没有效果。那么是否存在某种样式可以让图片变灰呢？很遗憾，这个样式就是前面的滤镜。

你是否想到了使用一个黑色半透明的层覆盖在图片上面呢？例如一个黑色半透明的 div。OK，这就是遮罩。

对图 11.8 实现遮罩很简单，中间最大的图片不需要遮罩，而左右两边的第一个和第二

个图片需要进行不同级别的遮罩，结果就是如图 11.11 所示的效果。

创建上述程序的操作步骤如下。

(1) 定义遮罩层样式：

```
<style>
    /* 半透明遮罩层 */
    .mask {
       background: #000;
       position: absolute;
       opacity: 0.3; /* CSS 标准方式，IE7 以上支持 */
       filter: Alpha(Opacity='30'); /* 滤镜透明方式，IE6 支持 */
    }
    /* 颜色更深的半透明遮罩层 */
    .mask2 {
       background: #000;
       position: absolute;
       opacity: 0.5; /* CSS 标准方式，IE7 以上支持 */
       filter: Alpha(Opacity='50'); /* 滤镜透明方式，IE6 支持 */
    }
</style>
```

半透明的遮罩层应该浮在图片的上方，并且与图片大小相同。为了体现出层次的区别，本例中定义了两种不同级别的遮罩层。

(2) 增加遮罩层：

```
<div id='container'>
    <!-- 左箭头 -->
    <img src="left.png"  style="left:-5px;top:85px;"
      onclick="JavaScript:showImg(-1)" />
    <!-- 左边第一个图片框 -->
    <img id="img01"
      style="z-index:4;left:31px;top:63px;width:74px;height:74px"
      onclick="JavaScript:showImg(2)"/>
    <!-- 左边第一个图片框的遮罩层 -->
    <div class='mask2'
      style="z-index:4;left:31px;top:63px;width:74px;height:74px">
    </div>
    <img id="img02"
      style="z-index:5;left:71px;top:32px;width:138px;height:138px"
      onclick="JavaScript:showImg(1)"/>
    <div class='mask'
      style="z-index:5;left:71px;top:32px;width:138px;height:138px">
    </div>
    <!-- 中间的图片框 -->
    <img id="img03"
      style="z-index:6;left:151px;top:0px;width:198px;height:198px"
      onclick="JavaScript:showImg(0)" />
    <!-- 右边第二个图片框 -->
    <img id="img04"
      style="z-index:5;left:291px;top:32px;width:138px;height:138px"
```

```
    onclick="JavaScript:showImg(-1)"/>
  <!-- 右边第二个图片框的遮罩层 -->
  <div class='mask'
    style="z-index:5;left:291px;top:32px;width:138px;height:138px">
  </div>
  <img id="img05"
    style="z-index:4;left:395px;top:64px;width:74px;height:74px"
    onclick="JavaScript:showImg(-2)" />
  <div class='mask2'
    style="z-index:4;left:395px;top:64px;width:74px;height:74px">
  </div>
  <!-- 右箭头 -->
  <img src="right.png" style="left:486px;top:85px;"
    onclick="JavaScript:showImg(1)" />
</div>
```

除了 img03 外，所有的图片对象后面都有一个大小、图层、坐标、定位方式都相等的 div。而这些 div 就是遮罩层的实现。

为什么要与图片属性保持相同呢？保持相同属性是为了遮罩层的大小正好与需要被遮罩的图片大小一致，不会影响其他图片。而采用绝对定位方式则是为了与图层属性 zIndex 配合来完成遮罩的效果。

现在来运行一下看看效果吧。发现了什么？是不是点击图片以后不能查看了？由于遮罩层完全覆盖在了图片的上方，所以当鼠标点击图片时，实际上是触发了遮罩层的事件，而不是图片对象的事件。

(3) 改变事件监听对象：

```
<div id='container'>
  <!-- 左箭头 -->
  <img src="left.png"  style="left:-5px;top:85px;"
    onclick="JavaScript:showImg(-1)" />
  <!-- 左边第一个图片框 -->
  <img id="img01"
    style="z-index:4;left:31px;top:63px;width:74px;height:74px"/>
  <!-- 左边第一个图片框的遮罩层 -->
  <div class='mask2'
    style="z-index:4;left:31px;top:63px;width:74px;height:74px"
      onclick="JavaScript:showImg(2)" >
  </div>
  <img id="img02"
    style="z-index:5;left:71px;top:32px;width:138px;height:138px"/>
  <div class='mask'
    style="z-index:5;left:71px;top:32px;width:138px;height:138px"
    onclick="JavaScript:showImg(1)"/>
  </div>
  <!-- 中间的图片框 -->
  <img id="img03"
    style="z-index:6;left:151px;top:0px;width:198px;height:198px"
    onclick="JavaScript:showImg(0)" />
  <!-- 右边第二个图片框 -->
```

```
    <img id="img04"
      style="z-index:5;left:291px;top:32px;width:138px;height:138px" />
    <!-- 右边第二个图片框的遮罩层 -->
    <div class='mask'
      style="z-index:5;left:291px;top:32px;width:138px;height:138px"
      onclick="JavaScript:showImg(-1)" />
    </div>
    <img id="img05"
      style="z-index:4;left:395px;top:64px;width:74px;height:74px"/>
    <div class='mask2'
      style="z-index:4;left:395px;top:64px;width:74px;height:74px"
      onclick="JavaScript:showImg(-2)" />
    </div>
    <!-- 右箭头 -->
    <img src="right.png" style="left:486px;top:85px;"
      onclick="JavaScript:showImg(1)" />
</div>
```

把被遮罩层覆盖的图片上的 onclick 事件都移到对应的遮罩层上，就完成了修改后的全部代码。

11.2 多媒体元素

除了图片，Web 页面中经常还会出现其他多媒体元素。例如最常见的 Flash 动画，还有各种视频/音频播放器以及页面插件等。

这些多媒体元素的展现是依赖于页面中的 MIME。而管理这些 MIME 的标签可不是<form>或者<table>。

11.2.1 <embed>标签

<embed>标签是早期为了在 HTML 上实现非文本的媒体信息展示所使用的，例如针对 MP3、Flash、Midi、Wav 等格式的文件。

一个最简单的<embed>标签的使用格式如下：

```
<embed src="my.wav">
```

<embed>标签通过指定 src 属性为路径 my.wav，就可以播放这个 wav 文件了。<embed>标签的属性很多，常用的属性见表 11.2。

一个自动播放音乐并循环两次的<embed>标签的定义格式如下：

```
<embed src="my.wav" loop="2" autostart="true">
```

注意，对于网络中的<embed>标签来说，它播放的并不是浏览者本地的 my.wav 文件，完整的路径可能类似于 http://www.baidu.com/mp3/my.wav 这样的地址，所以<embed>首先需要从文件地址下载文件到本地而后进行播放。为什么要下载到本地播放呢？因为文件本身是二进制代码，而解析这些二进制代码并通过扬声器产生声音的这种工具不是<embed>，而

是播放器本身，例如 Media Player，<embed>的作用仅仅是下载文件，而后调用播放器。

表 11.2　<embed>标签的常用属性

属 性 名	含　义	例　子
src	媒体文件路径，相对绝对都可以	src=http://www.baidu.com/mp3/my.mp3 src=my.mp3

autostart	设置文件是否自动播放	autostart=true //自动播放
		autostart=false //不自动播放

loop	设置文件播放是否循环以及循环次数	loop=true //循环播放
		loop=2 //循环 2 次
		loop=false //不循环

starttime	设置文件播放的起始时间	starttime=01:10 //从 1 分 10 秒开始播放

controls	设置面板显示样式	controls=console //全界面
		controls=smallconsole //不显示视频窗口

在默认情况下，如果在 Windows 系统中有 Media Player 播放器，并且文件格式是 wav、mp3 或者其他 Media Player 能够支持的播放格式，那么系统会直接提供一个功能强大的操作界面，如图 11.12 所示。

对于音频文件，可以通过对面板样式属性的控制来取消视频窗口，如图 11.13 所示。

实现代码如下：

```
<embed src="my.wma" controls="smallconsole">
```

图 11.12　<embed>效果

图 11.13　只显示控制面板

属性很方便，但是非 IE 浏览器不支持，只能通过改变高度来达到目的，例如：

```
<style>
   #player {
      height: 44px;
      background: #aaa;
   }
</style>
<embed id='player' src="my.wma">
```

除了音频格式外，<embed>标签还支持 Flash 播放，例如：

```
<embed src="http://myeducs.cn/Jsfile/js-0102/gallery/frontdoor_doc.swf"
  quality=high width=366 height=142 type="application/x-shockwave-flash">
```

通过指定<embed>标签的 MIME 类型，可以让浏览器根据文件的不同类型来调用不同的播放器，如图 11.14 所示。

图 11.14 FF 中的插件管理

不同的应用使用不同的软件来打开，而具体采用哪种 MIME 类型，就可以由 JavaScript 来进行控制。

虽然<embed>标签存在了很久，并且大部分浏览器都已经支持，从而成为事实上的标准，但 W3C 却并未将它纳入标准中，而是发布了新的标准标签。

11.2.2 <object>标签

W3C 发布的<object>标签的目的是作为一种嵌入接口，不仅用来播放音频或者视频文件，还包括了各种应用程序的页面嵌入功能。例如在页面中可以打开或者编辑 Word、Excel、PDF 等文件。

相比<embed>来说，<object>的执行模式和<embed>差不多，都是通过指定文件路径，以及打开文件的应用程序来执行。

例如打开一个 Flash 文件：

```
<object type="application/x-shockwave-flash"
  data="http://myeducs.cn/Jsfile/js-0102/gallery/frontdoor_doc.swf"
  width="400" height="326">
    <param name="movie"
    value="http://myeducs.cn/Jsfile/js-0102/gallery/frontdoor_doc.swf" />
    <param name="allowScriptAcess" value="sameDomain" />
    <param name="quality" value="best" />
    <param name="bgcolor" value="#FFFFFF" />
    <param name="scale" value="noScale" />
    <param name="salign" value="TL" />
    <param name="FlashVars" value="playerMode=embedded" />
</object>
```

代码中，分别使用了 date 和 movie 属性来保存.swf 文件的路径，郁闷的是，虽然<object>是标准，但 IE 和非 IE 却使用了不同的属性来进行操作。

11.3 上机练习

(1) 用 JavaScript 结合动画接口控制图片的改变。

(2) 用 JavaScript 编写动态调整图片透明度的代码，并在 IE6/IE7 和 FF 下执行。

(3) 分别使用<embed>和<object>创建音乐播放器。

(4) 分别使用<embed>和<object>创建 Flash 播放器。

第 12 章

Web 拖动技术

学前提示

拖动技术是富客户端流行起来后的主要技术之一。目前拖动技术在各种网站、博客、空间中广泛使用，通常都是作为一种可视化操作技术而存在，例如页面的布局。有了拖动技术之后，页面布局不再是程序员的专利，不需要编写复杂的代码，只要用鼠标拖一拖，就可以做出个性化的页面。

富客户端是相对于浏览器中的简单操作而出现的概念。对比 C/S 结构的桌面程序和 B/S 结构的网页程序，由于网络的限制，网页中的操作都是以简单的超链接形式存在，而桌面程序则可以快速地使用本地资源，从而使交互变得更加生动。现在 Web 开发也朝着富客户端的方向发展，例如 Flash。而 JavaScript 在这方面的应用才刚刚起步。

本章从 JavaScript 拖动技术的基本原理到核心技术实现再到集成的游戏应用，逐一地为读者讲述网页中的拖动技术。

知识要点

- 元素定位和鼠标事件处理
- 页面拖动效果的核心技术
- 跨平台的通用拖动接口
- 平衡游戏——运杯子

12.1 拖 动 技 术

在桌面系统中，我们可以拖动一个图标，将它移动到别的地方，这种操作方式大大方便了系统的使用者。而在网页中，这种技术并不是默认就被实现的。

就像本书一直说的那样，JavaScript 可以为用户提供更好的体验，在网易的 163 邮箱(http://mail.163.com)中就采用了拖动技术，可以用鼠标选中邮件，然后拖到垃圾箱或者其他什么地方，对用户来说，这与 Windows 系统的操作方式相同，而这可能也是网易邮箱用户比较多的原因之一吧。

除了刚才所说的拖动方式外，拖动技术还可以实现很多网页中本身没有的组件，例如滚动条，这里所说的不是浏览器自带的，而是可以自定义样式的那种。

12.1.1 元素定位

撇开控制方式不说，最先需要解决的是如何使 HTML 可视元素进行移动。回顾一下本书第 6 章中关于元素定位的内容，实际上在那里已经解决了元素如何在页面上移动的问题。接下来的问题，就是决定是采用相对定位还是绝对定位来移动元素。不过遗憾的是，这不能由程序来决定，而是由用户来决定。如果把程序做成一个通用的控制器，或者说就是一个函数，这个函数可以赋予元素能够被拖动的能力，那么这个控制器绝不应该改变元素本身的定位方式，例如：

```
<style>
    #block {
        position: relative;
        width: 100px;
        height: 100px;
        background: #ccc;
    }
</style>
<div id='block'></div>
<script>
    //赋予可被拖动的能力
    canDrag(document.getElementById('block'));
</script>
```

这就需要函数对目标元素的定位方式进行判断，并且做出不同的处理，也就是听起来很强大的“兼容各种定位方式”。这样做有实际意义吗？这个问题就留给读者自己研究了。当然，如果你的程序中只是需要移动一个 div，那么也可以不用这么费劲来做兼容的工作，但这可不是本书的目的。

12.1.2 鼠标事件

拖动效果的核心就是鼠标控制，在 JavaScript 中，就是鼠标事件。参考 Windows 桌面中拖动的效果，简单思考一下拖动过程中需要用到的事件，实际上只有三个步骤：

- 第 1 步——拿起元素。
- 第 2 步——拖着走。
- 第 3 步——放下元素。

这确实很简单，只可惜并不存在这些直接可以拖动元素的事件，我们仍需要做大量的工作来完成它。

在 JavaScript 中存在很多鼠标事件，而对应那 3 个步骤的 3 个事件如下。

- onmousedown：鼠标按下。
- onmousemove：鼠标移动。
- onmouseup：鼠标弹起。

有了事件，我们就可以进行监听，并做出相应的处理。下面来看看如何应用这些事件：

```
<style>
   div {
      width: 100px;
      height: 100px;
      background: #ccc;
   }
</style>

<div id='dragger'></div>
<script>
   var dragger = document.getElementById('dragger');
   //监听鼠标事件
   dragger.onmousedown = function() {
      alert("元素被拿起");
   }

   dragger.onmousemove = function() {
      alert("元素被拖动");
   }

   dragger.onmouseup = function() {
      alert("元素被放下");
   }
</script>
```

1. onmousedown 事件

鼠标按键按下事件，包括按下左键、右键和滚轮。当鼠标按键在 dragger 上按下时，onmousedown 事件将被触发，提示框会显示“元素被拿起”，如图 12.1 所示。

2. onmouseup 事件

鼠标按键弹起事件，包括左键、右键和滚轮被释放。与 onmousedown 事件相反，并且只能在 onmousedown 事件发生后才能发生 onmouseup 事件，因为只有按键被按下去后才会发生弹起。当鼠标按键在 dragger 上被释放时，onmouseup 事件将被触发，提示框会显示“元素被放下”。

图 12.1　onmousedown 事件

3. onmousemove 事件

鼠标移动事件。该事件与鼠标按键毫无关系，只要鼠标指针在元素可视范围内移动，就会触发，例如，图 12.1 中的灰色方块就是元素 dragger 的可视范围。

onmousemove 事件没有任何前置条件，只要满足它的要求就可以，例如获取鼠标光标在整个浏览器窗口中的当前坐标：

```
<!—坐标显示框 -->
<div id='coord'></div>
<script>
    //监听 document 的 onmousemove 事件
    document.onmousemove = function(e) {
        e = e||event;
        //更新坐标信息
        document.getElementById('coord').innerHTML =
          e.clientX + ":" + e.clientY;
    }
</script>
```

在本例中，当你不停地移动鼠标时，会发现 coord 中的坐标信息不断地被更新。注意，可视范围是除了菜单条和状态条外的整个浏览器窗口，因为监听的是 document 的事件，读者可以修改监听对象为 dragger 来观察效果。

12.1.3　核心技术

掌握了元素的定位以及拖动事件，接下来要做的就是在事件中让元素动起来。无论元素的定位方式是绝对还是相对，要让它动起来，就只有不断地更新它的 left 和 top 属性。实际上，在本书第 6 章的元素定位小节中，就有元素移动的例子，只是现在的坐标需要由鼠标来确定而不是给定的值。

在 onmousemove 事件中，可以通过事件对象获取到鼠标当前的坐标点，如何将坐标点转化为元素的 left 和 top 属性值就是拖动技术的核心。

我们能获取到鼠标移动时的坐标吗？是的。那还有什么问题。只要在鼠标移动时把坐标不停地更新给被拖动的元素不就可以了吗？看下面的代码：

```
<style>
    #dragger {
        width: 100px;
        height: 100px;
        background: #ccc;
        position: relative;
    }
</style>
<div id='dragger'></div>
<script>
    var dragger = document.getElementById('dragger');
    //监听鼠标事件
    dragger.onmousedown = function() {
        if(!dragger.onmousemove)
            dragger.onmousemove = function() {
                //设置 X 坐标
                this.style.left = event.clientX;
                //设置 Y 坐标
                this.style.top = event.clientY;
            }
    }
    dragger.onmouseup = function() {
        alert("元素被放下");
    }
</script>
```

代码运行的结果是不是就像一个追逐游戏，鼠标永远无法放在 div 的上面，这可不是“核心技术”。原因就是鼠标事件的监听对象有问题。在 dragger 上监听 onmousemove 事件的结果就是只有鼠标放在 dragger 上时才会触发，但触发后，dragger 又立即移动到鼠标坐标外，也许你已经想到了修改坐标设置的方法来达到目的，例如：

```
//设置 X 坐标
this.style.left = event.clientX - 50;
//设置 Y 坐标
this.style.top = event.clientY - 50;
```

如果照做了，应该可以获得大概 2 秒钟的成就感，接着就是失望。在快速移动鼠标时，因为 dragger 的移动速度跟不上鼠标的移动速度，会导致 dragger 脱离鼠标而无法监听到鼠标事件，从而失去了移动功能，解决的办法就是在元素级别更高的地方进行监听，例如 document，代码如下：

```
<script>
    var dragger = document.getElementById('dragger');
    //监听鼠标事件
    dragger.onmousedown = function() {
        if(!document.onmousemove)
            document.onmousemove = function() {
                //设置 X 坐标
                dragger.style.left = event.clientX;
                //设置 Y 坐标
```

```
                dragger.style.top = event.clientY;
            }
    }
    document.onmouseup = function() {
        document.onmousemove = null;
    }
</script>
```

现在的效果比较“完美”了。document 作为 DOM 级别最高的元素，在它上面进行事件监听最好不过了，但是别忘了在松开鼠标时把 onmousemove 事件去掉，这个原因与在给 dragger 设置 onmousedown 事件时才绑定 onmousemove 事件的原因相同：拖了它才能动，不拖的时候不能动。事件本身并没有先后顺序，onmousemove 在任何时候都会触发，所以代码中要进行控制。

至此，“核心技术”已经介绍完毕。没错，核心技术就是这些，但离一个通用的接口还差得远，就连拖动的第一步都没有完成。

在上面的代码中，当开始拖动元素时，元素会突然移动一下，因为设置坐标把鼠标当前坐标设置给了元素，而没有计算鼠标点相对于元素的间距。下面就先解决这个问题：

```
<script>
    var dragger = document.getElementById('dragger');

    //监听鼠标事件
    dragger.onmousedown = function() {
        //获取鼠标当前坐标
        var pageX = event.clientX;
        var pageY = event.clientY;

        //获取元素坐标
        //当没有设置 left 和 top 属性时，IE 下默认值为 auto
        var offX = parseInt(this.currentStyle.left) || 0;
        var offY = parseInt(this.currentStyle.top) || 0;

        //获取鼠标相对于元素的间距
        var offXL = pageX - offX;
        var offYL = pageY - offY;

        if(!document.onmousemove)
            document.onmousemove = function() {
                //设置 X 坐标
                dragger.style.left = event.clientX - offXL;
                //设置 Y 坐标
                dragger.style.top = event.clientY - offYL;
            }
    }
    document.onmouseup = function() {
        document.onmousemove = null;
    }
</script>
```

运行代码后，会发现已经完全解决了拖动开始的闪动问题，在鼠标点和元素左上角坐标之间存在着间距，如果直接把鼠标点坐标赋给元素，那么这部分间距就会消失掉，从而造成拖动开始的闪动，好在这个间距在鼠标单击按键的时候就被确定了，所以只需要在 onmousedown 事件中获取这个间距，然后在 onmousemove 事件中移动时用鼠标坐标减去这个间距，就可以得到元素的正确坐标了，如图 12.2 所示。

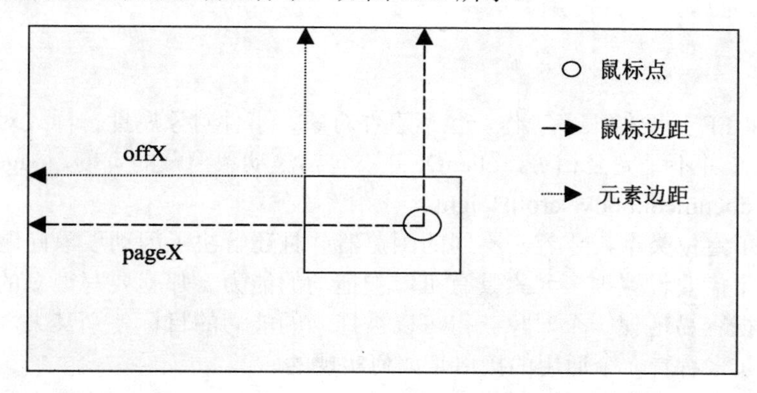

图 12.2 拖动开始坐标点

虽然上面的代码可以兼容绝对和相对定位，但这只是在 IE 浏览器下，换成 FF 浏览器后，它的错误控制台会报出很多恼人的错误。

这些是小问题，只需要增加事件对象获取的兼容性就可以了，代码如下：

```
<script>
   var dragger = document.getElementById('dragger');

   //监听鼠标事件
   dragger.onmousedown = function(e) {
       //兼容事件对象
       e = e || event;

       //兼容坐标属性
       var pageX = e.clientX||e.pageX;
       var pageY = e.clientY||e.pageY;

       //兼容样式对象
       var style = this.currentStyle||window.getComputedStyle(this,null);
       //当没有设置 left 和 top 属性时，IE 下默认值为 auto
       var offX = parseInt(style.left)||0;
       var offY = parseInt(style.top)||0;

       //获取鼠标相对于元素的间距
       var offXL = pageX - offX;
       var offYL = pageY - offY;

       if(!document.onmousemove)
           document.onmousemove = function(e) {
               e = e || event;
               //设置 X 坐标
```

```
                dragger.style.left = (e.clientX||e.pageX) - offXL + 'px';
                //设置 Y 坐标
                dragger.style.top = (e.clientY||e.pageY) - offYL + 'px';
            }
        }
        document.onmouseup = function() {
            document.onmousemove = null;
        }
</script>
```

兼容 IE 和 FF 需要做很多工作，包括事件对象、事件对象属性、样式对象等。实际上 clientX 和 pageX 并不是完全相等，clientX 并不包括滚动条隐藏的宽度，pageX 实际上应该等于 clientX + document.body.scrollHeight。

我们兼容了定位类型，兼容了不同的浏览器并且还解决了闪动现象问题，但仍然没有做到通用，如果需要设置很多元素具有可以被拖动的能力，那就要写很多的代码。这与当初设想的可以很容易地使一个对象获得可以被拖动的能力的目标差别甚大。那还缺少什么呢？下面就一起来看看一个通用的接口是如何实现的。

创建上述程序的操作步骤如下。

(1) 创建通用事件监听函数：

```
/**
* 跨平台的事件监听函数
* @param {Node} node 需要监听事件的 DOM 节点
* @param {String} eventType 需要监听的事件类型
* @param {Function} callback 事件监听回调函数
* @type Function 返回值为函数类型
* @return 返回监听回调函数的引用，用于释放监听
*/
function bindEvent(node, eventType, callback) {
    //是否具有 IE 事件监听接口
    if(node.attachEvent) {
        //IE 的事件名需要有前缀 on
        if(eventType.indexOf('on')) {eventType = 'on' + eventType;}
        node.attachEvent(eventType, callback);
    } else {
        //标准 DOM 的事件名不能有前缀 on
        if(!eventType.indexOf('on'))
            eventType = eventType.substring(2, eventType.length);
        node.addEventListener(eventType, callback, false);
    }
    return callback;
}

/**
* 跨平台的事件监听卸载函数
* @param {Node} node 需要卸载监听事件的 DOM 节点
* @param {String} eventType 需要卸载监听的事件类型
* @param {Function} callback 卸载事件监听回调函数
*/
```

```
function removeEvent(node, eventType, callback) {
    if(node.detachEvent) {
        if(eventType.indexOf('on')) {eventType = 'on' + eventType;}
        node.detachEvent(eventType, callback);
    } else {
        if(!eventType.indexOf('on'))
            eventType = eventType.substring(2, eventType.length);
        node.removeEventListener(eventType, callback, false);
    }
}
```

既然是通用接口，那么跨平台的兼容性处理是必不可少的。在 JavaScript 中需要处理兼容代码量最多的就是事件监听函数，编写一个通用的事件监听处理函数能为后面的编码带来不少方便。

OK，通用的监听函数可以帮助减少编码量和提高兼容性，但问题是，为什么要用事件监听接口？先前的代码不是一直都用事件回调函数直接赋值的吗，例如，像下面这样：

```
document.onmousemove = function() {
    e = e||event;
}
```

不是也可以兼容吗？没错，但是别忘了，我们要做的是通用接口，也就是组件化编程。所谓组件化，就是说不想用的时候可以随时去除，并且不会造成任何影响，也就是不会对接口的受用者即对象本身产生任何副作用，例如不能覆盖掉原有的鼠标事件，或者增加了多余的属性。如果因为使用了组件而造成原有功能丢失，那么这个组件谁还会用？如果用事件回调函数直接赋值，那么对象原有的事件就可能被覆盖掉，所以必须采用事件监听附加函数，并且在不使用接口时能够删除先前监听的事件，也就是 removeEvent。

(2)　编写通用拖动接口：

```
/**
* 兼容不同定位方式的通用拖动接口
* @param {Node} dragger 需要被拖动的元素
*/
function canDrag(dragger) {
    //为需要拖动的元素增加 onmousedown 事件监听
    var drag = bindEvent(dragger, 'onmousedown', function(e) {
    //兼容事件对象
    e = e || event;

    //兼容坐标属性
    var pageX = e.clientX||e.pageX;
    var pageY = e.clientY||e.pageY;

    //兼容运行时样式对象
    var style =
      dragger.currentStyle||window.getComputedStyle(dragger,null);
    //当没有设置 left 和 top 属性时，IE 下默认值为 auto
    var offX = parseInt(style.left)||0;
    var offY = parseInt(style.top)||0;
```

```
    //获取鼠标点相对于元素边界的间距
    var offXL = pageX - offX;
    var offYL = pageY - offY;
    //为 dragger 增加 onDrag 属性，用来存储拖动事件
    if(!dragger.onDrag) {
        //监听拖动事件
        dragger.onDrag = bindEvent(document,'onmousemove',function(e) {
            e = e || event;
            //设置 X 坐标
            dragger.style.left = (e.clientX||e.pageX) - offXL + 'px';
            //设置 Y 坐标
            dragger.style.top = (e.clientY||e.pageY) - offYL + 'px';
        });

        //监听拖动结束事件
        dragger.onDragEnd = bindEvent(document,'onmouseup',function() {
            //释放拖动监听和结束监听
            removeEvent(document, 'onmousemove', dragger.onDrag);
            removeEvent(document, 'onmouseup', dragger.onDragEnd);
            try {
                //删除拖动时所用的属性，兼容 FF 使用
                delete dragger.onDrag;
                delete dragger.onDragEnd;
            } catch(e) {
                //删除拖动时所用的属性，兼容 IE6 使用
                dragger.removeAttribute('onDrag');
                dragger.removeAttribute('onDragEnd');
            }
        });
    }
    });
    return function() {
        //10 秒钟后，拖动能力被去除
        setTimeout(function() {
            alert('拖动效果消失');
            //释放拖动监听和结束监听
            removeEvent(document, 'onmousemove', dragger.onDrag);
            removeEvent(document, 'onmouseup', dragger.onDragEnd);
            try {
                //删除拖动时所用的属性，兼容 FF 使用
                delete dragger.onDrag;
                delete dragger.onDragEnd;
            } catch(e) {
                //删除拖动时所用的属性，兼容 IE6 使用
                dragger.removeAttribute('onDrag');
                dragger.removeAttribute('onDragEnd');
            }
        }, 10000);
    }
}
```

拖动的核心代码基本上没有变化，但是事件的监听都已经改为附加而不是直接赋值。为了实现不影响接口受用者本身的属性，代码中定义了两个临时属性 onDrag 和 onDragEnd，它们用来存储监听事件的回调函数引用，这些函数和属性会在拖动结束后被释放掉。

在 onmouseup 事件中，首先通过跨平台的 removeEvent 接口卸载掉 document 对象上特定的监听器函数。注意是特定的而不是全部，释放监听器需要一个监听器的引用，也就是 dragger.onDrag 和 dragger.onDragEnd。

而后会把引用监听器函数的这两个属性从 dragger 元素上删除，注意对属性来说，删除它不是改变它的值为 dragger.onDrag = undefined;或者 dragger.onDragEnd = null; 而是把它从对象上剥离掉。

虽然 IE 和 FF 都支持 removeAttribute 方法，但 FF 中的 removeAttribute 方法只能删除由 setAttribute 函数增加的属性，例如：

```
var o = new Object;
o.setAttribute('a', 1);
o.removeAttribute('a');
```

同样，虽然它们都支持 delete 关键字，但在 IE 下它只能用来删除本地对象的属性，而不是宿主对象。所以为了兼容浏览器而实现的结果就是以 try-catch 结构来进行兼容处理。

canDrag()函数的返回值还是一个函数，本例在这个函数中指定了 10 秒种的拖动效果使用期，来进行拖动效果的观察。在实际使用中，读者可以根据自己的需求调整或者取消返回值。

提示

当代码作为通用的组件出现时，良好的注释是必需的。注释中应该包括函数的用途、参数的类型和含义及函数的返回值等。本例使用了 JSDoc 格式的注释方式(JSDoc 是可以利用特殊 JavaScript 注释格式而产生帮助文档的一种工具，见 http://jsdoc.sourceforge.net/)。

(3) 编写通用接口应用程序：

```
<style>
    /* 绝对定位 */
    #dragger {
        width: 100px;
        height: 100px;
        background: #ddd;
        position: absolute;
        left: 50px;
        top: 50px;
    }
    /* 相对定位 */
    #dragger2 {
        width: 100px;
        height: 100px;
        background: #bbb;
        position: relative;
        left: 80px;
```

```
        top: 80px;
        display: none;
    }

    /* 外层容器 */
    #container {
        width: 300px;
        height: 300px;
        border: 1px solid #ccc;
        position: absolute;
        padding: 50px;
        left: 100px;
        top: 100px;
    }
</style>
<div id='container'>
    <div id='dragger'></div>
    <div id='dragger2'></div>
</div>
<script>
    var dragger = document.getElementById('dragger');
    var dragger2 = document.getElementById('dragger2');
    //调用拖动接口后直接调用返回函数
    canDrag(dragger)();
    canDrag(dragger2)();
</script>
```

执行结果如图 12.3 所示。

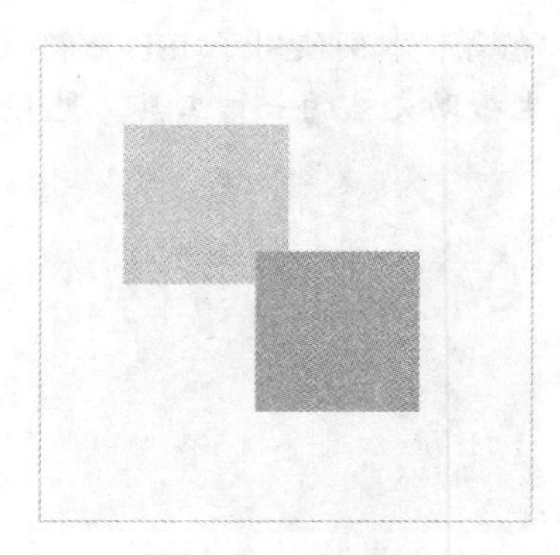

图 12.3 使用拖动接口的元素

12.2 拖动应用

拖动本身只是营造良好效果的基础，在拖动中影响用户体验的过程才是应用的全部。在我们把 Windows 桌面上的一个图标拖动到垃圾桶的过程中，系统会执行下面几步。

(1) 产生一个半透明的副本。

(2) 当图标悬停在垃圾桶上方时，垃圾桶会做出反应。

(3) 松开鼠标(也就是停止拖动)后，图标副本和图标都被扔进了垃圾桶。

这是拖动效果的一个典型集成应用，但是之前完成的拖动接口似乎完成不了这样的任务，如何在拖动开始时产生副本，而在拖动过程中识别垃圾桶，又在完成拖动后做出回收反应呢？

很简单，分别在 onmousedown、onmousemove 和 onmouseup 这三个事件中增加这三个动作就可以了。

问题是怎么做。直接在 canDrag 接口中写吗？当然不行，通用接口不能包含具体的操作，那么读者是否想到了“回调”。

回调的特性是可以注册不同的任务给同一个事件，这刚好就是通用接口所需要的。实际上在 JavaScript 中，绝大部分通用接口都使用回调方式作为接口扩展的主要方式。

下面就来看看如何增加 canDrag 接口的扩展性。

创建上述程序的操作步骤如下。

(1) 我们知道需要在拖动的三个事件中增加相应的回调扩展。在这之前，我们都是通过直接赋值或者监听接口来进行事件回调的注册，而现在，我们需要在 canDrag 接口上进行注册，这就产生了两个问题：如何进行注册以及注册的回调由谁来调用。

下面的代码就能给出答案：

```
/*********基本方式*********/
//定义回调函数
function callback() {
    alert('回调');
}

//注册事件监听
document.onclick = callback;

/*********扩展方式*********/
//通用接口
function canDrag(onclick) {
    document.onclick = function() {
        //其他工作
        onclick.call();
    }
}
//不同方式的调用
canDrag(function(){alert('回调 1')});
canDrag(function(){alert('回调 2')});
```

从代码形式上来说，基本方式和扩展方式是差不多的，只是扩展方式多了一层包装 canDrag 而已，但重点不是格式，而是那句注释“其他工作”。

如何在一个已经包含处理代码的回调事件中增加新的不同的处理代码，这才是扩展的核心。显然，扩展需要一个“壳”，来接收新的处理任务。从技术上来说，就是把一个函数的引用 onclick 传递给已经存在的回调函数，当回调函数被执行时新的处理函数就被调用了，例如上面代码中的 onclick.call()，关于 call()函数，见本书第 4 章对象使用部分。

通常这种技术也被形象地称为“代码注入”。

(2) 扩展 canDrag 接口：

```
function canDrag(dragger, onStart, onDrag, onComplete) {
    var drag = bindEvent(dragger, 'onmousedown', function(e) {

        //省略代码若干...

        //为 dragger 增加 onDrag 属性，用来存储拖动事件
        if(!dragger.onDrag) {
            //监听拖动事件
            dragger.onDrag = bindEvent(document,'onmousemove',function(e) {

                //省略代码若干...

                //回调函数
                if(onDrag)
                    onDrag.call(dragger, e);
            });

            //监听拖动结束事件
            dragger.onDragEnd = bindEvent(document,'onmouseup',function(e) {

                //省略代码若干...

                //回调函数
                if(onComplete)
                    onComplete.call(dragger, e);
            });
        }

        //回调函数
        if(onStart)
            onStart.call(dragger,e);
    });
    return function() {
        //返回一个可以取消拖动功能的函数引用
        //释放拖动监听和结束监听
        removeEvent(document, 'onmousemove', dragger.onDrag);
        removeEvent(document, 'onmouseup', dragger.onDragEnd);
        try {
            //删除拖动时所用的属性，兼容 FF 使用
            delete dragger.onDrag;
            delete dragger.onDragEnd;
        } catch(e) {
            //删除拖动时所用的属性，兼容 IE6 使用
            dragger.removeAttribute('onDrag');
            dragger.removeAttribute('onDragEnd');
        }
    }
}
```

通过给 canDrag 接口传递不同的回调函数引用，我们可以在接口内部进行代码的扩展。

接口扩展完毕，可以开始做一个类似 Windows 桌面的拖放效果了。

等一下，好像漏了什么。当拖动的图标悬停在垃圾桶上方时，垃圾桶如何做出反应？理想中的效果是，当图标悬停在垃圾桶上方时，垃圾桶变成选中状态，而当图标悬停之后移开时，垃圾桶会变成未选中状态。这两个操作不是可以通过 onmouseover 和 onmouseout 事件来完成么？理论上是这样，但你忘了鼠标光标当前在哪？没错，它在拖着图标走，所以它没办法再触发另一个元素的鼠标事件了。

既然无法对元素进行回调，那么就必须进行主动调用。理想中，当鼠标点进入了元素范围后，我们就调用元素的 onmouseover，当鼠标点离开元素范围后，我们就调用元素的 onmouseout。

问题解决了，但是必须知道的是，这一切都只能发生在 canDrag 接口的 onmousemove 事件中，因为鼠标一直在执行这个事件。

(3) 增加移动时的交互判断：

```
function canDrag(dragger, onStart, onDrag, onComplete, droppables) {
    var drag = bindEvent(dragger, 'onmousedown', function(e) {

        //省略代码若干...

        //为 dragger 增加 onDrag 属性，用来存储拖动事件
        if(!dragger.onDrag) {
            dragger.onDrag = bindEvent(document,'onmousemove',function(e) {
                e = e || event;
                //获取鼠标坐标点
                var x = e.clientX||e.pageX;
                var y = e.clientY||e.pageY
                //设置 X 坐标
                dragger.style.left = x - offXL + 'px';
                //设置 Y 坐标
                dragger.style.top = y - offYL + 'px';

                //当鼠标移动到可交互元素时，交互元素做出的反应
                //无法使用 onmouseover/onmouseout，因为被上层元素所挡
                for(var i=0; i<droppables.length; i++) {
                    //当鼠标点与交互元素重叠时处理，
                    //模拟 onmouseover 和 onmouseout 事件
                    if(x>droppables[i].offsetLeft
                      && x<droppables[i].offsetLeft+droppables[i].offsetWidth
                      && y>droppables[i].offsetTop
                      && y<droppables[i].offsetTop+droppables[i]
                      .offsetHeight) {
                        droppables[i].inside = 1;
                        //调用 onOver 回调函数
                        droppables[i].onOver.call(droppables[i], dragger);
                    } else if(droppables[i].inside == 1) {
                        //inside 标志表示 if 体内的语句只会在鼠标与
                        //交互元素重叠过以后才会执行，
```

```
                    //而不是当 onmousemove 发生时，不停地执行，避免浪费资源
                    droppables[i].inside = 0;
                    //调用 onOut 回调函数
                    droppables[i].onOut.call(droppables[i], dragger);
                }
            }
            //回调函数
            if(onDrag) onDrag.call(dragger,e);
        });
        //省略代码若干....
    }
    //省略代码若干...
}
```

为 canDrag 接口增加了可拖放对象数组，就像第 2 步说的那样，因为无法对元素进行回调，所以必须在代码中进行主动调用。在 onmousemove 事件中，if 语句判断鼠标点是否与元素范围重叠，如果重叠，则调用元素的 onOver 方法，模拟 onmouseover 事件。注意“否则”，这里不是 else 而是 else if。为什么？如果直接使用 else，那么只要 if 没有执行 else 都会执行，这就会造成很多无谓的代码执行浪费。本来的目的只是模仿 onmouseout，而现在代码是在 onmousemove 中执行，所以增加 inside 参数判断就可以防止这种情况的发生。

现在可以在拖动时与垃圾桶进行交互了，但别忘了松开鼠标(也就是停止拖动)后，图标副本和图标都被扔进了垃圾桶，在图标被扔进垃圾桶之前，程序必须确认一件事情，那就是鼠标按键是在垃圾桶上松开的，而不是别的地方，这就要求在 onmouseup 事件中仍然要与垃圾桶交互，不过这对我们来说已经不是什么难事了。

(4) 增加移动结束时的交互判断：

```
//监听拖动结束事件
dragger.onDragEnd = bindEvent(document, 'onmouseup', function(e) {
    //释放前读取事件对象
    var x = e.clientX||e.pageX;
    var y = e.clientY||e.pageY

    //释放拖动监听和结束监听
    removeEvent(document, 'onmousemove', dragger.onDrag);
    removeEvent(document, 'onmouseup', dragger.onDragEnd);
    try {
        //删除拖动时所用的属性，兼容 FF 使用
        delete dragger.onDrag;
        delete dragger.onDragEnd;
    } catch(e) {
        //删除拖动时所用的属性，兼容 IE6 使用
        dragger.removeAttribute('onDrag');
        dragger.removeAttribute('onDragEnd');
    }

    //当光标停留在在可交互元素上松开鼠标按键时，交互元素做出的反应
    for(var i=0; i<droppables.length; i++) {
        //当鼠标点与交互元素重叠时处理，
```

```
        //模拟 onmouseover 和 onmouseout 事件
        if(x > droppables[i].offsetLeft
          && x < droppables[i].offsetLeft+droppables[i].offsetWidth
          && y > droppables[i].offsetTop
          && y < droppables[i].offsetTop+droppables[i].offsetHeight) {
            //调用 onDrop 回调函数
            droppables[i].onDrop.call(droppables[i], dragger);
        }
    }

    //回调函数
    if(onComplete) onComplete.call(dragger, e);
});
```

现在，一个更加通用的接口就完成了。本书将从一个游戏入手，介绍如何应用这个被我们扩展了多次的接口。

为了应用到拖放技术，本书为读者特意编写了一个原创小游戏“运杯子”，如图 12.4 所示。

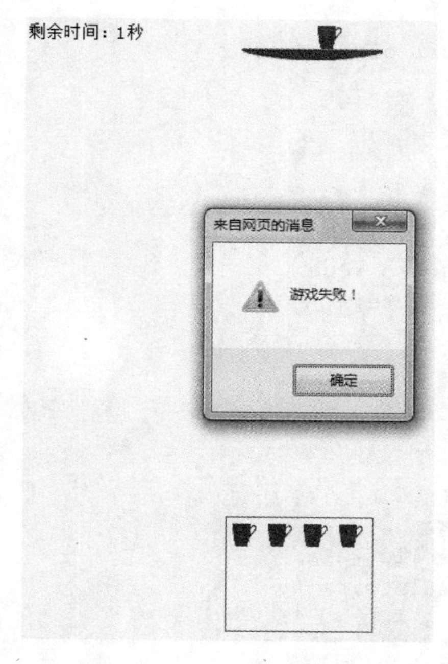

图 12.4　使用拖动接口的元素

游戏玩法很简单，按住屏幕上方的盘子往屏幕下方的箱子也就是方块中拖动，当盘子与方块重叠时，方块的边框会变成红色，这时松开鼠标按键，箱子中就会出现一个杯子图标，然后继续重复上面的操作。

只要在 10 秒钟内把 5 个杯子放到箱子中，就算游戏成功。这很没挑战性，对吧？所以代码中加入了倾斜的设定，如果在拖动过程中向左或右倾斜过多的话，杯子有可能会掉下去，这从图 12.4 中可以看出来。

创建上述程序的操作步骤如下。

(1) 定义元素样式：

```
<style>
    /* 杯子 */
    #cup {
        width: 20px;
        height: 20px;
        background: #aaa;
        overflow: hidden;
        position: absolute;
        left: 50px;
    }
    /* 拖盘 */
    #dish {
        width: 120px;
        height: 10px;
        background: #bbb;
        position: absolute;
        overflow: hidden;
        top: 20px;
        background: url(dish.jpg);
        cursor: move;
    }
    /* 外层容器 */
    #container {
        width: 120px;
        height: 40px;
        border: 0px solid #ccc;
        position: absolute;
        left: 500px;
        top: 20px;
    }
    /* 箱子 */
    #box {
        width: 125px;
        height: 100px;
        border: 1px solid #aaa;
        position: absolute;
        left: 490px;
        top: 550px;
        z-index: -1;
    }
    /* 计时器 */
    #times {
        width: 120px;
        height: 20px;
        position: absolute;
        left: 320px;
        top: 20px;
        fontp-size: 15px;
    }
```

```
</style>
<!-- 用来控制整体定位 -->
<div id='container'>
   <img src='cup.jpg' id='cup' />
   <div id='dish'></div>
</div>
<div id='box'></div>
<!-- 用来倒数时间 -->
<div id='times'>
   剩余时间：<span></span>秒
</div>
```

(2) 编写拖放代码：

```
<!—通过外部文件引入 canDrag 接口 -->
<script src='drag.js'></script>
<script>
   //中线坐标
   var midline;
   //拖动杠杆
   var container = document.getElementById('container');
   //定义交互对象
   var box = document.getElementById('box');
   //编写交互对象回调事件
   box.onOver = function() {
      this.style.border = '1px solid red';
   }
   box.onOut = function() {
      this.style.border = '1px solid #000';
   }
   box.onDrop = function() {
      //增加一个杯子图标
      this.innerHTML += '<img src="cup.jpg" style="margin:5px"'
        + ' width="20" height="20"/>';
      //还原盘子和杯子的位置，开始新的操作
      with(container.style) {
         left = '500px';
         top = '20px';
      }
   }
   var cup = document.getElementById('cup')
   //获取 canDrag 接口返回函数引用
   var stop = canDrag(container,function(e) {
      //在 onStart 函数中获取鼠标的横坐标
      midline = e.clientX;
   },
   //在 onDrag 函数中计算杯子的倾斜程度
   function(e) {
      cup.style.left = 50 + (e.clientX - midline)*3 + 'px';
      //如果杯子移出盘子，重新开始
      if(cup.offsetLeft<-20 || cup.offsetLeft > 120) {
```

```
            //还原盘子和杯子的位置，开始新的操作
            with(container.style) {
                left = '500px';
                top = 'p20px';
            }
            //还原杯子位置
            with(cup.style) {
                left = '50px';
            }
            //结束本次拖动
            stop();
        }
    }, null, [box]);
```

由于通用接口的代码已经很大了，所以把 canDrag 接口单独存储在.js 文件中。注意在 box 对象与拖动元素进行交互前，必须先把回调函数定义好，例如代码中的 onOver、onOut 和 onDrop，这 3 个名字必须与 canDrag 接口中定义的保持一致。

(3) 编写计时代码：

```
//总时间 10 秒
var totalSecs = 10;
var times = document.getElementById('times');
times.childNodes[1].innerHTML = totalSecs;
//启动倒计时
var timer = setInterval(function() {
    times.childNodes[1].innerHTML = totalSecs--;
    if(totalSecs < 0) {
        if(box.getElementsByTagName('img').length<5) {
            alert('游戏失败！');
        } else
            alert('游戏成功！');
        //停止计时
        clearInterval(timer);
    }
}, 1000);
</script>
```

代码编写完毕，好好享受一下运杯子的乐趣吧。

12.3 上 机 练 习

(1) 区分绝对定位 absolute、相对定位 relative、静态定位 static 以及固定定位 fixed 的概念。

(2) 区分 onmouseover/onmouseout 和 onmousedown/onmousemove/onmouseup 事件的功能和触发方式。

(3) 编写一个兼容 IE 浏览器和 FF 浏览器的拖动感应应用。

第13章

曲奇拼图

学前提示

作为一种浏览器端的编程语言，JavaScript 中并不能像其他服务端语言那样进行数据持久化的操作，例如读写数据库、读写本地文件等。但有时我们在编写 JavaScript 代码时，又确实需要进行某些数据的存储，例如记录登录状态或者其他一些信息。

好在 JavaScript 中提供了一种临时小量数据存储的方案，而本章要讲的就是这个叫作“曲奇(Cookie)”的方案。

知识要点

- Cookie 原理
- JavaScript 中的 Cookie 使用
- 拼图游戏

13.1 Cookie

在全球的网民以每年千万的速度增长时，越来越多的 Web 站点都在考虑如何能更好地吸引用户，改善用户体验是重要的一点。这也就是为什么 JavaScript 能蓬勃发展的原因。

如果网站能记录浏览者的访问信息，并在下次重新访问时做出一些关怀用户的效果，例如显示“欢迎您再次光临本站”之类的话，或者用户上次在网站做的一些事情仍然保存着，让用户感觉到延续性，那么这个网站将会赢得更多的用户。

问题是如何知道用户访问过自己的网站？必须要从客户端获取到用户的信息，一个直接的办法就是让用户登录，然后读取数据库中的用户信息。OK，这样很好，但这样是否人性化呢？如果一个用户天天都要打开同一个网站，但天天都要登录，这就不是人性化。而 Cookie 的作用就体现在这里。

13.2 方便的小甜点

能够记忆用户的登录次数，能够记忆用户的登录名，甚至能够记忆用户离开页面前的页面状态，这一切并不需要用户登录网站，而在打开网站的一瞬间就能在页面上呈现出来，这就是 Cookie。

对开发人员来说，它是方便的小甜点，对用户来说，它使页面更加人性化。Cookie 的定位并不是取代服务端的数据库，而是在客户端提供一个临时、快捷的数据存储服务。注意，数据是存储在客户端的，当你浏览网页时，页面中的 JavaScript 代码已经把这些数据写入了你的电脑。

在 Windows 系统中，Cookie 通常被存储在 C:\Documents and Settings\用户名\Cookies 目录下(如果系统在 C 盘)。每个 Cookie 实际上就是一个文本文件，里面保存着一些字符数据，这些数据由代码进行写入(不仅是 JavaScript，任何服务端语言都可以写入)，在下次打开页面时，网站就可以读取先前写入的信息。

这些信息并不一定永远存在于浏览者的电脑中，每个 Cookie 都有自己的存在时间，当然这是由代码进行控制的。

13.3 JavaScript 中的 Cookie

在 JavaScript 中操作 Cookie 是一件十分简单的事情。

新增一个 Cookie 只需要对文档对象的 Cookie 属性进行赋值即可，例如：

```
<script>
    document.cookie = "msg";
</script>
```

这很简单，不是吗？可惜，你在文件夹中是无法看到这个 Cookie 文件的，因为它的生

命周期在关闭浏览器后就会结束，所以系统没有写入本地硬盘中。这些都是由 Cookie 的属性所决定的。

设置 Cookie 属性并不是通过“.”号来访问。实际上，Cookie 本身就是由一堆属性所组成的，当然它们都是字符串。

一些常用的属性写入代码如下：

```
<script>
    //过期时间 1 分钟
    var expiration = new Date(new Date().getTime() + 1 * 60000);
    document.cookie = "yyy;path=/;expires=" + expiration.toGMTString();
</script>
```

代码中包含了 Cookie 的 3 个属性，包括正文、读取路径以及过期时间。它们以分号间隔，并使用特定的“属性=值”的格式来表示，当然除了正文部分。

事实上，除了 path 和 expires 外，Cookie 还有其他一些属性，如表 13.1 所示。

表 13.1　JavaScript 中的 Cookie 属性

属 性 名	含　义	例　子
expires	设置 Cookie 的过期时间	expires=Sat, 04 Apr. 2012 09:15:33 GMT;
path	设置可以读取 Cookie 的路径	path=/;
domain	设置可以读取 Cookie 的域名	domain=baidu.com;
secure	设置传输加密	secure;

1. expires

过期时间用来控制一个 Cookie 的生命周期，也就是它在硬盘里存在的时间。无论是写入的时间还是指定的过期时间，它们都是来自于客户机，而不是服务器，因为 Cookie 是存在于浏览者计算机上的。

时间格式必须是标准的 GMT 格式，也就是表 13.1 中表示的那样。通常设置 Cookie 时间都采用下面这种在当前时间的基础上增加指定时间的方式：

```
//过期时间。Date()构造函数接收毫秒单位的参数
var expiration = new Date(new Date().getTime() + 1 * 60000);
```

如果不设置或者设置为早于当前时间的时间，那么 Cookie 将不被写入硬盘，因为它没有被保存的必要。此外，这种特性还可以用来删除 Cookie 文件。

2. path

路径用来指定页面所能访问 Cookie 的最顶层的目录，对于下面 3 个页面：

```
E:/a.html
E:/sec/b.html
E:/sec/thr/c.html
```

如果在 a.html 中设置了 path=/，也就是根目录，那么 a.html、b.html 和 c.html 都可以通过 document.cookie 读取到里面的信息(别担心会读取到除了正文之外的属性，它们都是只写

的)，而如果设置了 path=/E:/sec，那么只有 b.html 和 c.html 能够读取到 Cookie。

提示

上面的代码在 IE 中无法运行，只能通过 file:///协议在 FF 或则 Opera 等浏览器中运行。这主要是由于对 Cookie 本地路径的问题。如果要使用 IE 进行不同路径的测试，则必须在服务器端建立服务，然后访问。

注意 path 中的大小写，如果写成 path=/e:/sec，那么就会形成另一个新 Cookie，而这正是下面要介绍的内容。

如何在一个 Cookie 中存储不同类型的信息，例如姓名、性别、年龄等？对同一个路径的重复设置并不会生成多个 Cookie 文件，只会覆盖原来的值。例如，在同一个页面中设置两次 Cookie：

```
document.cookie = "xxx";
document.cookie = "yyy";
```

最终只会有一个正文为 yyy 的 Cookie 文件存在。如果你想通过设置不同的 path 来生成多个 Cookie，那么结果就是你必须在不同的路径中来读取这些信息，可想而知，这是谁也不愿意遇到的事情。

实际上设置多个值很简单，但前提是必须了解 Cookie 的机制。

存储多个不同类型值在 Cookie 中的代码如下：

```
<script>
   //方式一
   document.cookie ="yyy;xxx;zzz;";
   //方式二
   document.cookie = "yyy,xxx,zzz";
</script>
```

使用方式一设置 Cookie 时，系统通过分号来进行属性的分割。对正文属性来说，它只认第一个值，在代码中就是 yyy，而 xxx 和 zzz 则被认为是非法属性而忽略掉。

方式二并没有使用分号来分割三个值，而是使用逗号。系统会认为“yyy,xxx,zzz”是一个整体，都属于正文属性。所以都能被读取到，而这就是为 Cookie 设置多值的方法。

3. domain

域名用来限定可以访问 Cookie 的域名地址。很多网站除了主域名外，还会有很多二级域名，例如百度除了有 www.baidu.com 外，还有 hi.baidu.com、mp3.baidu.com、map.baidu.com 等，通常系统为了安全考虑，只允许每个域访问自己创建的 Cookie，如果要多个域共享 Cookie 信息，就需要更改 Cookie 的 domain 属性了，例如：

```
document.cookie = "yyy,xxx,zzz;domain=baidu.com";
```

现在这个 Cookie 就可以被百度的所有二级域中的页面所共享。

domain 可以与 path 属性一起用于限制 Cookie 的访问。

4. secure

安全性可以帮助 Cookie 在传递的过程中进行加密。这听起来很不错，不过只是传输加

密，也就是说，在本地硬盘中的 Cookie 文件仍然可以被打开看到：

```
document.cookie = "yyy,xxx,zzz;secure";
```

设置安全属性很简单，只需要用分号隔开 secure 属性就可以。但是增加了 secure 属性后的 Cookie 在普通的 HTTP 协议下再也无法读取到了，因为它现在只认识 HTTPS。

HTTPS 是 HTTP 的加强版本，也就是使用了 SSL 的 HTTP。SSL 可以对传输的信息进行加密。

13.4　拼 图 游 戏

无论把 Cookie 用于登录检测还是其他目的，对 document.cookie 来说就是读取和写入。

下面通过一个拼图游戏的例子来说明如何写入和读取 Cookie 中多个不同的值，运行情况如图 13.1 所示。

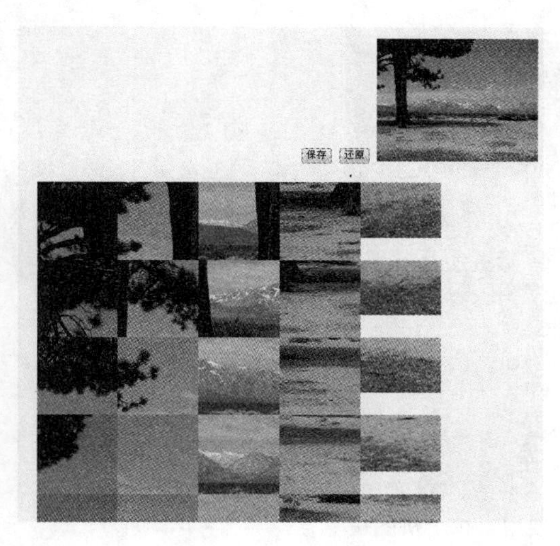

图 13.1　拼图游戏

创建上述程序的操作步骤如下。

(1)　编写 HTML 页面：

```
<style>
   /* 拼图块样式 */
   .block {
      width: 100px;
      height: 100px;
      position: absolute;
      left: 200px;
      top: 200px;
   }
</style>
<center>
   <input type='button' value='保存' onclick='save()'/>
   <input type='button' value='还原' onclick='reset()'/>
```

```
    <!—缩略图 -->
    <img src='4.jpg' width=200 height:150 />
</center>
```

(2) 编写拼图代码：

```
<!—引入拖动接口 -->
<script src='drag.js'></script>
<script>
//浏览器是否支持 Cookie
var canCookie = navigator.cookieEnabled;

//创建图片对象
var img = new Image;
//定义拼图块大小
var blockWidth = 100;
var blockHeight = 100;
//指定图片加载地址
img.src = '4.jpg';
//在图片加载完成后执行匿名回调函数
img.onload = function() {
    //读取 Cookie
     var coordsObject = new Object;
    //如果支持 Cookie
    if(canCookie) {
        var coords = document.cookie.split(',');
        for(var i=0,l=coords.length; i<l; i++) {
            var temp = coords[i].split(':');
            coordsObject[temp[0]] = temp[1];
        }
    }

    //创建图片拼图，以 100×100 像素为图块尺寸
    //判断原图尺寸需要用多少个拼图块
    var xBlocks = img.width%blockWidth?
      parseInt(img.width/blockWidth)+1 : img.width/blockWidth;
    var yBlocks = img.height%blockHeight?
      parseInt(img.height/blockHeight)+1 : img.height/blockHeight;

    //创建拼图块
    for(var i=0; i<yBlocks; i++) { //行
        for(var j=0; j<xBlocks; j++) { //列
            var block = document.createElement('div');
            //设置拼图块 id，用于在 cookie 中记录坐标
            block.id = 'b' + i + j;
            block.className = 'block';
            //使用图片剪切技术实现拼图块
            block.style.background = 'url(4.jpg) -' + (j*blockWidth)
              + 'px -' + (i*blockHeight) + 'px';
            //增加 200 像素的原始偏移
            block.style.left = j*blockWidth + 200;
```

```
        block.style.top = blockHeight*i + 200;

        document.body.appendChild(block);

        //高度误差
        var offH = i*blockHeight + 100 - img.height;

        if(offH > 0) {
            block.style.height = block.offsetHeight - offH;
        }
        //更新为已保存的坐标
        if(coordsObject[block.id]) {
            var temp = coordsObject[block.id].split('-');
            block.style.left = temp[0];
            block.style.top = temp[1];
        }
        //增加拖动功能
        canDrag(block);
    }
}

//3 秒后打乱顺序
setTimeout(function() {
    //只有在未保存时执行
    if(!document.cookie) {
        var blocks = document.getElementsByTagName('div');
        for(var i=0,l=blocks.length; i<l; i++) {
            var blockLeft = blocks[i].currentStyle.left;
            blocks[i].style.left = blocks[i].currentStyle.top;
            blocks[i].style.top = blockLeft;
        }
    }
}, 2000);
}
```

在任何 Cookie 应用开始之前，都有必要进行 Cookie 的可用性测试，大部分的浏览器都支持使用 navigator.cookieEnabled 属性来判断浏览器是否支持 Cookie。虽然很少有人主动关闭 Cookie 功能，但作为一个健壮的程序来说，不能因为系统不支持 Cookie 而导致程序错误。

编写 Cookie 保存代码：

```
//保存记录
function save() {
    if(!canCookie) {
        alert('您的浏览器不支持 cookie! ');
        return;
    }
    var blocks = document.getElementsByTagName('div');
    var temp = '';
    for(var i=0,l=blocks.length; i<l; i++) {
        if(!blocks[i].id.indexOf('b')) {
            //获得所有拼图块的坐标
```

```
            temp += "," + blocks[i].id + ":" + blocks[i].currentStyle.left
              + "-" + blocks[i].currentStyle.top;
        }
    }
    //去掉最前面的逗号并保存到 Cookie 中
    document.cookie = temp.substring(1, temp.length);
    alert('保存成功');
}

//重置。清除 Cookie，刷新页面
function reset() {
    var expiration = new Date(new Date().getTime() + 1000);
    document.cookie = ";expires=" + expiration.toGMTString();
    location.reload();
}

//增加鼠标悬停效果
document.onmouseover = function(e) {
    e = e||event;
    var target = e.target||e.srcElement;
    if(!target.id.indexOf('b')) {
        target.style.border = '1px solid #80FF00';
    }
}
document.onmouseout = function(e) {
    e = e||event;
    var target = e.target||e.srcElement;
    if(!target.id.indexOf('b')) {
        target.style.border = 'none';
    }
}
```

好了，开始努力地拼图吧！

虽然 Cookie 可以使 JavaScript 直接拥有数据存储的能力，但 Cookie 本身并不是数据库，所能存储的信息有限，而且在同一个域中所能生成的 Cookie 文件数也是有限的，不同的浏览器有不同的限制，但是在编写 Cookie 代码时要清楚一点，Cookie 只是辅助性功能，当浏览器不支持 Cookie 时，也可以用别的方案来替代。

即使在 Cookie 可用的情况下，写入 Cookie 的东西也必须谨慎，对一些敏感信息，例如用户名、密码、访问过的网站地址等，最好不要写入 Cookie。即使不会通过软件被攻击，也可能被使用该计算机的其他人看到，这对使用者来说可不是好事情。

13.5 上机练习

(1) 执行同一段 Cookie 代码，查找 Cookie 在 IE 和 FF 下的存储位置以及存储内容。

(2) 编写删除 Cookie 的方法。

(3) 利用 path 属性来控制 Cookie 的读取权限。

第 14 章

资源加载策略

学前提示

越来越多的图片和越来越多的 JavaScript 代码，导致本来就不怎么宽敞的网络变得更加拥挤。当打开一个内容很多的页面时，总是要等很久，要么就是页面卡住，要么就是要等待画屏的恢复。如何能更快地让页面正常显示出来，就是本章要与读者分享的内容。即使某一天 100M 的光纤都已普及每个人，本章的内容仍然可以被用到，因为带宽的增长总是伴随着数据传输量的增大。

知识要点

- HTML 页面加载进度应用
- 图片预加载技术与进度条
- 无刷新切换样式

14.1　更聪明的页面

当很多人还没搞明白什么是 Web 2.0 就已经开始高喊 Web 2.0 口号的时候，有一点是可以确定的，那就是页面中的 JavaScript 文件越来越多、图片越来越多。这就造成了一个问题，大量的资源加载会导致用户打开页面的时候变得十分迟缓，虽然浏览器都有缓存机制来保证页面中不变的资源不需要重新下载，但如果用户第一次访问一个网站时等了 10 多秒才打开主页，你认为这个网站还能留住多少用户呢？

造成网页加载慢的原因有多种，但主要原因还是大量数据造成带宽阻塞所致。这时候，我们就要改变数据的“加载策略”了。

在解决问题之前，必须清楚，一个网页中的内容在展示给浏览者之前必须从域名所在地址的服务器下载数据到浏览者的电脑中，然后由浏览器进行数据解析并展示，这些数据包括了文字、图片、音频、视频等。而加载什么数据则是由 HTML 标签、JavaScript 或者 CSS 代码来控制，也就是请求服务器资源。例如一个<img>标签就请求服务器下载一张图片。

浏览器默认的加载策略是从上到下，无论是 CSS、JavaScript 代码或者 HTML 标签，解析器都是从上到下进行解析，如果发现代码需要加载远程资源，那么就会等到资源加载完后继续解析下面的代码，如果加载资源过多，那就会造成页面一点点地显示，或者卡在屏幕某一块不动，读者应该都见过这种情况。

现在我们知道了造成页面加载缓慢的原因，剩下的就是如何改变这种加载策略了。一个好的加载策略是先加载 HTML 标签，并在 HTML 标签中不引用任何大文件，以最快的速度完整展示整个页面的布局和内容文字。而在页面加载完毕后，开始加载图片、音频、视频等大文件。这正是目前大部分网站所采用的加载策略，而实现这一策略的控制语言就是 JavaScript。

14.1.1　DOM 回调事件

我们经常需要在页面加载完毕后才进行某些操作，例如弹出广告信息或者其他什么内容，所以在 JavaScript 程序中经常会出现下面的代码：

```
window.onload = function() {
    alert('页面加载完毕！');

    //其他事情...
}
```

有时候这段代码也会以 HTML 嵌入形式存在，例如：

```
<body onload = "alert('页面加载完毕！'); //其他事情..." >
</body>
```

onload 函数可以在页面所有数据加载完后触发。注意，是所有数据，包括图片。这种回调通知可以自动执行一些事情，但对快速加载页面并没有帮助，我们需要另外一种类似的回调通知，这里刚好就有一个：

```
document.onreadystatechange = function() {
    //读者可以观察 document.readyState 的值
    //alert(document.readyState);
    if(document.readyState == 'complete') {
        alert('DOM 加载完毕！');
    }
}
```

在 IE 中，document 对象有一个 onreadystatechange 事件，该事件可以返回页面与服务器交互阶段的名称，例如在 IE 中就有交互阶段 interactive 和完成阶段 complete。

当 document.readyState 属性的值等于 complete 时，表示浏览器请求服务器的页面元素下载完成，注意这里的页面元素不包括图片，虽然图片对象也属于 DOM 节点。

可以把 document 的 onreadystatechange 事件理解为只加载 HTML 页面中文本信息的回调通知，读者可以通过下面的例子来比较 document.onreadystatechange 和 window.onload 事件的差别：

```
<head>
    <script>
        //图片加载完毕后才会弹出
        window.onload = function() {
            alert('页面加载完毕！');
            //其他事情...
        }

        //FF 中的 DOM 回调通知。必须通过监听接口注册
        document.addEventListener('DOMContentLoaded', function() {
            alert('DOM 加载完毕！');
        }, false);

        //页面文本信息加载完毕后弹出
        document.onreadystatechange = function() {
            alert(document.readyState);
            if(document.readyState == 'complete') {
                alert('DOM 加载完毕！');
            }
        }
    </script>
</head>
<body>
    <img src='http://down3.zhulong.com/tech/new_miniature/3120
     /20083251440159_2.jpg' />
</body>
```

读者可以在<img>标签中引用一个比较大的图片来观察效果。当页面打开后，会立即弹出“DOM 加载完毕！”这句话，等图片加载完毕后会弹出“页面加载完毕！”。这就是它们的区别。

从 FF 的事件名 DOMContentLoaded 中可以看到，这个事件的本意就是加载 DOM 元素，而 DOM 元素所引用的外部数据则是 onload 事件来捕获的。很多网站的页面下都有一个页

面执行时间或者页面完成时间，上面两种事件就可以做到。

改变加载策略的第一步，就是以最快的速度下载 HTML 页面中的文本数据，并展示给用户，要做到这一点，就不能在<img>标签中指定图片地址，而是在 DOMContentLoaded 或者 document.onreadystatechange 事件中进行下载，这样就不会出现半截页面卡住不动的情况了。

14.1.2　图片预加载技术

通常，我们在浏览图片的时候总是看完一张点下一张，然后下一张才从图片地址开始下载，这会让浏览图片的人觉得很慢，尤其是在网速不快或者带宽被别的应用占用时。有没有一种机制可以在用户浏览图片时自动把后续的图片都下载到本地，然后当用户浏览时不需要再从远程下载而浪费等待时间呢？

幸运的是，对图片来说，JavaScript 刚好有这种机制。JavaScript 允许图片从后台下载而不必显示在页面中，下面就来看看如何实现：

```
var img = new Image;
img.src =
'http://down3.zhulong.com/tech/new_miniature/3120/20083251440159_2.jpg';
```

即使 img 元素没有被 appendChild 到页面的 DOM 树中，只要给它指定了 src，它就会立即从指定地址开始下载图片。利用这个特点，我们就可以在用户查看后续图片前，提前将图片下载到本地。

对图片来说，我们在展示一个完整的应用前，有必要对图片数据进行预加载，从而防止对页面或者浏览者产生影响，例如图片浏览器。在浏览图片之前，我们可以先把图片全部下载完毕，而后完整地呈现给浏览者，不必一截一截地等待图片的加载：

```
//定义要加载的图片集
var arrImgSrc = new Array(
    "http://www.dzxw.net/pic/allimg/080619/16573710.jpg",
    "http://www.dzxw.net/pic/allimg/080619/16573711.jpg",
    "http://www.dzxw.net/pic/allimg/080619/16573712.jpg",
    "http://www.dzxw.net/pic/allimg/080619/16573713.jpg",
    "http://www.dzxw.net/pic/allimg/080619/16573714.jpg",
    "http://www.dzxw.net/pic/allimg/080619/16573715.jpg",
    "http://www.dzxw.net/pic/allimg/080619/16573716.jpg",
    "http://www.dzxw.net/pic/allimg/080619/16573717.jpg"
);

//图片已下载总数
var accomplished = 0;
//定义图片组加载函数
function imagePreload(images) {
    for(var i=0,l=images.length; i<l; i++) {
        var img = new Image();
        img.onload = function() {
            accomplished += 1;
            if(accomplished == images.length) {
                alert('图片加载完毕，点确定开始浏览');
```

```
                location.href = '图片浏览器.html';
            }
        }
        img.src = images[i];
        //IE 专用
        img.style.display = 'none';
        document.body.appendChild(img);
    }
}

imagePreload(arrImgSrc);
```

imagePreload()函数接收一个图片地址的数组，然后并行地加载所有图片。在给 img 对象的 src 赋值之前，需要给 img 增加回调通知函数 onload。与 window.onload 类似，图片的 onload 事件在图片数据完全加载到本地后触发。代码中定义了全局变量 accomplished 来保存图片下载的个数，当图片全部下载完成后，则把页面导向图片浏览器的页面。也许你在想，为什么不直接在图片浏览器的页面上做一个半透明的遮罩层，然后由一个进度条来显示图片加载的进度，等图片加载完后隐藏这个遮罩层呢？

这个想法不错，那我们就利用本书第 1 章中介绍的移动的彩虹来实现这个进度条，如图 14.1 所示。

图 14.1　进度条效果

创建上述程序的操作步骤如下。

(1)　定义进度条：

```
<style>
#bg {
    position: absolute;
    left: 0;
    top: 0;
    width: 100%;
    height: 100%;
    background: #555;
    font-size: 40px;
    color: #ccc;
    text-align: center;
}
/* 进度条宽度 */
#colorLine {
```

```
    width: 400px;
}
/* 组成进度条的 div 尺寸 */
#colorLine div {
    width: 5px;
    height: 2px;
    float: left;
    overflow: hidden;
    /* 默认隐藏 */
    display: none;
}
</style>
<table id="bg">
    <tr height="300">
        <td>
            图片加载进度
        </td>
    </tr>
    <tr height="100">
        <td align=center>
            <div id="colorLine"></div>
        </td>
    </tr>
    <tr>
        <td></td>
    </tr>
</table>
<script>
//判断浏览器类别
var IE6 = navigator.userAgent.toLowerCase().indexOf('ie')+1
  && /MSIE (5\.5|6\.)/i.test(navigator.userAgent);
var CL = document.getElementById('colorLine');

//创建彩虹条
function makeCLine() {
    var r = 255;
    var g = 0;
    var b = 0;
    var step = 1;
    // 1. 增加绿色
    // 2. 减少红色
    // 3. 增加蓝色
    // 4. 减少绿色
    for(var i=0; i<80; i ++) {
        //动态创建 div 元素
        var node = document.createElement('div');
        if(g>255 && step==1)
            step = 2;
        if(r<0 && step==2)
            step = 3;
        if(b>255 && step==3)
```

```
            step = 4;
        //根据规则设置 div 的背景色
        node.style.backgroundColor = 'rgb(' + r + ',' + g + ',' + b + ')';
        CL.appendChild(node);
        if(step == 1) g += 14;
        if(step == 2) r -= 14;
        if(step == 3) b += 14;
        if(step == 4) g -= 14;
    }

    var oNodeL = IE6? CL.firstChild : CL.firstChild.nextSibling;
    var oNodeR = CL.lastChild;

    //制作进度条两端渐变效果
    for(var i=0; i<20; i++ ) {
        oNodeL.style.cssText += ';opacity:'+ (0.05 * i)
          + ';filter:Alpha(Opacity=' + (0.05 * i * 100) + ')';
        oNodeR.style.cssText += ';opacity:'+ (0.05 * i)
          + ';filter:Alpha(Opacity=' + (0.05 * i * 100) + ')';

        oNodeL = oNodeL.nextSibling;
        oNodeR = oNodeR.previousSibling;
    }
}

//移动彩虹条
function makeCLMove() {
    var colors = [];
    for(var i = CL.lastChild; i; i = i.previousSibling)
    {
        if(i.style)
            colors.unshift(i.style.backgroundColor);
    }
    var flag = 1;
    var j = 0;
    //使用一个定时器来不断地修改每个 div 的颜色，以创造移动效果
    setInterval(function()
    {
        var sTempColor = CL.lastChild.style.backgroundColor;
        //IE 与 FF 在 DOM 结构上有分歧。FF 认为 firstChild 是一个文本节点，
        //而 IE 则认为是一个元素节点
        var oNodeL = IE6? CL.firstChild : CL.firstChild.nextSibling;
        for(var i=CL.lastChild; i; i=i.previousSibling)
        {
            if(i.previousSibling && i.previousSibling.style)
                i.style.backgroundColor =
                  i.previousSibling.style.backgroundColor;
        }
        if(j > (colors.length-1))
            flag = 0;
        else if(j < 1)
```

```
            flag = 1;
        oNodeL.style.backgroundColor = flag? colors[j ++ ] : colors[j -- ];
    }, 1);
}
makeCLine();
makeCLMove();
```

如果把 div 样式中的默认隐藏去掉，我们现在就可以看到一个非常漂亮的流动的彩虹了。进度条就是在这个彩虹的基础上完成的。理想中的进度条应该默认是没有，然后每个图片完成后进度条就变长一截，直到所有图片加载完毕，进度条就变成完整的，如图 14.2 所示。

图 14.2　加载中的进度条效果

(2) 定义图片加载函数：

```
//图片下载总数
var accomplished = 0;
//每张图片的进度数
var seg = 80/arrImgSrc.length;
//定义图片组加载函数
function imagePreload(images) {
    //循环创建图片对象，并加载图片
    for(var i=0,l=images.length; i<l; i++) {
        var img = new Image();
        img.onload = function() {
            //改变进度条
            for(var j=0; j<seg; j++) {
                //显示进度条
                try {
                    CL.childNodes[accomplished*seg+j+(IE6?0:1)]
                      .style.display = "block";
                } catch(el) {}
            }
            //完成数加 1
            accomplished += 1;
            if(accomplished == images.length) {
                alert('图片加载完毕，点确定开始浏览');
                location.href = '图片浏览器.html';
            }
        }
```

```
        img.src = images[i];
        //IE 专用
        img.style.display = 'none';
        //插入 DOM 树中
        document.body.appendChild(img);
    }
}
imagePreload(arrImgSrc);
</script>
```

与先前的 imagePreload()函数相比，因为增加了对进度条的控制，所以在 onload 函数中增加了一些处理。

因为进度条是由 div 组成的，要让进度条展示从无到有的过程，有两种方案：可以根据进度生成 div 或者先全部隐藏，然后根据进度显示 div。显然后者更为简单。

我们需要知道进度条要分几次显示完毕，这个次数就是由变量 seg 来确定的。在 onload 函数中，根据 seg 的值来决定显示哪段进度条，也就是把 div 的 display 属性由 none 变成 block，而每次变多少，从哪里开始变，就由 accomplished*seg+j+(IE6?0:1)的值来确定了。注意代码中的判断语句 IE6?0:1，这是为了兼容 FF 和 IE 而设置的。为什么要增加一个 1？先来看一段 HTML 代码：

```
<a id='link'>
    12<b>1</b>
</a>
<script>
    alert(document.getElementById('link').firstChild.nodeType);
</script>
```

对于上面这段代码，元素 a 的 firstChild 是什么类型呢？代码无论在 IE 下还是 FF 下，运行结果都是 3，也就是文本节点，这很正常。而问题就出在下面：

```
<a id='link'>
    <b>1</b>
</a>
<script>
    alert(document.getElementById('link').firstChild.nodeType);
</script>
```

当标签<b>前没有出现文本时，IE 认为 firstChild 就是元素 b，而 FF 认为仍然是一个文本元素，只是这个元素的值为空而已。这导致了一个问题，文本元素是没有 style 对象的，所以如果不加判断语句 IE6?0:1，在 FF 中将导致一个代码错误，这就是增加判断的原因。

(3)　修改图片浏览的地址：

```
//图片列表数组
var imgArray = new Array(
    "http://www.dzxw.net/pic/allimg/080619/16573710.jpg",
    "http://www.dzxw.net/pic/allimg/080619/16573711.jpg",
    "http://www.dzxw.net/pic/allimg/080619/16573712.jpg",
    "http://www.dzxw.net/pic/allimg/080619/16573713.jpg",
    "http://www.dzxw.net/pic/allimg/080619/16573714.jpg",
```

```
    "http://www.dzxw.net/pic/allimg/080619/16573715.jpg",
    "http://www.dzxw.net/pic/allimg/080619/16573716.jpg",
    "http://www.dzxw.net/pic/allimg/080619/16573717.jpg"
);
```

千万别忘记修改图片浏览器中的地址，如果地址不同，那页面又会重新下载图片，之前的工作就白做了。

现在我们就可以在浏览器图片集前看到图片加载的滚动条了。但是并没有使用半透明的遮照效果呀？这个确实没有，虽然这个可以有。

因为我们使用了 div 来模拟进度条的实现，而导致页面中生成了 80 个 div 元素，别小看这 80 个 div 元素，它们会严重影响页面的执行效率，所以采用了页面地址导向的方式。读者可以把进度条换成一个图片来实现半透明的效果。

提示

图片预加载技术可以更好地实现用户体验，但一不留心，就会造成让用户反感甚至恼怒的情况。在 IE6/7 下，Image 对象的 onload 事件存在 Bug，当图片为一个多帧的 GIF 动画时，onload 函数会被不停地调用，是否有调用次数不得而知，但让人达到崩溃的次数应该是有了。但最无法理解的是，IE6 中发现的 Bug 在 IE7 中仍然存在！读者可以测试一下 IE8 中是否也存在这个问题。

14.1.3 CSS 文件的动态加载技术

除了图片外，.js 和.css 文件也是可以动态导入页面中的，而且相当地简单。改变加载策略的这一步就是可以动态地改变.js 和.css 文件。通过这种改变，我们可以在不重新加载页面的情况下做出更多的事情，例如瞬间改变页面的样式。

针对下面一段 HTML 代码：

```
<div id='head'>
    顶部信息
</div>
<div id='main'>
    <span id='left1'>左边框 1</span>
    <span id='right'>右边框</span>
    <span id='left2'>左边框 2</span>
</div>
<div id='foot'>
    底部信息
</div>
<div id='buttons'>
    <input type='button' value='样式 1' onclick='changeStyle("style1")'/>
    <input type='button' value='样式 2' onclick='changeStyle("style2")' />
    <input type='button' value='样式 3' onclick='changeStyle("style3")' />
</div>
```

在未加任何样式之前，它就表现为一堆字符，当然，通常我们都会有默认的样式，例如一个典型的上/中/下结构的页面框架，如图 14.3 所示。

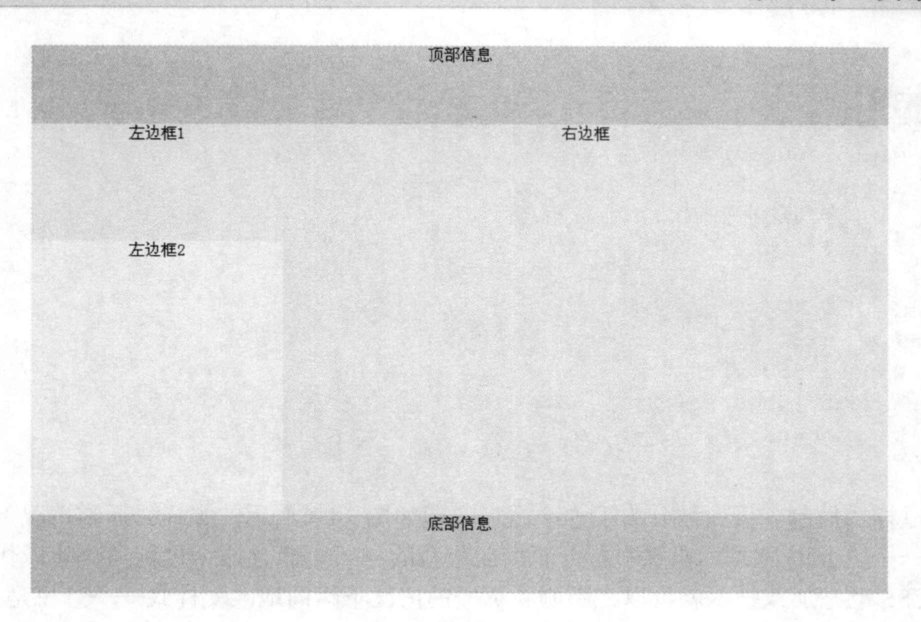

图 14.3　样式一

图 14.3 中的控制样式 CSS 代码如下：

```
/* 样式一 */
div {
   text-align: center;
   margin: auto;
}
/* 顶部样式 */
#head {
   width: 850px;
   height: 80px;
   background: #9FD0E6;
}
/* 主体样式 */
#main {
   width: 850px;
   height: 400px;
}
/* 主体左侧栏样式 1 */
#main #left1 {
   width: 250px;
   height: 30%;
   background: #AFFCBE;
   float: left;
}
/* 主体左侧栏样式 2 */
#main #left2 {
   width: 250px;
   height: 70%;
   background: #CDEFFC;
   float: left;
```

```
}
/* 主体右侧栏样式 */
#main #right {
    width: 600px;
    height: 100%;
    background: #E6D2FB;
    float: right;
}
/* 底部样式 */
#foot {
    width: 850px;
    height: 80px;
    background: #9FD0E6;
}
```

通过样式控制，页面被分为了 5 个区域，即如图 14.3 所示的那样。通常情况下，我们要改变一个页面的样式，就要刷新页面来加载新的样式，而且这个过程还伴随着代码的修改。而 CSS 动态加载技术就可以在不刷新页面的情况下瞬间地改变样式——意思是十分快，快到单击一个按钮的时间。

也许读者在想，为什么不用 JavaScript 直接来控制元素的样式呢？首先是减少 JavaScript 编码量，其次是利于维护。

对页面整体样式来说，要改变的元素样式可能会很多。如果在 JavaScript 中进行控制，将会编写大量的样式控制代码，更重要的是编写 JavaScript 的人可能不是十分熟悉 CSS，这就是问题所在。

如果我们只需要用 JavaScript 代码引入不同的路径就能改变样式那该多好，对于图 14.3 来说，我们可以瞬间大幅度地改变它的样式，如图 14.4、14.5 所示。

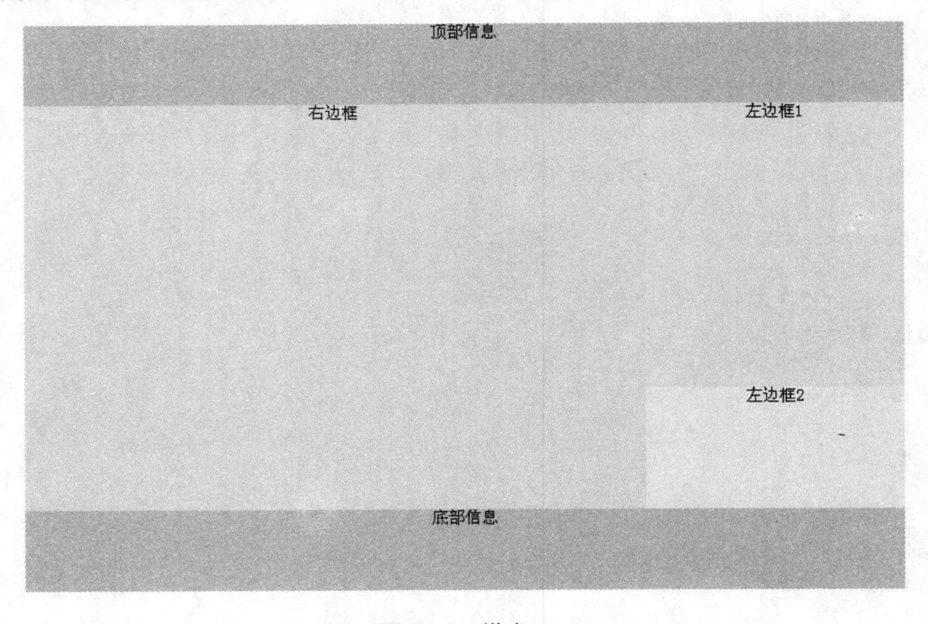

图 14.4　样式二

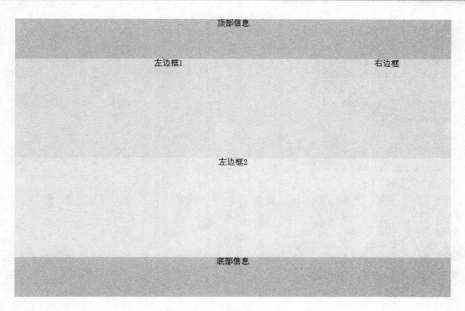

图 14.5　样式三

下面就来看看如何实现瞬间就可以切换样式的控制技术。

创建上述程序的操作步骤如下。

(1)　编写页面元素。前面已经出现，不再重复。

(2)　编写 CSS 样式文件：

```
/* 样式二 */
div {
   text-align: center;
   margin: auto;
}
/* 顶部样式 */
#head {
   width: 850px;
   height: 80px;
   background: #9FD0E6;
}
/* 主体样式 */
#main {
   width: 850px;
   height: 400px;
}
/* 主体左侧栏样式 1 */
#main #left1 {
   width: 250px;
   height: 70%;
   background: #AFFCBE;
   float: right;
}
/* 主体左侧栏样式 2 */
#main #left2 {
```

```
    width: 250px;
    height: 30%;
    background: #CDEFFC;
    float: right;
}
/* 主体右侧栏样式 */
#main #right {
    width: 600px;
    height: 100%;
    background: #E6D2FB;
    float: left;
}
/* 底部样式 */
#foot {
    width: 850px;
    height: 80px;
    background: #9FD0E6;
}

/* 样式三 */
div {
    text-align: center;
    margin: auto;
}
/* 顶部样式 */
#head {
    width: 850px;
    height: 80px;
    background: #9FD0E6;
}
/* 主体样式 */
#main {
    width: 850px;
    height: 400px;
}
/* 主体左侧栏样式 1 */
#main #left1 {
    width: 600px;
    height: 50%;
    background: #AFFCBE;
    float: left;
}
/* 主体左侧栏样式 2 */
#main #left2 {
    width: 100%;
    height: 50%;
    background: #CDEFFC;
    float: left;
}
/* 主体右侧栏样式 */
#main #right {
```

```
    width: 250px;
    height: 50%;
    background: #E6D2FB;
    float: left;
}
/* 底部样式 */
#foot {
    width: 850px;
    height: 80px;
    background: #9FD0E6;
}
```

注意这些代码都是存在于独立的.css 文件中，所以不必也不能包含在<style>标签中。

(3)　编写 JavaScript 控制代码：

```
<!DOCTYPE html PUBLIC "-//W3C//DTD XHTML 1.0 Transitional//EN"
  "http://www.w3.org/TR/xhtml1/DTD/xhtml1-transitional.dtd">
<html>
    <style>
        /* 样式切换按钮 */
        #buttons {
            width: 70px;
            position: absolute;
            left: 928px;
            top: 15px;
        }
    </style>
    <body>
        <div id='head'>
            顶部信息
        </div>
        <div id='main'>
            <span id='left1'>左边框 1</span>
            <span id='right'>右边框</span>
            <span id='left2'>左边框 2</span>
        </div>
        <div id='foot'>
            底部信息
        </div>
        <div id='buttons'>
            <input type='button' value='样式 1'
              onclick='changeStyle("style1")'/>
            <input type='button' value='样式 2'
              onclick='changeStyle("style2")' />
            <input type='button' value='样式 3'
              onclick='changeStyle("style3")' />
        </div>
        <script>
            function changeStyle(styleType) {
                var head = document.getElementsByTagName('HEAD').item(0);
                var style = document.createElement('link');
```

```
                style.rel = 'stylesheet';
                style.type = 'text/css';
                head.appendChild(style);
                style.href = styleType + ".css";
            }
        </script>
    </body>
</html>
```

代码运行效果如图 14.6 所示。

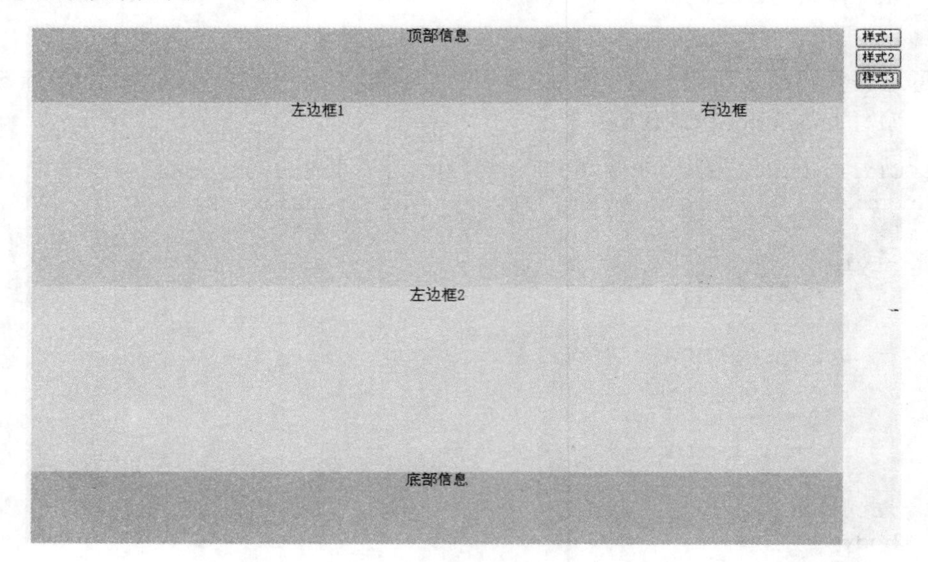

图 14.6　动态地改变样式

注意，页面开头的 DOCTYPE 不能省略，否则样式中的 margin:auto 就会失效。

读者一定注意到了，本例的 JavaScript 代码还没有 HTML 代码多。而改变样式的控制函数 changeStyle 也只有 6 行代码。代码不是重点，思路才是关键。控制样式的核心就是由 JavaScript 动态地增加<link>标签，也就是引用.css 文件的标签。整个 changeStyle 函数就是一个创建 link 元素的过程，过程中，要注意的就是 style 对象必须被 appendChild 到 head 中，不是 body 或某个 div。

14.2　传说中的 Ajax

在 Web 开发中，最流行的词汇莫过于 Ajax 了。你可以把它读成“阿甲克斯”或者“啊驾克斯”，随便你怎么叫它。不过作者更喜欢从英语发音来读这个词语——第一个字母 A 读英语发音，jax 三个字母连起来读做“驾克斯”，整个单词的音标为['eɪdʒæks]。

将标题定为“传说中的 Ajax”，是因为作者在接触了很多脚本编程人员后，发现他们觉得 Ajax 就应该是脚本了，甚至觉得 Ajax 是一种十分先进的技术。造成这种结果的原因离不开国外地毯式轰炸的广告宣传。但也源于大部分人对这种技术的不够了解。

14.2.1　本质

很多 JavaScript 初学者以为 Ajax 就是脚本的全部、脚本的核心。实际上它只是一种技术实现方式，就像拖动技术一样。Ajax 的全称是“Asynchronous JavaScript and XML”，也就是异步脚本和 XML，而它的本质就在于“异步”。XML 是一种数据存储格式，本书不涉及 XML 的内容，这里只关注“数据”这个概念。

传统的页面同步交互方式总是点一个超链接或者提交一个表单来与服务器进行交互，而这总是无法避免地会让页面出现短暂或者长时间的卡住甚至出现空白。因为在请求服务器一个新页面的同时，页面中的所有资源也需要从服务器下载，一旦这个数据量比较大，就会出现卡死的现象。

异步处理改变了这种全部更新的处理方式。如果用户只想知道注册的名字是否被使用，那么他完全没有必要把整个表单都提交过去后，来让服务器验证名称的合法性，然后再返回结果。通过异步处理，页面可以在不提交表单的情况下，只发送一个名称到服务器做验证，然后返回结果。对用户来说，可以不必反复地提交表单来验证用户名的合法性了。

异步处理的核心思想是只进行部分数据交互，而不是全部更新，这样就可以以更快的速度做出响应，而微软为此更设计了不需要更新页面的异步交互方式。

早在 10 多年前，微软就应用了这种异步数据交互技术，但直到 Google 开始活跃于微软眼前时，Ajax 才围绕在我们的耳边。这里要说的事，Ajax 技术的核心控制器早在 10 年前就已经问世了。所以人们经常开玩笑地说，老外这是在“老酒装新瓶”。

在 IE 中，实现异步数据交互的核心是一个 XMLHTTP 控件，它与其他 ActiveX 控件一样，都需要进行注册，但目前的 IE 基本上都已经自带了这个控件。而在非 IE 浏览器中，它们通过不同的实现技术也实现了 XMLHTTP，并且是原生对象，也就是属于 BOM 的一部分。IE7 也开始支持原生的 XMLHTTP 对象了。

那么很多人就会认为 Ajax 就是依赖于 XMLHTTP 对象实现的异步数据交互。没错，不过只对了一半，Ajax 的核心思想是异步的数据交互，而 XMLHTTP 并不是唯一可以实现这种思想的方式。

在聊天室中，异步数据交互的需求最为迫切，因为不能让用户在提交信息后页面消息刷没了，但在 XMLHTTP 对象普及之前，聊天室是如何实现的呢？答案就是除了使用 XMLHTTP 对象外，还有另外的实现方式。

14.2.2　不同的异步实现

如何让当前页面不刷新，却能向服务器发送请求呢？这是异步技术的核心思想。那么在 HTML 的标签中你能想到什么？是否想到了<iframe>？回想一下<iframe>的特性，它可以独立于包含它的页面而加载不同的其他 HTTP 地址，那么是否能用它来实现异步呢？答案当然是肯定的。

下面就通过一个最常见、最简单的例子——验证用户名是否被占用，来说明如何使用 iframe 元素实现异步处理。

创建上述程序的操作步骤如下。

(1) 定义客户端代码 client.html：

```
<html>
    <head>
        <title>浏览器端</title>
        <script type='text/JavaScript'>
            //定义异步请求函数
            function checkName() {
                var async = document.getElementById('async');
                //将用户名传递给 iframe 的地址
                async.src = 'server.html?userName='
                  + document.getElementById('userName').value;
            }

            //定义回调函数
            function callback(result) {
                alert(result ? '名称未被占用' : '名称已被占用');
            }
        </script>
    </head>
    <body>
        用户名：<input type='text' id='userName'>
        <button onclick='checkName()'>
            点此进行异步验证
        </button>
        <!-- 隐藏的 iframe -->
        <iframe style='display:none' id='async'></iframe>
    </body>
</html>
```

本例中的客户端只有一个输入框和一个按钮，如图 14.7 所示。

用户名： [点此进行异步验证]

图 14.7　异步请求客户端

当用户单击按钮后，页面会发送异步请求到服务器地址进行验证。实现这一点的核心就是 iframe 元素。本例在页面中创建了一个隐藏的 iframe 元素，当需要发送异步请求时，并不是直接改变当前页面的地址，而是把请求地址发送给了 iframe 元素。那么 iframe 自然就会去请求服务器，但这个过程被我们用 display:none 屏蔽掉了，对用户来说是不可见的。

这确实很简单，不是吗？请求发送完毕后，就要看服务器端的代码如何处理了，况且还有一个 callback()函数还没用到。

(2) 定义服务器端代码 server.html：

```
<html>
    <head>
        <title>服务器端</title>
        <script type="text/JavaScript">
            //验证用户名是否被用
            //...
            //处理完成后调用回调通知函数
```

```
            setTimeout(function() {
                //解析用户名
                var userName = location.href.match(/userName=.*$/);
                //通过 match()函数获取的结果为列表类型，需要转换
                userName = userName[0].split('=')[1];
                //调用包含页面中的回调函数
                top.callback(userName.length>5? 1 : 0);
            }, 2000);
        </script>
        </head>
    <body>
    </body>
</html>
```

真正的服务端处理代码并不是 HTML+JavaScript，并且载体通常也不是 HTML 文件。为了让读者可以在只打开 HTML 页面的情况下浏览本例而省略了服务端处理代码。

使用 setTimeout()函数是为了模拟在真实环境下的服务器端进行数据查询所消耗的时间，并且用来验证客户端页面是否卡死，也就是验证这是不是异步处理。

通过对用户名的解析，本例中模拟用户名的验证。当然你必须知道真正的验证必须去数据库进行比对。

在比对完成后，调用 callback()回调函数来通知主页面结果。你一定认为这很麻烦，客户端请求服务端，服务端还要再调用客户端的函数。当然很麻烦了，要不怎么叫早期实现。

下面就来看看更好的方式吧。

14.2.3　XMLHttpRequest

虽然 iframe 也可以让用户感觉到异步的体验，但它很麻烦，并且 iframe 本身并不是专门用来做异步数据处理的。

下面就来看看 Ajax 的最核心控制器——XMLHttpRequest 对象。

创建一个 XMLHttpRequest 对象很简单，如果是原生支持 XMLHttpRequest 对象的浏览器，就可以通过下面的代码来创建：

```
var XHR = new XMLHttpRequest();
```

如果是 IE7 之前的版本，则可以通过 ActiveX 控件方式来获取，例如：

```
var XHR = new ActiveXObject("Microsoft.xmlhttp");
```

字符串“Microsoft.xmlhttp”是告诉浏览器创建什么样的 ActiveX 对象，需要注意的是，每个版本的 IE 都支持不同的 XMLHttpRequest，所以在实际的编码中，必须遍历所有的可能，来获取一个可以使用的 XMLHttpRequest 对象。

一段兼容浏览器的 XMLHttpRequest 对象获取代码如下：

```
//定义 IE 所有支持的 XMLHttpRequest 对象版本字符串
var msXMLAllversion = ["Msxml2.xmlhttp.5.0", "Msxml2.xmlhttp.4.0",
  "Msxml2.xmlhttp.3.0", "Msxml2.xmlhttp", "Microsoft.xmlhttp"];
var XHR = null;
//判断是否原生支持 XMLHttpRequest 对象
```

```
if(window.XMLHttpRequest)
    XHR = new XMLHttpRequest();
else {
    //遍历 IE 所有 XMLHttpRequest 版本
    for(var i=0; i<msXMLAllversion.length; i++) {
        try {
            XHR = new ActiveXObject(msXMLAllversion[i]);
        }
        catch(e) {
            //发生异常表示不支持此版本，继续循环
            continue;
        }
        break;
    }
}
```

相对于支持原生 XMLHttpRequest 对象的浏览器来说，IE 显然是麻烦多了。代码按照版本从高到低的顺序创建 XMLHttpRequest 对象，如果发生异常则继续执行，直到找到一个可以使用的 XMLHttpRequest 版本。

相对于 XMLHttpRequest 对象的创建，XMLHttpRequest 对象的使用也是比较麻烦的，因为是异步请求，所以代码中必须绑定一个回调函数，就像对事件设置监听函数一样：

```
try {
    //设置 XHR 对象请求参数
    XHR.open('get', 'server.html', true);

    //设置回调函数
    XHR.onreadystatechange = function() {
        //观察交互状态
        alert(XHR.readyState + ":" + XHR.status)
        //判断交互状态
        if(XHR.readyState==4 && XHR.status==200) {
            //处理回调事件...
            //输出返回信息
            alert(XHR.responseText);
        }
    }
    //发送请求
    XHR.send(null);
} catch(el) {
    //在 IE 下必须运行在服务器环境中，否则将得到拒绝访问的异常信息
    alert(el.message)
}
```

这样可比使用 iframe 来实现异步方便多了。请求对象可以在客户端直接绑定回调事件，而省去了在服务端代码中调用客户端代码的情况，减少了出错的几率。

这样就完成了一个最简单的异步请求。注意，本例必须在服务器环境中运行才能通过 IE 访问。不过读者可以通过在 FF 下运行来观察效果。

在这段代码中，有 3 个重要的知识点需要了解。

1. 异步请求设置和发送

(1) open 方法用来设定请求的基本参数，相当于 form 中的一些参数。一个标准的 open 函数定义如下：

```
open(请求方式, 请求地址 [,是否异步] [,用户名] [,密码])
```

这里，“请求方式”就是 form 中的 method 属性，表示用何种方法请求服务器连接，例如 GET、POST、PUT 等，“请求地址”就是 form 中的 action 属性，表示请求服务器的地址，“是否异步”从名字就知道了它的作用，用来设置同步还是异步。

你也许会奇怪，为什么会有同步的需求呢？这里的“同步”，并不意味着当前的页面会进行刷新，而是同步代码会中断程序执行流，直到返回结果。很多时候，为了保证进行下一步活动的数据完整性，少量的数据必须进行同步获取，因为异步的话，有可能在用到这个数据的时候没有到位而产生错误。但应记住，必须是少量的数据。

“用户名”和“密码”是用来请求某些地址时使用的，例如 FTP。

设置了 open 方法的 XMLHttpRequest 对象，就相当于提交前的表单，当然功能更强大。

(2) 除了 open 方法外，在发送请求之前，XMLHttpRequest 对象还允许设置请求头信息，例如字符编码、传输数据类型等，例如：

```
//设置 MIME 类型
XHR.setRequestHeader("Content-Type", "text/xml");
```

(3) send()方法相当于表单中的提交。把设置好的请求发送给指定的服务器。但发送并不是立即的，实际上还有很多工作会发生在 send()之前。

send()方法接受一个内容参数，可以是字符串，也可以是字节数组，还可以是 XML 文档对象。当然能否成功传递过去让服务器接受，还要依赖于 MIME 类型。

2. 请求交互判断

按照 iframe 异步实现的处理方式，理论上我们在 open 之后就应该 send 了，然后由服务器端代码调用一个回调函数。但 XMLHttpRequest 对象显然做得更好。我们不需要在服务器端编写任何调用客户端函数的代码，而只需要在发送之前定义好这个函数就可以。

在 FF 和 IE 之中，这个函数都被实现为了 XMLHttpRequest 对象的一个事件，也就是 onreadystatechange。这个事件会在请求发送后自动触发，我们要做的就是对事件进行监听。

提示

注意，在 IE 和 FF 3.5 版本之前，XMLHttpRequest 对象的 onreadystatechange 不能通过监听接口来进行事件监听，但 FF 3.5 版本实现了这个功能，详细信息可以登录 Mozilla 官方网站查看：https://developer.mozilla.org/En/Using_XMLHttpRequest。

在整个“客户端-服务器”的交互过程中，onreadystatechange 事件被触发了多次，这些交互包括了初始化、发送、完成等。而每次交互 XMLHttpRequest 对象的 readyState 属性就被改变。那为什么代码中要判断 readyState==4？这就是 readyState 的含义问题了，如表 14.1 所示。

readyState 属性的值表示了客户端与服务器之间进行的 5 次交互的结果。每次交互 onreadystatechange 事件就会被触发，并且 readyState 属性的值也会被改变。通常我们只关心

数据下载完成后的情况，所以需要进行 readyState==4 的判断。

表 14.1　交互状态属性的含义

属 性 值	交互状态	含　义
0	未初始化	open()方法还未被调用时的状态
1	开始握手	send()方法还未被调用时的状态
2	握手完毕	send()方法被调用后的状态
3	数据交互	开始下载服务器数据的状态
4	完成	请求数据下载完毕的状态

那为什么还要判断 status==200 呢？也许你已经发现了这个 status 的值与 HTTP 的响应码相同，它就是用来验证 HTTP 信息本身的。常用 HTTP 响应码见本书的附录。

在 HTTP 中，200 表示页面加载正常，并正常返回所请求的信息。当然，这正是我们所需要的。

注意，如果请求的并不是 HTTP 地址，而是 FTP 或者 file 协议的地址，那么 status 的值就不能参考 HTTP 的响应码，例如：

```
try {
    //设置 XHR 对象请求参数，同步请求
    XHR.open('get', 'file:///D:/a.xml', false);
    //当请求为同步时，不需要监听 onreadystatechange 事件
    //因为 send()函数不会立即返回，而是中断程序流直到完成整个交互
    XHR.send(null);
    //注意，状态并不是 200
    if(XHR.status == 0) {
        alert(XHR.responseText);
    }
} catch(el) {
    //在 IE 下必须运行在服务器环境中，否则将得到拒绝访问的异常信息
    alert(el.message)
}
```

3. 返回值

完成了发送和事件监听，不要忘了最重要的事情——处理返回信息。XMLHttpRequest 对象的返回信息有多种类型，例如字符串或者 XML 文档对象等，但目前浏览器通用的返回属性只有两个，即 responseText 和 responseXML。

responseText 是以字符串的形式返回服务器端的数据。而 responseXML 则是以 XML 文档对象的形式返回。

如果只传输小量的数据，那么使用 responseText 最简单。如果读者有过服务器端编程经验的话，应该知道相对于创建一个 XML 文档，直接返回一个变量值有多么简单。

如果你已经掌握了以上 3 点，那么恭喜你，你已经掌握了 Ajax。你也可以写出不用刷新页面就可以获取数据的“无闪刷新”技术了。但前往熟练应用的道路还很长，起码应该知道在什么情况下用同步比用异步好，在什么情况下又相反。

那么，你是否站在了用户的角度去使用 Ajax 呢？如果一个请求很久没有反应，或者返回错误，你是否做好了处理准备？要知道，谁也不敢保证数据总是能如人所愿地正确返回。

那么我们要做的就是做好一切准备，并站在用户的角度去实现代码。

14.2.4　JSON

XML 是一种与 HTML 格式基本相同的数据存储格式。要注意的是数据存储格式，也就是说，XML 的用途是用来存储数据，而不是像 HTML 标签那样可以被解析在页面中。简单地说，XML 是一种比 HTML 结构更加严谨，并且能良好地表示层级关系的一种数据存储格式，所以 Ajax 中的 X 就是 XML。并且有很多人都在使用 XML。

然而，与 Ajax 一起流行起来的词汇并不是 XML，而是 JSON。JSON 也是一种数据存储格式，但它比 XML 更简单也更流行，甚至大部分使用 Ajax 的人都并没有使用 XML，反而是使用 JSON 的人更多(也许 Ajax 应该改名为 AJAJ)。

JSON 的全称是“JavaScript Object Notation”，也就是 JavaScript 对象表示。简单地说，就是除了 new Object()外的另外一种创建对象的方式，例如：

```
var obj = {name:'ken', age:28};
```

obj 是一个拥有两个属性的对象，属性和值通过冒号进行分隔，属性之间使用逗号分隔，这有些类似于数组的创建。JSON 的属性值可以是任何合法的 JavaScript 类型，包括函数、数组、对象等。

读者可能有些疑惑，看起来 JSON 只是一种定义 JavaScript 对象的语法格式，而 XML 则是纯文本的存储格式，它们有什么相同点呢？先来看一段 XML 代码：

```
<?xml version="1.0" encoding="utf-8"?>
<user>
    <name>ken</name>
    <sex>男</sex>
    <age>28</age>
</user>
```

再看一段同含义的 JSON 代码：

```
{
    name: 'ken',
    sex: '男',
    age: 28
}
```

在客户端与服务器端之间进行传输的数据大部分都是字符类型，XML 作为一种结构化文本格式经常被使用，而如果 JSON 的值只允许字符串或者数字，那么它与 XML 对数据的存储能力是相同的。在相同存储能力下，JSON 在传输时显然比 XML 的数据量要少得多，并且代码解析也比 XML 简单。而更重要的是，JavaScript 提供了一种对象化 JSON 字符串的功能，也就是说，如果一个字符串按照 JSON 格式来书写，那么 JavaScript 可以快速而简单地把它变成一个对象供代码使用，例如：

```
//创建 JSON 字符串
var jsonString = "var json = {name: 'ken', sex: '男', age:28}";
//解析 JSON
```

```
eval(jsonString);
//使用对象化操作
alert(json.name + ": " + json.sex + ": " + json.age);
```

运行结果如图 14.8 所示。

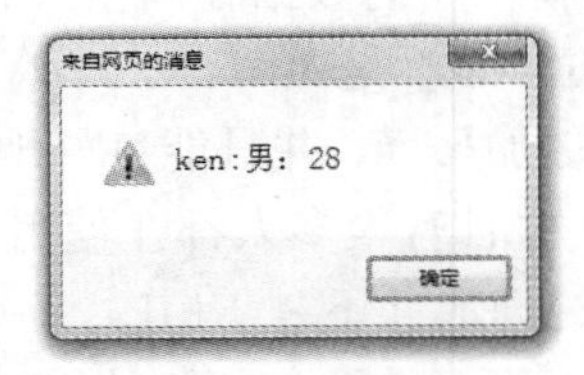

图 14.8　使用 JSON

JSON 的这种能力，使得在它在 JavaScript 中比 XML 具有更多的优势，即使是这种 JSON 只能存储字符串和数字，使用起来也比 XML 要方便得多。在异步处理中，如果返回的文本信息是 JSON 格式，那么直接就可以转换成对象进行使用，例如：

```
XHR.onreadystatechange = function() {
    //判断交互状态
    if(XHR.readyState==4 && XHR.status==200) {
        //处理回调事件
        eval(XHR.responseText);
        //使用解析后的对象
    }
}
```

eval 方法很强大，但也很危险。它可以在运行时编译并运行用字符串编写的 JavaScript 代码。一旦代码中包含有危险的攻击代码，那就会引起一定的麻烦。

14.3　上 机 练 习

(1) 分别在 IE 和 FF 下监听 DOM 完成事件。
(2) 测试 IE 中的图片预加载的 Bug。
(3) 根据 CSS 动态加载的模式，编写 JavaScript 文件的动态加载。
(4) 编写一个 Ajax 应用，包括使用 JSON 和对异常情况做出处理。

第 15 章

疯狂的小坦克

学前提示

先前的章节中讲到了很多 JavaScript 中使用到的技术，例如表格、拖动、动画等。读者一定想要把这些技术使用一下。本章我们既不是做一个 Blog，也不是写一个 Web OS，而是做一款广大读者都曾经玩过的经典即时战略游戏——红色警戒。

我们要把以往用桌面应用程序做的那个用鼠标控制坦克在地图上来回跑的游戏搬到浏览器中，让那些疯狂的小坦克在 HTML 页面上跑起来。

知识要点

- 即时战略游戏
- 实现需求及功能描述
- 游戏引擎——组件开发
- 游戏核心——自动寻路算法
- 游戏实现
- 地图编辑器

15.1 即时战略游戏

每个人学编程的目的并不一定都是为了赚钱，而且从事这一行的人越来越多，从赚钱的角度来说也许并不是什么美差。很多人学编程完全是出于兴趣和爱好，作者就是因为爱好这一行而开始编程。从上中学起就有一个梦想——让别人玩上自己写的游戏。起初是使用 Java 语言编写游戏，但自从接触了 JavaScript 以后，就开始尝试用脚本编写游戏。现在终于实现了这一目标，并且在这里与读者分享。

一个完整的即时战略游戏是很复杂的，包括地图制作、可移动对象/固定对象制作、人工智能等，如图 15.1 所示。

图 15.1 游戏画面

注意

可以看到图 15.1 中的右边和下边的边框。没错，这是在浏览器中的效果。也就是完成本例的效果。本例中不会涉及复杂的人工智能处理，但会介绍坦克如何自动地寻找到达目的地的最短路径。

15.2 实现需求及功能描述

也许读者玩过即时战略游戏，也许没有玩过。那么在制作一个游戏之前，至少要知道一个即时战略游戏中的几个要素，也就是这个游戏如何玩？怎么控制？有什么效果等。

即时战略游戏的根本目的就是寻找目标并摧毁。这里包含了两个要素：寻找和摧毁。谁来寻找谁？当然是自己控制的对象寻找敌对对象并摧毁。这个过程就是整个游戏的过程。

所以如何寻找目标和如何摧毁目标就是游戏开发的两个大问题了。本例中并不涉及对象之间攻击的实现，只介绍用户如何控制对象，进行地图的探索和搜寻。

在即时战略游戏中，玩家控制的对象往往不止一个，那么让这些对象同时向目标移动就是一个基本的必要操作了，总不能让玩家一个一个地用鼠标去点击。那么游戏操作中的

第一个概念就是鼠标框选，如图 15.2 所示。

图 15.2　鼠标框选

这可不是在使用 Windows 系统自带的功能，在文件夹里你可以随意地使用这个功能，但是 HTML 页面中却并没有这个功能。

就像 Windows 系统自带的框选功能一样，当选框选中被选对象时，它们能做出一些互动，例如被选对象的样式改变，而离开选框时样式还原，如图 15.3 所示。

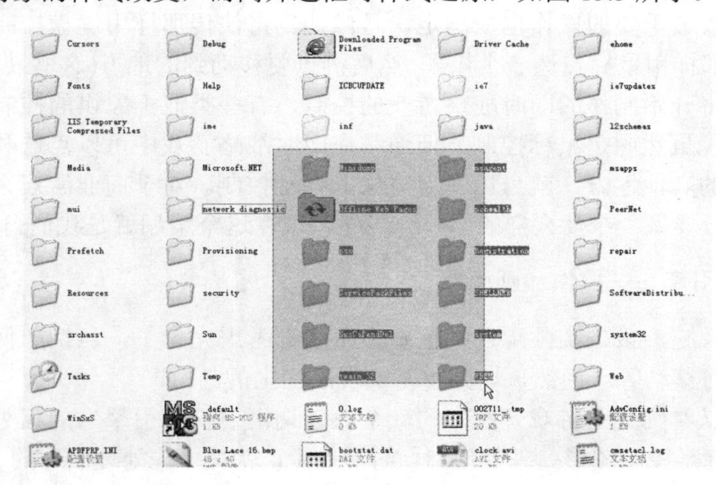

图 15.3　鼠标框选互动

就像图 15.3 所示的那样，我们在页面中同样需要对可选对象进行互动控制。

框选对象的目的是选中超过一个的元素。那么在游戏中选中超过一个的对象用来干什么？当然就是从它们现在所在的地方移动到鼠标所点击的另一个地方。这个过程有点类似于在 Windows 系统中的拖动，只不过从起点到终点的这段距离并不是用户用鼠标控制，而是对象自己走——以此实现动画效果。

现在已经完成了本例所要达到的操作目的。框选对象并控制它移动到鼠标指定的地点。虽然这听起来好像很简单，但实际上这就是即时战略游戏实现的基础。

如果读者现在已经感到有些迷惑，建议立即去玩一款即时战略游戏。

15.3 组 件 开 发

实际上，本例中并没有涉及一些复杂的技术，甚至有些简单。本章力求通过读者容易理解的方式带领读者开始游戏开发的第一步。

15.3.1 开发流程

万事开头难。其实开发游戏中最难的并不是技术本身，而是当我们想要开发一个游戏的时候，不知道如何下手。

虽然本书关注的是技术本身，但游戏中更重要的是如何使用这些技术，或者说做游戏的人怎么知道要用什么技术呢？下面就此话题与读者讨论一下。

1. 确定游戏方案——控制和逻辑

要制作一个游戏之前，我们必须清楚想要做一个什么样的游戏。是像《反恐精英》那样的射击游戏还是像《仙剑奇侠传》那样的角色扮演游戏？并且，这些游戏中也区分是 3D 的还是 2D 的。

同样，对游戏最重要的操作也应确定，是像仙剑奇侠传那样用键盘控制人物的走动，还是像象棋游戏那样用鼠标点选一个棋子，然后再点要移动到的地方(这里只考虑 2D 游戏)。

对于我们即将开始制作的即时战略游戏的控制，有些类似于象棋的控制，但要比象棋的控制复杂得多。虽然同是鼠标控制，但通常在即时战略游戏中可以点选和框选对象，然后再点击地图上的其他地方，就可以实现对象的移动控制。对于商业游戏来说，初期就会有一群策划来商量要做一个什么样的游戏。当然，现在这个策划就是我们自己。

2. 开发游戏引擎——操作和画面

作为游戏的大脑，策划实际上已经把整个游戏都考虑完全了，包括如何控制、画面如何处理、对象如何移动等。当然，这并不是实现层面上的。

读者经常可以看到关于游戏开发中的一个热门词汇——“引擎”的相关消息。例如图形引擎，实际上就是控制图形处理的接口，简单地说，就是一些处理图形的 API，实际上游戏的主体就是控制图形的展示。当然除了图形，还有控制的功能等其他方面。每个方面都需要用程序来实现，在这里，读者既是策划也是编程人员，实现的过程是本章要讲的重点。

3. 设计算法——逻辑处理

在游戏编码中首先实现控制和画面处理，也就是能看到一个图形的样子。那么既然是游戏，就一定会有规则，而规则的实现并不是只通过控制就能解决的。在即时战略游戏中，最基础的规则就是寻路。在一张布满障碍的地图中，一个对象如何从一点移动到另一点并且还要避开障碍物，并没有想象中的那么简单。而这些逻辑就需要进行算法处理。

在正式开始游戏开发之前，我们必须清楚自己所处的角色和要做的事情。在这里，我们身兼数职，包括策划、程序、美工，既要编写图形和控制系统，也要编写逻辑算法。当然，对读者来说，这些可以大大提高 JavaScript 的编写能力。

15.3.2　框选技术

即时战略游戏中最重要的因素是可以一次控制不止一个对象，就像 Windows 系统中一次可以删除多个文件一样。这样才能体现大规模作战的效果，也是战略游戏的核心。

在 Windows 系统中，提供了这种操作方式，但在页面中并没有，因为 HTML 的操作方式就是超链接，从一个链接转到另一个链接。那么读者认为在 HTML 页面中如何实现像 Windows 中的那种操作呢？

必须先确定的一点，就是在 HTML 中除了 VML 和 SVG 外，没有任何矢量图形的处理能力。那么如何用鼠标在页面上控制一个可拖动的方块呢？HTML 中到处都是方块，例如 div、span、table 等，每个可视元素都可以通过 CSS 变成一个方块。没错，就是这个思路。通过 CSS 图层和半透明样式的控制，我们就可以做出如图 15.2 所示的效果了。

首先回想一下 Windows 系统自带的框选操作方式。当按住鼠标按键后，移动鼠标，就可以拖出一个矩形框，矩形框的大小随着鼠标位置的移动而改变，当松开鼠标按键后，矩形框消失。

这个过程是不是很像先前讲到的拖动技术，从操作方式上来讲，它们完全相同，只是在这里拖动的不是元素的位置，而是元素的大小。那么现在读者是否觉得框选技术已经很简单了呢？

创建上述程序的操作步骤如下。

(1)　监听鼠标按键按下事件：

```
<script>
    //监听鼠标按键按下事件
    document.onmousedown = function(e) {
        //事件兼容处理
        e = e || event;

        //创建拖动框元素
        var block = document.createElement('div');
        //添加到 DOM 树
        document.body.appendChild(block);

        //设置拖动框样式
        with(block.style) {
            //设置定位方式为绝对定位
            position = 'absolute';

            //设置大小溢出处理
            overflow = 'hidden';

            //设置初始大小
            width = 0;
            height = 0;

            //设置边框样式
            border = '1px solid #3C85E8';
```

```
        }

        //获取鼠标按键按下时的坐标
        var srcX = e.clientX;
        var srcY = e.clientY;

        //设置拖动框的坐标为鼠标按下时所在的坐标点
        block.style.left = srcX;
        block.style.top = srcY;
    }
</script>
```

在鼠标按键按下时，我们需要做很多工作。例如需要生成一个准备让我们当作选框来拖动的 div。整个第一步都是围绕这个 div 来工作的，包括为它设置样式、坐标等。

关于样式的设置，这里有几点比较重要：

- 必须指定拖动框的定位方式为绝对或者相对定位，因为拖动框总是出现在鼠标按下的坐标点上，也就是它的坐标就是鼠标按下时的坐标。
- 必须设置 overflow 属性，否则在 IE 下 div 的最小高度和宽度无法达到 0，而导致拖动效果无法完成。
- 最重要的一点是，设置一个边框，否则你在界面上将看不到任何东西。设置边框后，读者就可以清楚地看到选框大小的改变过程。当然，你可以设置更好看的样式，例如半透明。

(2) 监听鼠标移动事件：

```
<script>
    //监听鼠标按键按下事件
    document.onmousedown = function(e) {
        //省略第 1 步代码...

        //监听鼠标移动事件
        document.onmousemove = function(e) {
            e = e || event;
            //获取鼠标的当前坐标
            var desX = e.clientX;
            var desY = e.clientY;

            //设置拖动框的尺寸
            block.style.width = desX - srcX;
            block.style.height = desY - srcY;
        }
    }
</script>
```

在 onmousedown 事件中启动鼠标移动监听，可以减少在其他时间做无谓的监听工作而浪费资源，这与先前所介绍的拖动接口的实现是相同的。

在鼠标移动事件中，代码对选框元素的尺寸做了改变，而不是位置。读者可以回想一下 Windows 系统中的框选效果，选框总是以鼠标按下时的坐标点为轴心进行尺寸的改变，

这里也一样。

为什么要用当前鼠标的坐标(desX/desY)减去鼠标按下时的坐标(srcX/srcY)？回想一下HTML 中的坐标系统，所有元素的坐标都是以左上角为准。现在我们要让选框的坐标不改变而大小改变，那么显然就可以用当前鼠标坐标减去元素坐标来实现了，如图 15.4 所示。

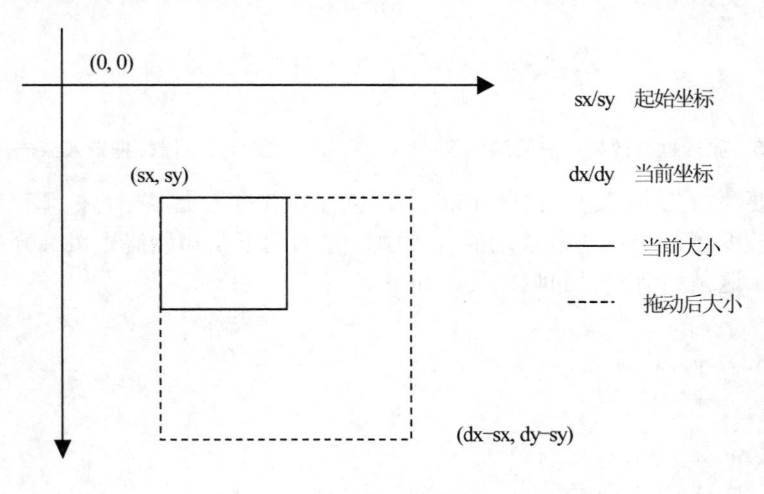

图 15.4　鼠标框选模型

(3)　监听鼠标按键松开事件：

```
<script>
    //监听鼠标按键按下事件
    document.onmousedown = function(e) {
        //省略第 1 步代码...

        //省略第 2 步代码...

        //监听鼠标按键松开事件
        document.onmouseup = function(e) {
            //隐藏拖动框
            block.style.display = 'none';

            //卸载监听
            document.onmousemove = null;
            document.onmouseup = null;
        }
    }
</script>
```

框选的最后一步就是在松开鼠标按键后让选框消失，本例中是将选框进行隐藏。那么到现在为止就完成了一个最初级的选框效果，读者可以运行代码观察效果，如图 15.5 所示。

在运行出如图 15.5 所示的效果后，一定会发现目前的框选只能在第四象限，也就是右下角内活动，而 Windows 系统中的框选是全方位的。那接下来就要解决这个问题。

先从第一象限开始考虑，也就是右上角的情况。如何能让图形跟着鼠标移动到右上角而实现如图 15.6 所示的效果呢？

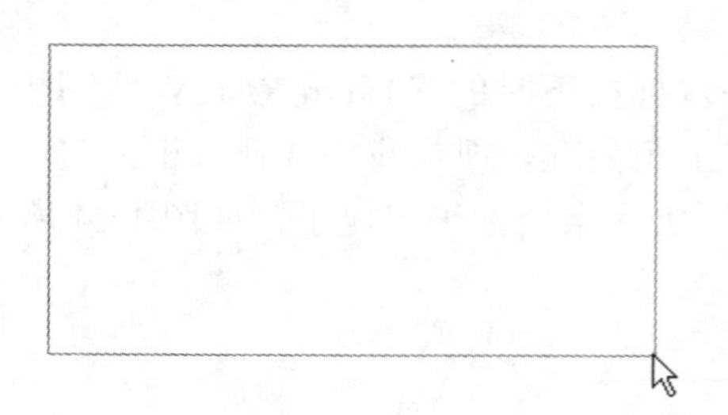

图 15.5　鼠标框选效果——第四象限

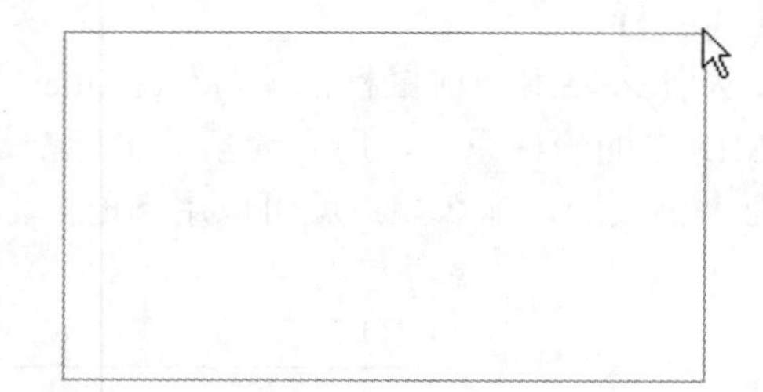

图 15.6　鼠标框选效果——第一象限

在这里要注意几个问题。在图 15.6 中，鼠标和选框最上层平行，那也就是说，选框的坐标已经被改变了，但在选框移动的过程中，它的左下角却始终以鼠标开始点击时的坐标为轴心移动，这是如何实现的呢？代码如下：

```
//监听鼠标移动事件
document.onmousemove = function(e) {
    e = e || event;
    //获取鼠标的当前坐标
    var desX = e.clientX;
    var desY = e.clientY;

    //设置拖动框的尺寸
    //当鼠标的 Y 轴坐标小于起始坐标时
    if(desY <= srcY) {
        //改变选框的 Y 轴坐标为鼠标当前坐标
        block.style.top = desY;
        //高度等于 srcY 减去 desY
        block.style.height = srcY - desY;
        block.style.width = desX - srcX;
    } else {
        //还原选框 Y 轴坐标
        block.style.top = srcY;

        block.style.width = desX - srcX;
        block.style.height = desY - srcY;
    }
}
```

现在通过选框就可以在右上和右下角来回切换了。实现这个效果只需要对鼠标的起始坐标 srcY 和鼠标当前坐标 desY 进行比对。当 desY 小于 srcY 时，说明鼠标已经移动到了起始点的上方，这时选框的坐标就发生了变化。为了达到选框总是与鼠标坐标相同的效果，必须改变选框的 top 属性，而这时高度的计算也发生了变化，从 desY-srcY 变成了 srcY-desY，下面就为读者详细解释这个原因，如图 15.7 所示。

因为选框的特性总是以鼠标点击时的坐标为轴心(sx, sy)进行移动，也就是说，选框矩形在轴心一头的坐标(sx, sy)总保持不变，而由鼠标控制的对角线一头(dx, dy)来控制矩形的大小。但由于 HTML 坐标系统是以左上角为坐标点计算的，所以当鼠标控制点(dx, dy)出现在轴心点(sx, sy)上面或者左面的时候，选框的坐标就发生了改变，变成了 dx 或者 dy，而为

了抵消这个改变，我们需要一边改变坐标，一边改变矩形框的大小，这样看起来就好像(sx, sy)点总保持不变。

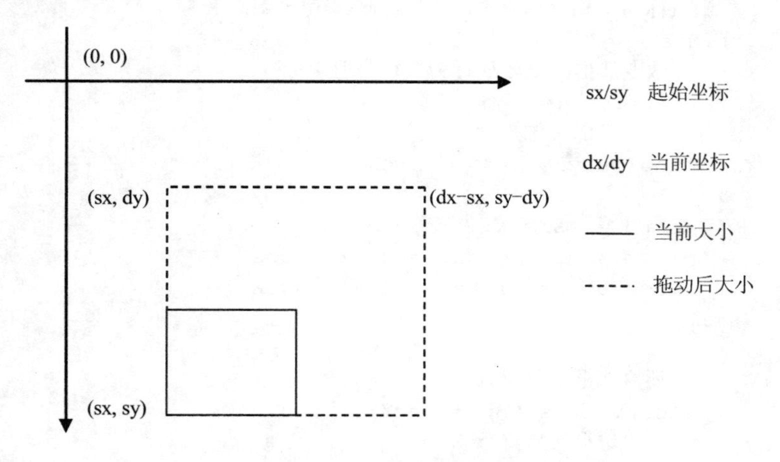

图 15.7　鼠标框选模型

根据这个原理，我们就可以很容易地实现 4 个象限全方位的拖动效果了，代码如下：

```
//监听鼠标移动事件
document.onmousemove = function(e) {
    e = e || event;
    //获取鼠标的当前坐标
    var desX = e.clientX;
    var desY = e.clientY;

    //设置拖动框的尺寸
    //当鼠标的 Y 轴坐标和 X 轴坐标都小于起始坐标时。第二象限
    if(desY<=srcY && desX<=srcX) {
        //改变选框的 Y 轴坐标为鼠标当前坐标
        block.style.top = desY;
        //改变选框的 X 轴坐标为鼠标当前坐标
        block.style.left = desX;

        //高度等于 srcY 减去 desY
        block.style.height = srcY - desY;
        //高度等于 srcX 减去 desX
        block.style.width = srcX - desX;
    } else

        //当鼠标的 X 轴坐标小于起始坐标时。第三象限
        if(desX <= srcX) {
            //改变选框的 Y 轴坐标为鼠标当前坐标
            block.style.left = desX;
            //还原选框 Y 轴坐标
            block.style.top = srcY;

            //高度等于 srcY 减去 desY
            block.style.height = desY - srcY;
```

```
            block.style.width = srcX - desX;
        } else
            //当鼠标的 Y 轴坐标小于起始坐标时。第一象限
            if(desY <= srcY) {
                //改变选框的 Y 轴坐标为鼠标当前坐标
                block.style.top = desY;
                //还原选框 X 轴坐标
                block.style.left = srcX;

                //高度等于 srcY 减去 desY
                block.style.height = srcY - desY;
                block.style.width = desX - srcX;
            } else {

                //还原选框 Y 轴坐标
                block.style.top = srcY;
                //还原选框 X 轴坐标
                block.style.left = srcX;

                block.style.width = desX - srcX;
                block.style.height = desY - srcY;
            }
}
```

现在的效果和 Windows 中的选框已经完全一致了，当然除了样式之外。读者可能注意到了在第一和第三象限的判断中都加入了还原选框坐标的语句。在 onmousemove 事件中，鼠标移动过快的话会导致样式不能执行完毕。例如，如果把第一象限判断中的还原 X 轴坐标的语句去掉的话，会导致当在第二象限中移动的选框的 width 属性还没有到 0 的时候突然切换到第一象限，就会多出未减掉的那部分 width，而导致鼠标脱离了选框，如图 15.8 所示。

避免这种情况的最好方式就是在切换到每个象限时都对选框坐标进行还原。读者可以通过屏蔽还原语句来观察效果的差异。

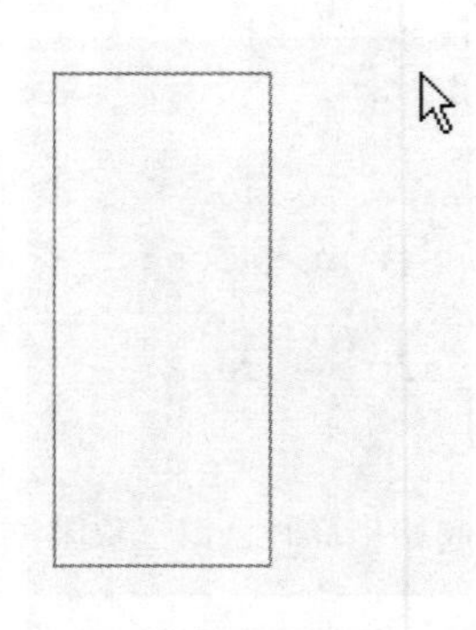

图 15.8　样式未处理完全

读者是否注意到了本例中的选框对象的创建，创建语句存在于 onmousedown 事件中，也就是说，每次触发 onmousedown 事件就会创建一个选框对象，这无疑是巨大的浪费。将元素创建语句放在 onmousedown 监听函数定义之外是个不错的主意，但为什么不更干脆点写成函数呢？与全局代码相比，函数具有更好的重用性和安全性：

```
<script>
    function selector() {
        //创建拖动框元素
        var block = document.createElement('div');
        //添加到 DOM 树
        document.body.appendChild(block);

        //监听鼠标按键按下事件
        document.onmousedown = function(e) {
            e = e || event;

            //设置拖动框样式
            with(block.style) {
                //设置定位方式为绝对定位
                position = 'absolute';

                //设置大小溢出处理
                overflow = 'hidden';

                //设置初始大小
                width = 0;
                height = 0;

                //设置边框样式
                border = '1px solid #3C85E8';

                //改变隐藏为可见
                display = 'block';
            }

            //获取鼠标按键按下时的坐标
            var srcX = e.clientX;
            var srcY = e.clientY;

            //设置拖动框的坐标为鼠标按下时所在的坐标点
            block.style.left = srcX;
            block.style.top = srcY;

            //监听鼠标移动事件
            document.onmousemove = function(e) {
                e = e || event;
                //获取鼠标的当前坐标
                var desX = e.clientX;
                var desY = e.clientY;

                //设置拖动框的尺寸
                //当鼠标的 Y 轴坐标和 X 轴坐标都小于起始坐标时。第二象限
                if(desY<=srcY && desX<=srcX) {
                    //改变选框的 Y 轴坐标为鼠标当前坐标
                    block.style.top = desY;
                    //改变选框的 X 轴坐标为鼠标当前坐标
```

```
                block.style.left = desX;
                //高度等于 srcY 减去 desY
                block.style.height = srcY - desY;
                //高度等于 srcX 减去 desX
                block.style.width = srcX - desX;
            } else
                //当鼠标的 X 轴坐标小于起始坐标时。第三象限
                if(desX <= srcX) {
                    //改变选框的 Y 轴坐标为鼠标当前坐标
                    block.style.left = desX;
                    //还原选框 Y 轴坐标
                    block.style.top = srcY;
                    //高度等于 srcY 减去 desY
                    block.style.height = desY - srcY;
                    block.style.width = srcX - desX;
                } else
                    //当鼠标的 Y 轴坐标小于起始坐标时。第一象限
                    if(desY <= srcY) {
                        //改变选框的 Y 轴坐标为鼠标当前坐标
                        block.style.top = desY;
                        //还原选框 X 轴坐标
                        block.style.left = srcX;

                        //高度等于 srcY 减去 desY
                        block.style.height = srcY - desY;
                        block.style.width = desX - srcX;
                    } else {
                        //还原选框 Y 轴坐标
                        block.style.top = srcY;
                        //还原选框 X 轴坐标
                        block.style.left = srcX;

                        block.style.width = desX - srcX;
                        block.style.height = desY - srcY;
                    }
            }
            //监听鼠标按键松开事件
            document.onmouseup = function(e) {
                //隐藏拖动框
                block.style.display = 'none';

                //卸载监听
                document.onmousemove = null;
                document.onmouseup = null;
            }
        }
    }
    //调用框选函数
    selector();
</script>
```

注意代码封装为函数后的处理，选框元素只有一个，每次只是通过改变 display 属性来进行显示和消失的控制。

现在框选操作本身已经搞定了，但现在的框选没有任何价值，因为没有任何元素能与选框进行互动，就像不能进行互动的拖动效果一样。

在观察 Windows 中的框选效果后，可以发现框选与元素的互动只有两种形式，选中和选中后离开，类似于 onmouseover 和 onmouseout，实际上是非常像的，只是 onmouseover 和 onmouseout 是产生于鼠标和元素之间的事件，而框选互动则是发生在选框和元素之间。它们之间有什么联系呢？读者应该可以很容易地看出来，选框和元素之间的关系就是包含，在 HTML 处理中就是重叠。当选框与元素重叠时，表示元素被选中，反之表示未被选中。

创建上述程序的操作步骤如下。

(1) 编写框选接口：

```
//判断坐标点 x,y 是否在于元素 container 中
function isContained(container, x, y) {
    return (x > container.offsetLeft
            && y > container.offsetTop
            && container.offsetLeft + container.offsetWidth  > x
            && container.offsetTop + container.offsetHeight  > y)
            ? true : false;
}

//判断两个元素是否重叠
function isWrap(node1, node2) {
    var x = node2.offsetLeft;
    var y = node2.offsetTop;
    var height = node2.offsetHeight;
    var width = node2.offsetWidth
    if(isContained(node1, x, y))
        return true;
    if(isContained(node1, x+width, y+height))
        return true;
    if(isContained(node1, x, y+height))
        return true;
    if(isContained(node1, x+width, y))
        return true;
    return false;
}

//增加 selectables 参数，表示可被框选的对象列表
function selector(selectables) {
    //初始化可选对象
    selectables = selectables||[];

    //省略重复代码...

    //监听鼠标移动事件
    document.onmousemove = function(e) {
        //省略重复代码...
```

```
        //处理可选对象列表
        for(var i=0,l=selectables.length; i<l; i++) {

            //判断选框是否与可选对象重叠
            if(isWrap(block, selectables[i])) {
                //设置被选中标志
                selectables[i].sTag = 1;
                //如果对象进行事件监听，则触发监听函数，
                //并设置函数的 this 指针指向 selectables[i]
                if(selectables[i].onSelected)
                    selectables[i].onSelected.call(selectables[i],block);
                } else if(selectables[i].sTag == 1) {
                    selectables[i].sTag = 0;
                    if(selectables[i].onUnselected)
                    selectables[i].onUnselected.call(selectables[i],block);
                }
            }
        }

        //省略 onmouseup...
}
```

与拖动接口相同，我们需要指定哪些元素可以互动，也就是代码中的 selectables。选框在拖动的过程中会不断地检测是否与这些可选对象重叠，一旦重叠，就表示可选对象被框选了。注意，回调事件是写在可选对象上的，因为每个对象被选中后都可以执行不同的操作，而这些操作是什么，就是接口的使用者要解决的问题了。

在编写接口的时候，为了增加扩展性，经常会提供一些接口事件进行处理，例如 onSelected。这些事件并不是 JavaScript 语言本身的，但对于接口的使用者来说，不必关心这是什么事件，只要知道这个事件什么时候调用，接收什么参数就可以了。

(2) 编写可选对象的回调函数：

```
//定义可选中对象的监听事件
var s1 = document.getElementById('s1');
//定义选中时的监听函数
s1.onSelected = function() {
    with(this.style) {
        width = '90px';
        height = '90px';
    }
}
//定义选中后又离开时的监听函数
s1.onUnselected = function() {
    with(this.style) {
        width = '100px';
        height = '100px';
    }
}
```

```
var s2 = document.getElementById('s2');
//定义选中时的监听函数
s2.onSelected = function() {
    this.style.border = '2px dotted #000';
}
//定义选中后又离开时的监听函数
s2.onUnselected = function() {
    this.style.border = '1px solid #000';
}

//调用框选函数
selector([s1, s2]);
```

代码执行结果如图 15.9 所示。

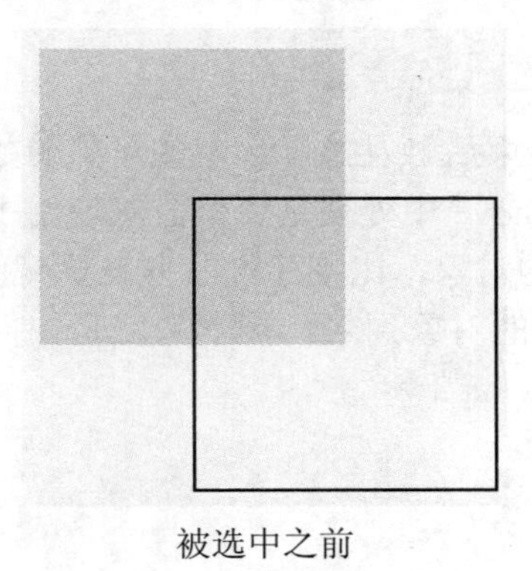

被选中之前

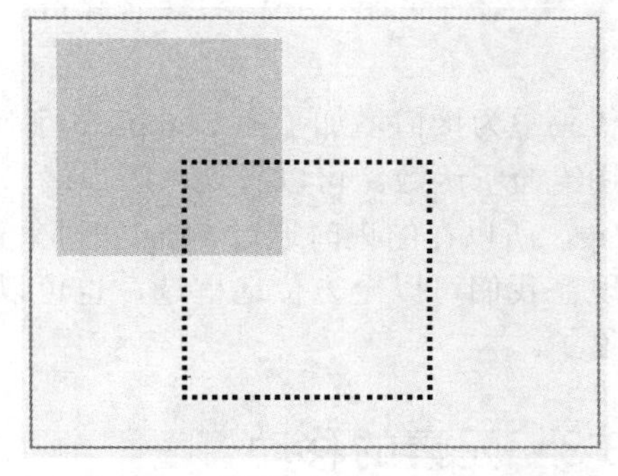

被选中之后

图 15.9　框选互动

现在我们已经实现了如图 15.3 所示的效果，但仍然有一个问题需要解决。通常被选择的对象都要执行相同的处理，例如删除。那么如何获取这些被选择的对象的引用？创建一个数组，当可选对象被选择时放在数组中，当未被选中时再从数组中删除。想法不错，不过为什么不把这个任务交给框选接口而是要留给接口的使用者来做呢？实际上由接口处理可以更简单，例如：

```
//增加 selectables 参数，表示可被框选的对象列表
//增加 onComplete 监听函数
function selector(selectables, onComplete) {
    //省略重复代码...

    //监听鼠标按键松开事件
    document.onmouseup = function(e) {

        //隐藏拖动框
        block.style.display = 'none';

        //卸载监听
        document.onmousemove = null;
        document.onmouseup = null;

```

```
        //获取被选中的对象列表
        var selected = [];
        for(var i=0,l=selectables.length; i<l; i++) {
            if(selectables[i].sTag == 1) {
                selected.push(selectables[i]);
                selectables.sTag = 0;
            }
        }
        if(onComplete)
            onComplete.call(block, selected);
    }
}
//调用框选函数
selector([s1,s2],function(selectables) {
    alert(selectables.length);
});
```

代码中为接口增加了 onComplete 事件，在框选结束后触发，以选中的对象的数组为参数传递给监听函数。可以看到，因为接口在 onmousemove 中处理是否覆盖时使用了判断变量 sTag，所以在结束时通过 sTag 变量来查找被选中的对象，比刚才说的方案要简单得多。

现在我们可以全方位地框选，也可以获取被选中的对象列表。接下来就是如何处理这些对象了。

15.3.3 元素的移动

元素的移动在本书先前的动画章节中就已经介绍过了，但那种移动只能是直来直往。在游戏中，我们控制的对象难免会遇见障碍物，这时候如果仍然是直线穿过障碍物，那可真成了疯狂的穿山坦克了。

同样是从 A 点到 B 点，有没有一种办法可以设置多个转折点来让这个移动自动完成呢。其实这个问题很简单，我们可以把路径分为多个段，执行多次动画就可以了。但我们是否可以做得更好，例如把转折点排成序列，让动画自动执行这一个序列，就像自动导航一样？当然可以，只要解决一个核心问题，就是让动画接口在执行完毕后自己调用自己。这不是成了递归吗？没错，是这样：

```
//修改接口为接收动画组
function transform(obj, aframes) {

    //每次读取动画组中的一帧，注意 shift 是从数组中删除
    //这样递归的时候得到的 aframes 就已经是新的 aframes 了
    //这里的帧指一个动画过程
    params = (aframes||[]).shift()|| {};

    //省略重复代码...

    //计算不同属性的每帧改变量
    var opacity;

    //获取 transform 函数的自身引用，进行递归
```

```
    var self = arguments.callee;

    var timer = setInterval(function() {
        if(frames <= 0) {
            clearInterval(timer);
            //如果动画组还有，继续递归执行动画
            if(aframes.length) {
                //调用自身，并传递动画组参数
                self.call(this, obj, aframes);
                return;
            }
        }
        frames--;

        //省略重复代码...
    }, SPF);
}
```

读者在学习这段代码之前，最好先回想一下先前的动画接口。先前的动画接口只接收一个动画过程，例如移动到某一点。而本例中接收一个动画数组，并在一个动画过程完毕之后自动递归执行此后的动画过程。相比先前的动画接口，这里只增加了很少的代码，包括 aframes 参数的处理、callee 递归调用。

下面来看看使用新的动画接口的实际效果：

```
<html>
    <body>
        <style>
        #block {
            width: 100px;
            height: 100px;
            background: lightblue;
            position: absolute;
            top: 200px;
            left: 45%;
            z-index: 9;
            text-align: center;
        }
        </style>
    <div id="block">
        弹簧
    </div>
    </body>
</html>
<!—引入动画组文件 -->
<script src='transform.js'></script>
<script type="text/JavaScript">
    //定义动画组
    var aframes = [{top:500,period:0.2},
                   {top:450,period:0.1},
                   {top:500,period:0.1},
```

```
                    {top:470,period:0.1},
                    {top:500,period:0.1}]
    //弹簧效果
    transform(block, aframes);
</script>
```

本例设计了一个物体自由降落的过程，运行代码后可以看到方块在页面中好像被弹起了两次，这就是动画组的效果。

15.4 游戏核心——寻路算法

在大部分用鼠标控制对象移动的游戏中，自动寻路都是一种基本功能，也是游戏中最基本的人工智能处理。当从 A 点到 B 点的路径中存在很多个障碍物时，电脑必须自己找出从 A 点到 B 点的最短通路，计算这种通路的算法就被称为寻路算法。

A*(A 星)算法是寻路算法中比较成熟的一种，本章要讲的也是类似 A*算法的一种。对于平面的二维地图，我们可以把它分为若干个格子并标识哪些格子可以通过而哪些不可以，如图 15.10 所示。

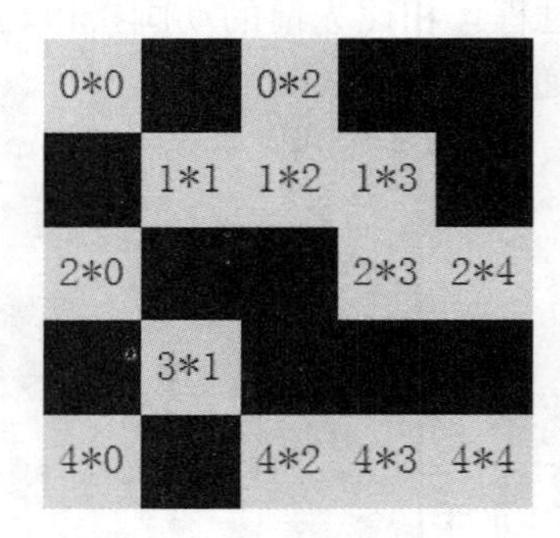

图 15.10　二维地图

在图 15.10 中，用黑色的方块表示障碍点，灰色的方块表示通路。当一个对象想从(0,0)点移动到(4,4)点时，它的路径就应该是(0,0)→(1,1)→(2,0)→(3,1)→(4,2)→(4,3)→(4,4)。现在的问题是，我们用眼睛可以很容易地看出来，但如何让计算机自己“看”出来？

我们需要一个规则，一个可以让计算机识别最短通路的规则。这个规则就是最短优先规则，也就是说哪个点离目标点最近，下一步坐标就是这个点。

在这个规则中，我们知道起点和终点，我们也知道哪些是障碍哪些是通路，每当确定下一步坐标点时，必须判断当前坐标点周围的 8 个坐标点哪个是离终点坐标最近的，就选哪个坐标。

创建上述程序的操作步骤如下。

(1) 定义初始变量：

```
//定义地图，1 为通路，0 为障碍
var map = [[1,0,1,0,0],
           [0,1,1,1,0],
           [1,0,0,1,1],
```

```
            [0,1,0,0,0],
            [1,0,1,1,1]];

//结果路径
var paths = [];
//开始点
var start = [0,0];
//结束点
var end = [4,4];
```

按照如图 15.10 所示的模型定义地图 map 以及开始点和结束点。

(2) 定义核心算法：

```
/*********** 第一部分 *************/

//下一步路径检测
function check(x, y) {
    //验证坐标点是否可到达
    if (map[x][y] == 0) return;
    //指定坐标的周围 8 个坐标
    var rotate = [];
    //初始化 8 个坐标点，逆时针顺序
    rotate[0] = [x-1, y-1];
    rotate[1] = [x-1, y];
    rotate[2] = [x, y-1];
    rotate[3] = [x-1, y+1];
    rotate[4] = [x+1, y-1];
    rotate[5] = [x+1, y];
    rotate[6] = [x, y+1];
    rotate[7] = [x+1, y+1];

    //8 个坐标点中最短的目标距离值
    var G = 0;
    //下一个坐标点
    var nextPoint = [];

    //循环遍历指定坐标周围的 8 个坐标点
    for (var i=0, l=rotate.length; i<l; i++) {
        //验证坐标合法性，是否超出数组范围。例如[0,0]坐标就没有左边和上面的坐标
        if (rotate[i][0]<0 || rotate[i][1]<0
          || rotate[i][0]>map.length-1 || rotate[i][1]>map[0].length-1
          //并且节点为可通过状态
          || map[rotate[i][0]][rotate[i][1]]==0)
           continue;

        //计算周围 8 个坐标点与结束点坐标的距离
        var offX = Math.abs(end[0] - rotate[i][0]);
        var offY = Math.abs(end[1] - rotate[i][1]);

        //G 值永远保持本次移动的最小值
        if (!G || offX+offY<=G) {
```

```
            G = offX + offY;
            nextPoint[0] = rotate[i][0];
            nextPoint[1] = rotate[i][1];
        }
    }
    if(paths[1]) //默认为 undefined
        //检测下一步是否与前一步相同
        if (paths[1][0]==nextPoint[0] && paths[1][1]==nextPoint[1]) {

            //删除路径中的当前步骤
            paths.shift();
            return nextPoint;
        }
    //追加到最前面，注意是从右到左排列
    paths.unshift([nextPoint[0], nextPoint[1]]);
    //观察结果
    document.writeln("=============");
    document.write(nextPoint + '<br/>')
    return nextPoint;
}

/*********** 第二部分 *************/

//只要 start 的坐标和 end 坐标不相同，就一直循环
while (start[0]!=end[0] || start[1]!=end[1]) {
    //更新 start 点
    start = check(start[0], start[1])
}
```

核心算法由两部分组成，先来看看第二部分。

第二部分就是一个循环，判断起点和终点是否重叠，重叠就表示路径已经完成。而从调用 check()函数的参数和返回值我们就可以猜到这个函数的用途：传递一个节点，得到这个节点相邻的下一个距离终点最近的节点，直到 start 等于 end。

下面就来看看算法最核心的第一部分是如何实现的。

- **第 1 步**：定义 rotate 数组来表示指定坐标点(x,y)的周围 8 个坐标点。因为按照规则，每次只能移动一个坐标点。
- **第 2 步**：循环遍历这 8 个坐标点并计算它们距离终点的 G 值。G 值是算法中用来表示一个坐标点距离目标坐标点在 X 轴和 Y 轴距离之和的值，G 值越小表示坐标点离目标点越近。通过对 G 值进行判断，在循环中就把 G 值最小的坐标点赋值给了 nextPoint。
- **第 3 步**：判断下一步坐标是否与当前坐标的前一步相同，也就是 paths[1]。如果相同，表示当前路径比前一步路径更远，所以删除当前路径返回前一步路径继续计算。如果不相同，则被添加到路径数组 paths 中。注意，添加数组使用的是 unshift()方法，不是 push()，那也就表示数组值的新增是从右到左的。这样处理的原因是便于进行步骤重复判断，因为当前坐标的前一个坐标点永远都是 paths[1]，如图 15.11 所示。

路径方向
2,4
2,3
1,2
1,1
数组索引:
0
1
2
3

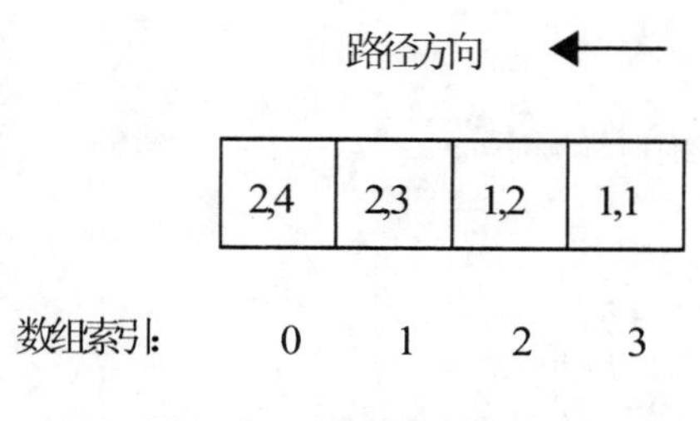

图 15.11 坐标重复判断

现在来看看执行结果吧，如图 15.12 所示。

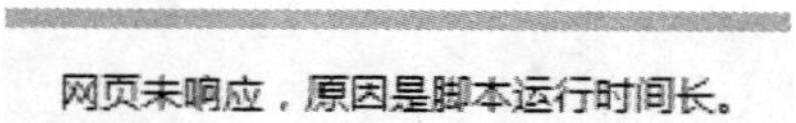

网页未响应，原因是脚本运行时间长。

图 15.12 死循环

为什么会这样？从图 15.12 中的输出路径可以看到坐标点一直被卡在(2,4)，这是为什么呢？原因很简单：当程序判断从(2,3)向(4,4)移动时，周围 8 个坐标点中 G 值最小的坐标点就是(2,4)，但是(2,4)周围的唯一最短通路就是(2,3)，而(2,3)又找到了(2,4)，循环就这样死掉了。

读者现在是否已经质疑这种算法了呢？不要着急，算法没有问题，但我们还缺少一个条件。对于经常被重复的坐标点，我们需要记住下次不要再到这个坐标点去了，因为去了很多次都不成功。OK，这就是算法中的另一个节点优先机制，哪个坐标点的遍历次数越小，我们就使用这个坐标点。遍历次数我们使用 C 来表示，而 C+G 的最终值才能决定到底该去哪个坐标：

```
<script type="text/JavaScript">

//定义地图，1 为通路，0 为障碍
var map = [[1,0,1,0,0],
           [0,1,1,1,0],
           [1,0,0,1,1],
           [0,1,0,0,0],
           [1,0,1,1,1]];

//结果路径
var paths = [];
//开始点
var start = [0,0];
//结束点
var end = [4,4];

//新增定义坐标点遍历次数列表
var cList = new Object;

//下一步路径检测
function check(x, y) {
    //验证坐标点是否可到达
    if (map[x][y] == 0) return;
```

```
//指定坐标的周围 8 个坐标
var rotate = [];
//初始化 8 个坐标点，逆时针顺序
rotate[0] = [x-1, y-1];
rotate[1] = [x-1, y];
rotate[2] = [x, y-1];
rotate[3] = [x-1, y+1];
rotate[4] = [x+1, y-1];
rotate[5] = [x+1, y];
rotate[6] = [x, y+1];
rotate[7] = [x+1, y+1];

//8 个坐标点中最短的目标距离值
var G = 0;
//下一个坐标点
var nextPoint = [];

//循环遍历指定坐标周围的 8 个坐标点
for (var i=0,l=rotate.length; i<l; i++) {
    //验证坐标合法性，是否超出数组范围。例如[0,0]坐标就没有左边和上面的坐标
    if (rotate[i][0]<0 || rotate[i][1]<0
      || rotate[i][0]>map.length-1 || rotate[i][1]>map[0].length-1
      //并且节点为可通过状态
      || map[rotate[i][0]][rotate[i][1]]==0)
        continue;

    //计算周围 8 个坐标点与结束点坐标的距离
    var offX = Math.abs(end[0] - rotate[i][0]);
    var offY = Math.abs(end[1] - rotate[i][1]);

    //新增对每个遍历过的坐标点都进行次数记录
    cList[rotate[i][0] + '' + rotate[i][1]] =
      (cList[rotate[i][0] + '' + rotate[i][1]]||0) + 1;

    //G 值永远保持本次移动的最小值
    //增加 C 值因素
    if (!G||offX+offY+(cList[rotate[i][0]+''+rotate[i][1]]||0)<=G) {
        //G 值的衡量也加入了 C 值
        G = offX + offY + (cList[rotate[i][0]+''+rotate[i][1]]||0);

        nextPoint[0] = rotate[i][0];
        nextPoint[1] = rotate[i][1];
    }
}

if(paths[1]) //默认为 undefined
    //检测下一步是否与前一步相同
    if (paths[1][0]==nextPoint[0] && paths[1][1]==nextPoint[1]) {

        //新增对当前坐标点增加遍历次数
        cList[x + '' + y] = (cList[x + '' + y]||0) + 1;
```

```
            //删除路径中的当前步骤
            paths.shift();
            return nextPoint;
        }
    //追加到最前面，注意是从右到左排列
    paths.unshift([nextPoint[0], nextPoint[1]]);
    //观察结果
    document.writeln("======");
    document.write(nextPoint + '<br/>');
    return nextPoint;
}
//省略第二部分...

//查看最终结果
alert(paths.join('<--'));
</script>
```

新的算法中加入了 cList 映射列表，通过坐标值来存储自己的遍历次数。对每个坐标都进行遍历次数的统计，并在计算 G 值时作为计算条件，结果如图 15.13 所示。

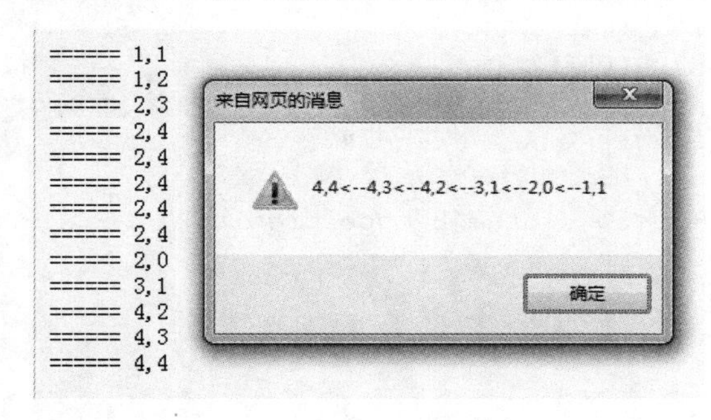

图 15.13　自动寻路的结果

算法搞定后，就可以结合动画组做出基本效果了，例如：

```
<html>
    <body>
        <style>
        /* 定义坦克样式 */
        #block {
            width: 48px;
            height: 48px;
            background: lightblue;
            position: absolute;
            top: 100px;
            left: 100px;
            z-index: 9;
        }
        </style>
    <div id="block">
        tank
```

```
    </div>
    </body>
</html>
<script src='transform.js'></script>
<script type="text/JavaScript">

    //定义地图，1 为通路，0 为障碍
    var map = [[1,0,1,0,0],
               [0,1,1,1,0],
               [1,0,0,1,1],
               [0,1,0,0,0],
               [1,0,1,1,1]];


    //根据地图数组绘制地图
    var l = "<table id=map style='left:100;top:100;position:absolute;'
      width=240 height=240 border=0 cellpadding=0 cellspacing=0>";
    for(i=0; i<5; i++) {
        l += "<tr height=48>"
        for(var j=0; j<5; j++) {
            //通路用灰色标出
            if(map[i][j]==1) {
                l += "<td align='center' width=48 bgcolor=lightGrey>"
                + i + "*" + j + "</td>"
            } else { //障碍用黑色标出
                l += "<td width=48 bgcolor=black></td>"
            }
        }
        l += "</tr>"
    }
    l += "</table>"
    document.write(l);

    //计算路径部分代码省略...

    //定义动画组
    var aframes = [];
    //通过路径坐标点计算动画执行距离
    for(var i=paths.length-1; i>0; i--) {
        aframes.push({ left: paths[i][1] * 48+100,
                       top: paths[i][0] * 48+100,
                       period: 0.5 });
    }
    aframes.push({ left: end[1] * 48+100, top: end[0] * 48+100, period: 0.5 });

    //按路径移动效果
    transform(block,aframes);
</script>
```

代码执行效果如图 15.14 所示。

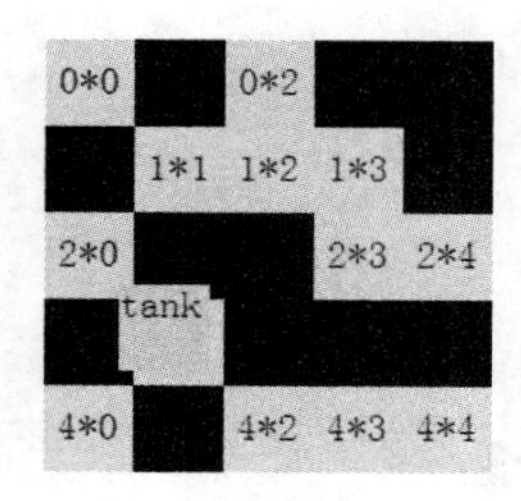

图 15.14　按路径移动的效果

基本的游戏效果已经出来了，tank 方块可以按照给定的起点和终点自动进行通路的选择和移动。

不过在应用中我们需要多次移动而不是一次，这就需要对路径算法进行封装：

```
//定义地图，1 为通路，0 为障碍
var map = [[1,0,1,0,0],
           [0,1,1,1,0],
           [1,0,0,1,1],
           [0,1,0,0,0],
           [1,0,1,1,1]];

//指定起点和终点，返回最短通路
function getPath(start, end) {
    //结果路径
    var paths = [];
    //开始点
    start = start||[];
    //结束点
    end = end||[];

    //定义坐标点遍历次数列表
    var cList = new Object;

    //下一步路径检测
    function _getNext(x, y) {
        //省略计算过程...
        return nextPoint;
    }

    //只要 start 的坐标和 end 坐标不相同就一直循环
    while (start[0] != end[0] || start[1] != end[1]) {
        //更新 start 点
        start = _getNext(start[0], start[1])
    }

    cList = null;
    //返回路径
    return paths;
}

//测试函数
```

```
var paths = getPath([2,4],[4,4]);

//显示路径
alert(paths);
```

代码运行结果如图 15.15 所示。

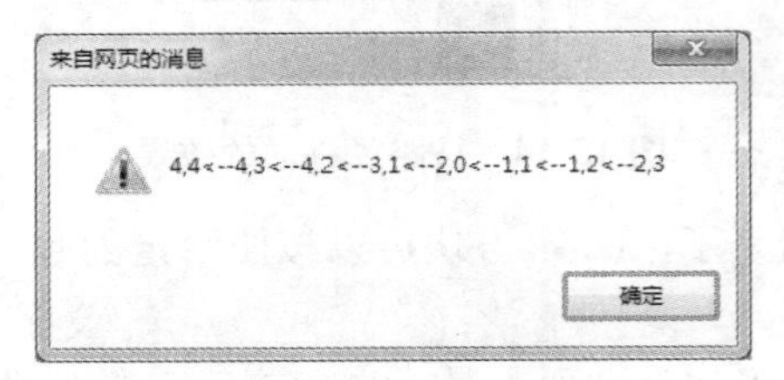

图 15.15　封装算法

15.5　游 戏 实 现

到目前为止，我们已经实现了动画组技术、框选技术还有简单的人工智能。而一个游戏也就是这些技术的集合，剩下的事情就是把积木拼好。

创建完整程序的操作步骤如下。

(1)　我们不能让自己在如图 15.14 那样的地图中玩游戏，所以要制作一张够大够好看的地图，就像本章开头的图 15.1 所示的那样。实际上，图 15.14 已经是一个地图了，只是不够漂亮而已，我们需要一些更漂亮的图片来作为地图的背景：

```
/**********第一步*************/
<html>
<body style='overflow: auto; padding: 0; margin: 0;'
oncontextmenu='return false'>
    <style>
        /* 定义坦克样式 */
        #tank {
            width: 48px;
            height: 48px;
            position: absolute;
            top: 0;
            left: 0;
            z-index: 9;
        }
    </style>
    <img id="tank" src='images/unit/tank.gif' />
</body>
</html>

//根据地图数组绘制地图
var l = "<table id=map style='left:0;top:0;position:absolute;'
        width=2304 height=2048 border=0 cellpadding=0 cellspacing=0>";
for (var i=0; i<48; i++) {
    l += "<tr height=48>";
```

```
    for (var j=0; j<48; j++) {
        l += "<td width=48 onmousedown='move(this,arguments[0])'
            style='background:" + map[i][j].bg + "'></td>";
    }
    l += "</tr>";
}
l += "</table>";
//写入地图
document.write(l);
```

从代码中可以看到，地图实际上就是由 48×48 个设置了背景图片的 table 所组成。而这些背景图都来自于 map。

map 在哪呢？由于 map 很大，它单独存在于一个文件中，部分代码如下：

```
//map.js
var map = [[{bg:'url(images/ground/map.jpg) 0px -240px',pass:'o'},
           {bg:'url(images/ground/map.jpg) -48px -240px',pass:'o'}],
            [{bg:'url(images/ground/map.jpg) 0px -240px',pass:'x'},
           {bg:'url(images/ground/map.jpg) -48px -240px',pass:'o'}]]
```

这里的 map 不再是那个只保存 0 和 1 的简单数组了，本例中的数组保存的是一个 JSON 格式的对象，因为很多信息需要被保存在地图点上，例如坐标是否可以通过，也就是 pass='o' 或者 pass='x'，以及当前坐标的背景图。完成后的效果如图 15.16 所示。

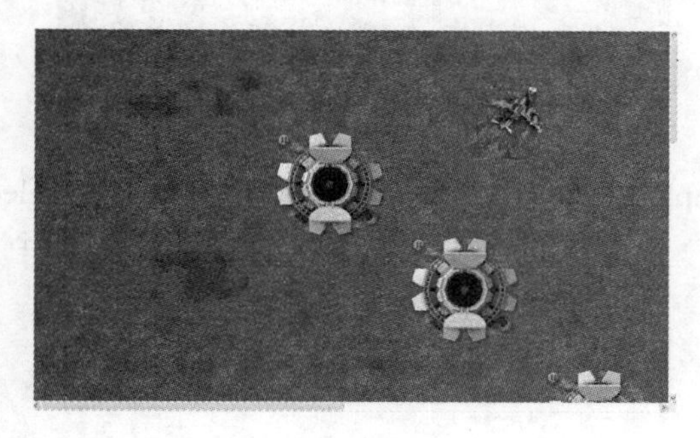

图 15.16　地图绘制

绘制地图时所用到的图片，读者可以在本章的案例代码中找到，当然还包括 map.js 地图文件。

(2)　添加移动对象和框选控制：

```
/**********第二步*************/
//被选中的对象列表
var selected = [];
//对象当前坐标
var start = [0,0];
//可移动表示
var canMove = false;

var tank = document.getElementById('tank');
//定义选中时监听函数
tank.onSelected = function() {
    this.style.border = '1px dotted lightblue';
```

```
}
//定义选中后又离开时监听函数
tank.onUnselected = function() {
    this.style.border = 'none';
}

//调用框选函数
selector([tank], function(selectables) {
    //获取被选中的对象引用
    selected = selectables;
    canMove = true;
});
```

代码运行结果如图 15.17 所示。

图 15.17　框选对象

在 selector 的 onComplete 事件中，代码将被选中的对象列表 selectables 赋值给一个全局变量 selected。因为框选一次，我们可以一直获取对象的引用，直到鼠标左键点击地图上的空白处。

(3)　修改寻路算法：

```
/**********第三步*************/
//移动方法
function move(td, e) {
    //只有右键可以选择目标移动
    //判断鼠标左键，兼容 IE 和 FF
    e = e || event;
    if(e.button!=2) {
        return;
    }
    //执行标志
    if(canMove) {
        //终点
        var end = [td.parentNode.rowIndex, td.cellIndex];
        //验证移动目标点是否能够通过
        if (map[end[0]][end[1]].pass != 'o') {
            return;
        }
```

```
        //获取路径
        var paths = getPath(start, end);
        //定义动画组
        var aframes = [];
        //通过坐标点计算动画执行距离
        for(var i=paths.length-1; i>0; i--) {
            aframes.push({ left: paths[i][1] * 48, top: paths[i][0] * 48,
              period: 0.5 });
        }
        aframes.push({ left: paths[0][1] * 48, top: paths[0][0] * 48,
          period: 0.5 });

        //按路径移动效果
        transform(tank, aframes);
        //设置下次起点为上次终点
        start = end;
        //设置可执行标志为 false
        canMove = false;
    }
}
```

现在我们可以使用鼠标左键来框选对象，然后单击鼠标右键让地图上的小坦克开始移动。与能玩的游戏相比，目前的状况只能说是“能走而已”。更多的功能可以在读者了解JavaScript 之后很容易地增加，这样读者也可以拥有自己制作的游戏了。

本章通过一个综合应用，来总结本书先前所讲到的大部分技术。虽然不是一个完整的游戏，但最重要的部分本章都讲到了。对读者而言，重要的是了解 JavaScript 原来可以做比 alert 更有意思的事情，而这也是作者一直想告诉读者的信息。

15.6　上 机 练 习

(1) 为动画组接口添加颜色渐变的功能。

(2) 为疯狂的小坦克实现攻击功能。

(3) 目前的搜索算法是单向搜索，读者可以尝试使用双向搜索算法来查找交点，从而更快地获得最短路径。

[illegible]

15.6 上机练习

[illegible]

第 16 章

深入认识 JavaScript

学前提示

通过对本书先前章节的学习，读者对 JavaScript 已经有了很多的了解。但作为一个初学者，很多经验是需要通过多次的实践而得到的。这里不是说因为有现成的经验我们就不用反复实践，相反，本章的目的是通过介绍 JavaScript 中的开发经验来向读者讲述一些应该进行多次实践并掌握的内容。包括如何让 JavaScript 开发起来更像面向对象语言，以及如何实现一些服务端语言的特性。

知识要点

- JavaScript 中的类和继承
- JavaScript 中的多线程并行处理
- 高效开发技巧

16.1 面向对象

面向对象的基础在本书第 4 章已经进行了介绍。这里要介绍的就是如何更全面地用面向对象的思想来实现 JavaScript 代码，更好地实现应用的扩展性和灵活性。

16.1.1 类

类的出现是为了保证代码被最大程度地利用——把相同的部分放在一起重复使用，在构建复杂结构中更适合对逻辑进行建模描述。在具体的使用中，面向对象的程序设计出现了几种不同类型的类，它们的作用不同，实现也不同。

1. 静态类

静态类不能被实例化，并且可以直接访问类中的数据和函数。从面向对象的角度来说，静态类更像是一个集合，这个集合提供了公用的变量和方法，这些变量和方法不依赖任何对象存在，例如 Math 类中的方法和常量。依赖对象存在的(例如 DOM 元素的 style)属性对象必须依赖某个对象存在，来表示是哪个对象的样式。

作为提供数学计算方面的类，Math 中包含了各种计算函数以及各种常数，例如 PI。这种组织方式的目的很简单，就是提供一个公用的集合。而为什么要把这些函数和常数都放在一个静态类里，或者说都绑定到一个对象上(对 JavaScript 来说就是对象)，那就是便于管理和分类。

试想各个方面都有很多可以公用的东西，所以要按照一定的规则来区分这些公用数据，例如颜色集合、字母集合等。

静态类在 JavaScript 中的实现只需要简单地把常用的函数都绑定在一个对象上就可以，例如：

```
//创建命名空间对象
var Color = new Object;

//绑定函数和常量
Color.RED = "FF0000";
Color.GREEN = "00FF00";
Color.BLUE = "0000FF";
Color.mix = function(c1, c2) {
   return (parseInt("0x"+c1)^parseInt("0x"+c2)+'').toString(16);
}
//调用静态类 Color 的函数 mix
alert(Color.mix(Color.RED, Color.BLUE));
```

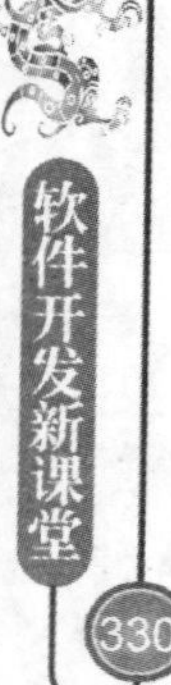

代码中把静态类又称作命名空间。就像前面所说的那样，Color 对象本身并没有什么意义，它只是作为一个数据集合的访问入口而存在的，并且是为了不与别的数据集合冲突，就与 Java 中的包名作用相同。使用静态类函数和直接使用函数没有什么区别，只是表示这个函数是属于这个类别中的，就像 Math.cos()，一看就知道与数学有关。

更多的时候，人们喜欢以另一种格式来书写这段代码，例如：

```
//创建命名空间
var Color = new function() {
    //绑定函数和常量
    this.RED = "FF0000";
    this.GREEN = "00FF00";
    this.BLUE = "0000FF";
    this.mix = function (c1, c2) {
        return (parseInt("0x"+c1)^parseInt("0x"+c2)+'').toString(16);
    }
};
//调用静态类 Color 的函数 mix
alert(Color.mix(Color.RED, Color.BLUE));
```

从形式来说，这段代码更贴近“类”，对有过类似 Java 或者.NET 编程经验的读者来说，这种格式更有亲切感，当然这不是必需的。

2. 实体类

实体类就是先前介绍的一种自定义类型，它是对现实事物的抽象。

在使用实体类时，必须先实例化一个该类的对象，对象代表了类的具象表现，例如对学生这个群体的抽象结果：

```
//创建实体类
function Student(name, sex, grade) {
    //绑定属性
    this.name = name;
    this.sex = sex;
    this.grade = grade;
}

//绑定行为
Student.prototype.getInfo = function() {
    alert(this.name + ", " + this.sex + ", 正在上" + this.grade + "年级!!");
}

//创建对象
var s1 = new Student("小明", "男", "1");
s1.getInfo();
```

学生是一个群体(一个类别)，在代码中表示为一个实体类 Student。而小明则是具体的学生对象，他属于学生类别并拥有具体的属性描述，在代码中表示为一个实体类 Student 的对象 s1。

注意在类的定义中，行为和属性的定义区别。

属性是属于具体对象的，比如说，在 10 个学生中可能只有一个学生叫小明。表示在代码中就是 name 属性，这个 name 属性是属于 s1 对象的，而不是别的学生类对象——例如 s2 或 s3 的属性。

而行为则是一个类别所共用的或者说是相同的，例如 getInfo()。每个学生都有介绍自己

的行为，这个行为是通用的，起码在 Student 这个类别中是通用的，如果说在更小的范围内，例如某个班级会有另外的行为方式，那就是继承的问题了。也许你在想，难道每个对象不能有自己的行为么？当然可以，但那就不是类要关心的问题了。有相同行为的才叫一类，都个性化就不叫类了。把行为定义在 Student 类之外并使用类原型方式来定义是为了不必每个函数都定义一遍。

属性是代表个体的，而行为则是群体性的。也就是说，每当创建一个对象 new Student() 时，function 中的代码就会被执行一遍。对属性来说这很正常，因为每个人都有自己的属性，所以需要每次都创建新的变量来存储这些属性值，而对行为来说，每个人的行为都一样，再这样定义就是重复工作，而定义在原型中就可以让每个对象实例都能够使用这个函数。

同样，还有更为紧凑的格式来编写一个类，例如：

```
//创建实体类
function Student(name, sex, grade) { //构造函数初始化对象属性(推荐)
    //绑定属性
    this.name = name;
    this.sex = sex;
    this.grade = grade;
    //判断行为是否已经定义过
    if(Student.prototype.getInfo == undefined) {
        //绑定行为
        Student.prototype.getInfo = function() {
            alert(this.name + ", " + this.sex
              + ", 正在上" + this.grade + "年级!!");
        }
    }
}

//创建对象
var s1 = new Student("小明", "男", "1");
s1.getInfo();
```

两段代码具有相同的效果。从形式上来说，上面这段代码看起来更贴近 Java 等面向对象语言的类创建方式，而且也更整体化。

16.1.2 继承

在 ECMAScript 中，并没有其他面向对象语言中的继承机制，想扩展一个类的属性或者行为，必须通过原型的方式来扩展，见本书第 4 章。

有过 Java 等面向对象语言开发经验的人一定会对 Object.prototype.a = 1 这种原型扩展方式感到很麻烦，例如下面的代码：

```
//实体类 A
function A() {
    A.prototype.func1 = function(){}
    A.prototype.func2 = function(){}
    this.param = 1;
}
```

```
//实体类 B
function B() {
    B.prototype.func3 = function(){}
}
```

这里，如何让类 B 继承类 A 中的行为呢，首先我们想到的肯定是原型方式，因为这是 JavaScript：

```
//原型继承
B.prototype = new A();
alert(new B().func1)
```

为什么要创建一个类 A 的实例对象来赋值给 B.prototype 呢？为什么不能用如下代码：

```
B.prototype = A.prototype;
```

当然可以，只不过代码把原型的扩展放在了 A 的函数体内，所以必须要通过 new 来调用构造函数 A 执行内部的语句来才扩展原型。要么就这样写：

```
//实体类 A
function A() {
    this.param = 1;
}
//原型扩展
A.prototype.func1 = function(){}
A.prototype.func2 = function(){}
//实体类 B
function B() {
    B.prototype.func3 = function(){}
}
//原型继承
B.prototype = A.prototype;
alert(new B().func1);
```

由于继承是基于 ECMAScript 的原型机制，所以只有原型上的行为或者属性才能被继承，也就是扩展。而在类中的 this 指针所引用的属性是不会被继承的。关于 this 指针，在本书第 4 章有详细的描述。

对象的属性，也就是类中 this 指针所引用的属性，并不在原型链上。如果类的构造函数不需要初始化某些对象属性，那么在定义类的时候可以不写出属性的具体定义，例如：

```
//定义学生类
function Student() {
    //定义属性，未初始化
    this.name;
    this.sex;
    this.grade;
}
```

在 Java 等语言中，使用一个变量前必须先声明这个变量，而在 JavaScript 中，系统可以自动判断正在使用的变量是否被创建，如果没有，则会自动创建。所以上面一段代码完全可以在对象被创建出来后直接使用属性，例如：

```
//定义学生类
function Student() {
    //不定义属性
}
var s1 = new Student;
//这里创建并赋值(不推荐)
s1.name = "小明";
```

这样写可以减少代码的字面量，特别是当类定义很多时。但从代码可读性和维护性上来说，在类中的属性最好先声明，这样可以起到提示和限定的作用。

提示

面向对象并不是万能钥匙，过度使用继承也会带来很多问题，有时候，一个函数库反而可以更好地完成某一目标。

16.1.3 原型扩展

虽然通过原型我们可以实现类似 Java 语言中的继承以及其他继承特性。但对一种运行在客户端的脚本语言来说，它是属于“重量级”的。

一种更轻便更快速的方式是对 JavaScript 的现有对象进行扩展，而不是新建自定义的类。如果读者有过 Java 或者 C++等语言的开发经验，那么在刚接触到 JavaScript 的对象后，你可能急于扩展自己的类，例如 JavaScript 中没有链表，没有映射。但实际上 JavaScript 中的数组是一个非常强大的数据结构，强大到我们可以用它来实现一些没有的数据结构，并且这种实现是很轻量级的，例如内置的 Array 只有从头插入对象的 unshift()方法和从尾插入对象的 push()方法，我们可以写一个插入任意位置的新方法，例如：

```
//对象 obj 被增加到指定索引 index 之后
Array.prototype.add = function(obj, index) {
    this.splice(index + 1, 0, obj);
    return this;
}
```

add 方法可以在数组中的任意位置插入一个新的元素。

在 Java 等语言中，链表对象都有一个 contains 方法，用来检测一个对象是否已经存在于链表中，那么我们也可以为 Array 对象扩展这个方法，例如：

```
//检测指定对象是否存在于数组中。
//mode 为检测模式。如果为 true，方法进行严格校验，包括对象类型，否则只校验对象值
Array.prototype.contains = function(obj, mode) {
    var temp = false;
    for(var i=0; i<this.length; i++) {
        if(mode? obj === this[ i]  : obj == this[ i] ) {
            temp = true;
            break;
        }
    }
    return temp;
}
```

```
}
//调用方法
var arr = new Array;
arr.push(2);
arr.contains(1);
```

可以看到，在扩展原型后，我们可以直接通过“对象.方法”进行调用，比起使用全局函数来说，不但少传一个参数，而且更具有可管理性。

除了内置对象的原型扩展，在支持 DOM 标准的浏览器中还可以进行本地对象的原型扩展，例如为每个元素都增加获取自身尺寸的函数：

```
//FF 下进行本地对象原型扩展
Node.prototype.getSize = function() {
    //定义返回 JSON
    return {width:this.offsetWidth,height:this.offsetHeight};
}
//调用扩展函数
alert(document.getElementById('xx').getSize().width);
```

这种方法十分灵活，但在 IE 中却不支持本地对象的原型扩展。只能通过为对象动态扩展属性的方式来达到相同的目的，例如：

```
//IE 下进行对象属性扩展
var element = document.getElementById('xx');

element.getSize = function() {
    //定义返回 JSON
    return {width:this.offsetWidth,height:this.offsetHeight};
}
//调用扩展函数
alert(element.getSize().width);
```

提示

原型扩展虽然方便，但是这种方式属于“侵入式”扩展，一旦在工程中出现了两种同名但是不同实现的原型扩展方法，比如为了在旧工程中增加一个新的特性而引入了新的库，那么调用结果将依赖后者(前者被覆盖)，而这可能是意外的结果。

16.2　多　线　程

应记住，JavaScript 没有多线程。当然这是在 HTML 4.x 的时代，HTML 5 中增加了用来处理多线程的新特性，不过这已经超出的本书的范围。

如果你还不了解什么是多线程，那么首先，多线程和超线程不是一个概念。其次，你应该了解什么是进程，如图 16.1 所示。

每个程序在运行后都成为操作系统的一个进程，进程是代码的一个运行环境，它会占用一些内存，并且在代码执行时还会占用 CPU 的处理时间。

线程可以被视为进程内部的子进程，每个进程都包含了 1 个或 N 个线程，它们就像盖楼的工人一样，为完成整个进程一起工作。简单地说，多线程可以理解为多任务，但并不是两个进程来执行两个不同的任务(例如 QQ 和听歌)，而是在同一个进程中。

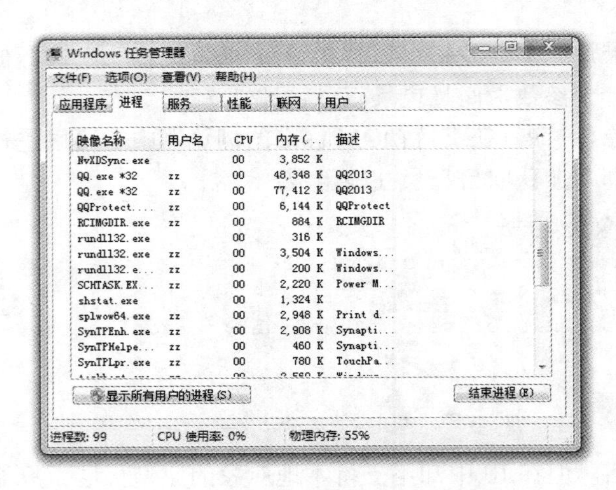

图 16.1 进程列表

ECMAScript 并没有提供原生性的“可控多线程”机制。这就意味着你的代码永远都只会在一个线程中执行。这听起来很让人失望，在这个手机 CPU 都达到了 8 核的时代，JavaScript 这个每年语言排行都在前十的流行语言竟然不支持多线程？！

下面就来看看实际情况吧。

提示

HTML 5 新增了 Worker 类，一个 Worker 实例就是一个线程，一个真正的线程，但是这些线程不能访问 DOM 元素，只能执行本地代码。

16.2.1 内部机制

在正常情况下，当你用鼠标点中输入框时，输入框通常会反馈一个“光标+边框改变”的效果来告诉你，你已经选中了输入框，如图 16.2 所示。

图 16.2 未选中(上)和选中(下)输入框

这是因为浏览器可以捕获你的点击事件并反馈给 UI 进行更新，来表现出显示效果的改变，但是，如果在点击输入框的同时还在运行一个执行中的 JavaScript 代码，情况会如何呢？来看看下面的例子：

```
<body>
```

```
<button onclick="blockInput()">点我阻塞输入框</button>
<input type="text"/>
<div id="container"></div>
<div id="info"></div>
</body>
<script>
//阻塞函数
function blockInput() {
    //调用次数
    var times = 0;
    var container = document.getElementById('container');
    var info = document.getElementById('info');
    info.innerHTML += '开始阻塞<br/>';
    var startTime = +new Date();
    var timer = setInterval(function() {
        var st = +new Date();
        //只执行三次
        if(times == 3) {
            clearInterval(timer);
            var e = +new Date();
            info.innerHTML += '阻塞结束;阻塞次数:' + times
              + ';阻塞时长: ' + (e-startTime) + '<br/>';
            return;
        }
        container.innerHTML = '<p></p>';
        var ns = document.getElementsByTagName("p");
        //增加尽量多的p(不要多到导致浏览器崩溃)
        for(var i=0; i<ns.length; i++){
            if(ns[i].tagName=='P'
              && document.getElementsByTagName("p").length<1000) {
                ns[i].innerHTML = '<a><p>    </p></a>';
            }
        }
        //这会让代码执行得更慢
        var ps = document.getElementsByTagName("p");
        for(var i=0; i<ps.length; i++){
            ps[i].style.display = 'block';
        }
        info.innerHTML += ('第' + times + '次阻塞时长: '
         + (+new Date()-st) + 'ms<br/>');
        times++;
    }, 10);
}
</script>
```

运行上面的代码后，应该会得到如图 16.3 所示的结果。在单击按钮之后的半秒钟左右时间内，点击输入框是没有任何反应的。

这不科学啊！难道执行了 JavaScript 代码时就不能干别的事了么？

还真说对了。目前所有的浏览器中，JavaScript 代码和 UI 的更新都是在同一个线程中运行的，这意味着如果 JavaScript 执行时间过长，就会导致页面无法重绘，出现“假死”。

点我阻塞输入框

开始阻塞
第0次阻塞时长：580ms
第1次阻塞时长：549ms
第2次阻塞时长：543ms
阻塞结束;阻塞次数:3;阻塞时长：1970

图 16.3　JavaScript 程序阻塞 UI

上面代码在浏览器内部的运行机制如图 16.4 所示。

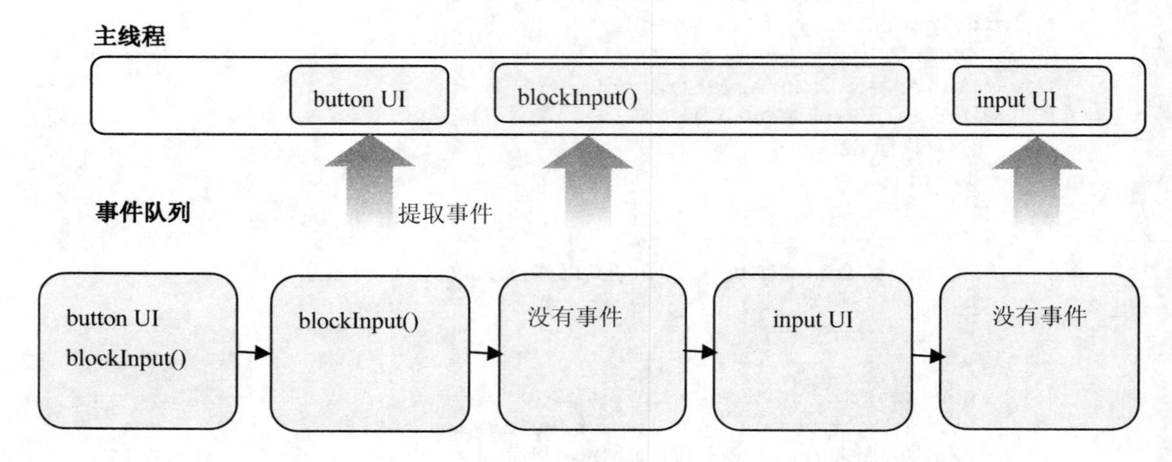

图 16.4　内部机制

在浏览器中，所有的操作都被称为事件，不管是执行 JavaScript 代码还是删除元素，甚至是把一个字的字号改变，都会引起事件。

每生成一个新的事件，浏览器都会把这个事件放在一个事件队列中来让主线程提取，主线程每次只会提取一个事件来处理。

下面结合图 16.4 来分析一下先前的例子。

(1)　鼠标单击按钮，产生两个事件，button UI 更新和 blockInput()函数调用。注意，它们有先后顺序，所以会看到按钮先反馈了一个被按下的效果。

(2)　主线程开始执行 blockInput()函数，此时会阻塞其他事件的处理。

(3)　这时点击输入框，会触发 input UI 更新事件，但是由于第 2 步还没有执行完成，所以无法获得浏览器的反馈，直到 blockInput()函数执行完成。

例子中使用定时器来循环执行 blockInput()函数，所以在每个间隔，是有机会插入 input UI 更新事件的，也就是说这个阶段可以获得反馈。

关于 JavaScript 单线程处理机制，你觉得这科学么？答案当然是肯定的。这牵扯到多线程本身的一些问题，比如需要复杂的线程锁来确保数据按照串行的方式来访问(这本身就又成了单线程)、消耗更多内存、降低垃圾收集速度等。

当然这些还是要看场景的，包括 JavaScript 的执行环境本身也是基于多线程的，只是对于使用者来说，它只有一个可控线程。

提示

目前来说，一个线程已经够用了，因为除了代码本身，其他都是异步的，比如图片加载、Ajax 和代码执行都不冲突，只需明白在同一时间只能有一个事件(代码)被执行。而且即使在 HTML5 中的 Worker 多线程下，也只有主线程可以访问 DOM。

这种机制已经得到了很多人的认可，比如现在火遍全球的基于 JavaScript 的服务器端应用：nodejs。

16.2.2　JavaScript 实现多线程

在介绍如何模拟并行处理之前，我们先来看个例子：

```
<body>
<style>
    body,html {
        margin: 0;
    }
    #block {
        width: 100px;
        height: 100px;
        background: #000;
        position: absolute;
    }
</style>
<div id="block"></div>
<script>
    var block = document.getElementById("block");
    //不会立即执行
    setTimeout(function() {
        for(var i=0; i<10; i++) {
            block.style.left = block.offsetLeft-1;
        }
    }, 0);
    for(var i=0; i<10; i++) {
        block.style.left = block.offsetLeft+1;
    }
</script>
</body>
```

执行代码，会发现黑色的方块 block 首先会向右移动 10 个像素(block.offsetLeft+1)，而不是向左，接着提示框显示了当前的黑色方块的横坐标，之后方块向左移动 10 个像素(block.offsetLeft-1)。产生这个效果的原因是因为定时器的特殊之处导致的。

定时器并不是立即执行函数内的代码，而是在指定时间后向事件队列插入一个事件，上面的代码实际应该是这样：

- 当浏览器发现一个 setTimeout 调用时，会继续执行之后的代码，如果是在一个函数环境中，就是把整个函数内的代码执行完成，否则就是整个脚本段。
- 之后根据 setTimeout 的第二个参数，决定多久后向事件队列插入一个事件。注意，

并不是多久后执行事件，原因在上一节已经说过了。

提示

还记得本书第 10 章的一个问题：为什么要使用 setTimeout 来模拟周期定时器，而不是直接使用 setInterval 吗？

因为 setInterval 会在每个间隔到期时，都向事件队列中插入一个事件，虽然队列中判断如果已经有该定时器的事件就不会在添加，但是 setInterval 本身还是会不断地向浏览器申请插入事件，而相比之下，setTimeout 则只是在本次执行完成后才会插入下一个事件。

虽然代码并不会真正地并行执行，但是由于定时器会跳出当前执行的代码段，因此可以解决一些“大”问题：可以把任务分解为多个小任务，然后使用 setTimeout 进行调度，这样不会因为一段大代码而导致页面假死，在 setTimeout 调度间隙，浏览器可以插入页面的 UI 更新事件，对用户来说会有更好的体验。

使用定时器的这个特性还可以“假装”出多线程来，一个有趣的“赛马”游戏为我们演示这个实现，如图 16.5 所示。

图 16.5 演示了一个通过多线程技术实现的赛马游戏，当然这里的灰色长条就是“马”。当它们都跑到最右边时，便会获得一个排名，如图 16.6 所示。

图 16.5　多线程赛马

图 16.6　多线程赛马

想必聪明的读者们从看到图的那一刻，就已经知道了如何实现这个有趣的赛马游戏。没错，我们只需要同时开始 5 个独立的线程来控制灰色条的宽度就可以了。那就开始吧。

创建上述程序的操作步骤如下。

(1)　定义元素样式：

```
<div class='demoContent' id='demoContent'>
    <div id='run'>开始</div>
    <div>
        <div style='margin-bottom:2%;margin-top:2%;'>
            <span id='a' class='horse'> </span>
        </div>
        <div style='margin-bottom:2%;'>
            <span id='b' class='horse'> </span>
        </div>
        <div  style='margin-bottom:2%;'>
            <span id='c' class='horse'> </span>
        </div>
        <div style='margin-bottom:2%;'>
            <span id='d' class='horse'> </span>
        </div>
        <div  style='margin-bottom:2%;'>
```

```
            <span id='e' class='horse'> </span>
        </div>
    </div>
</div>
```

定义页面所有元素，并分别给“五匹马”设置不同的 id：

```
/* 定义页面整体样式 */
body {
    margin: 0px;
    padding: 0px;
    font-size: 13px;
    color: white;
    background: #eee
}
/* 定义开始按钮的样式 */
#run {
    cursor: pointer;
    height: 5%;
    font-size: 2em;
    font-weight: bold;
    text-align: center;
}

/* 定义显示框的样式 */
.demoContent {
    font-family: tahoma;
    font-size: 1em;
    width: 100%;
    margin-top: 0.5em;
    margin-left: 2em;
    background-color: #ccc;
    border: 1px solid #bbb;
}

/* 定义“五匹马”的样式 */
.horse {
    text-align: center;
    width: 10px;
    background: #aaa;
    border: 1px solid #999;
}
```

完成页面的元素和样式之后，读者应该可以看到如图 16.7 所示的结果。

图 16.7　多线程赛马的初始效果

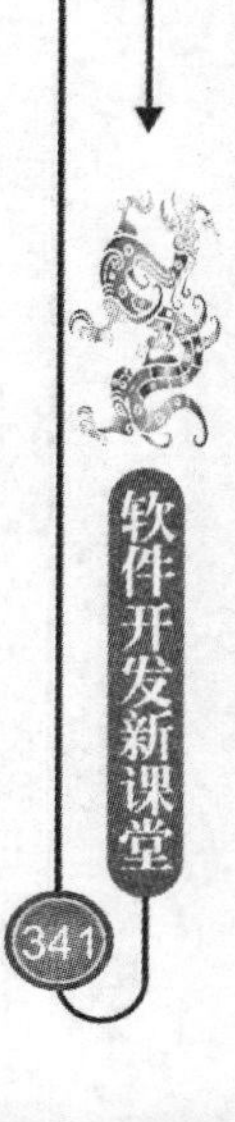

接下来就要编写核心的控制系统了。

(2) 编写控制脚本：

```
<script>
    (function() {
        //定义完成顺序
        var sequeence = 5;
        //获取开始元素 div
        var run = document.getElementById('run');
        //赛马是否进行中，进行中重复单击“开始”按钮无效
        var running;

        //监听开始元素 div 的鼠标点击事件
        run.onclick = function() {

            //验证本轮赛马是否结束
            if(sequeence!=0&&running) return;
            else {
                //初始化 5 个 span 元素的值为  实体
                sequeence = 5;
                document.getElementById('a').innerHTML = ' ';
                document.getElementById('b').innerHTML = ' ';
                document.getElementById('c').innerHTML = ' ';
                document.getElementById('d').innerHTML = ' ';
                document.getElementById('e').innerHTML = ' ';
            }

            //定义并启动线程一
            var timer1 = setInterval(function() {
                //在循环中不断地增加 span 元素内的  实体
                //达到变长的效果
                document.getElementById('a').innerHTML += ' ';
                //当长度超过页面可视宽度减 100 像素时，停止定时器
                if(document.getElementById('a').offsetWidth
                  >= document.body.clientWidth-100) {
                    //为到达终点的“赛马”排名次
                    document.getElementById('a').innerHTML += 5-sequeence+1;
                    sequeence--;
                    //终止 interval
                    clearInterval(timer1);
                  }
            //通过随机函数来定义定时器的间隔
            }, Math.random()*500);

            //同 timer1
            var timer2 = setInterval(function() {
                document.getElementById('b').innerHTML += ' ';
                if(document.getElementById('b').offsetWidth
                  >= document.body.clientWidth-100) {
                    document.getElementById('b').innerHTML += 5-sequeence+1;
                    sequeence--;
```

```
                clearInterval(timer2);
            }
        }, Math.random()*500);

        //同 timer1
        var timer3 = setInterval(function() {
            document.getElementById('c').innerHTML += ' ';
            if(document.getElementById('c').offsetWidth
              >= document.body.clientWidth-100) {
                document.getElementById('c').innerHTML += 5-sequeence+1;
                sequeence--;
                clearInterval(timer3);
            }
        }, Math.random()*500);

        //同 timer1
        var timer4 = setInterval(function() {
            document.getElementById('d').innerHTML += ' ';
            if(document.getElementById('d').offsetWidth
              >= document.body.clientWidth-100) {
                document.getElementById('d').innerHTML += 5-sequeence+1;
                sequeence--;
                clearInterval(timer4);
            }
        }, Math.random()*500);

        //同 timer1
        var timer5 = setInterval(function() {
            var x= Math.random()*500;
            document.getElementById('e').innerHTML += ' ';
            if(document.getElementById('e').offsetWidth
              >= document.body.clientWidth-100) {
                document.getElementById('e').innerHTML += 5-sequeence+1;
                sequeence--;
                clearInterval(timer5);
            }
        }, Math.random()*500);
        //启动标志开启
        running = 1;
    }
  })() //定义并运行函数
</script>
```

当脚本写在 HTML 元素之后时，脚本可以直接设置为自动运行，就像本例那种，通过匿名函数定义直接运行。但如果脚本出现于引用元素之前时，则必须被放在 DOM 加载完成后执行，也就是需要在 DOM 完成的回调函数中执行，否则脚本将因为在元素还未初始化之前调用一个不存在的元素而导致错误。

通过定义不同的定时器，本例实现了同时做不同工作的目标。

但应记住，JavaScript 是单线程。

16.3　高效的开发

如何更快、更有效地开发应用，是每个人都在思考的问题。使用一个简单易用并且功能强大的开发工具是必要的，微软的 VS 系列是个不错的选择，如果是使用 IBM 的 Eclipse 开发，也可以使用 JavaScript 相关的插件，但是我们推荐在写一些通常的应用时，更好的选择就是类似 UltraEdit 这样的文本编辑器，它快速、简单，但不够智能，常用的关键字、函数等都需要牢记在自己的头脑中。

当然除了开发工具外，更重要的就是开发经验了。

16.3.1　提高开发速度

当同样的错误第 N+1 次地出现时，只需要 1/N 秒就可以解决这个问题，这就是经验。如果没有几十、上百次的代码编写经验，提高速度就只是一句空话。当然，有效的指导可以缩短这个时间。

1. 组件化开发

对于任何开发语言来说，都会遇见大量重复操作的问题。例如，在 JavaScript 脚本中经常使用的 document.getElementsByTagName()函数。它的名字确实很长，但现在不是讨论它名字的时候。

有这么一个需求——要获取指定节点的所有子节点中 class 属性为“list”的节点列表。对于这个需求，读者应该很快地就反应过来了，只需要在循环中判断元素的 class 属性就可以了，代码如下：

```
<div id="p">
    <span class="list"></span>
    <span class="list"></span>
    <span class="list"></span>
    <span class="list"></span>
    <span class="none"></span>
</div>
<script>
    //封装 getElementsByTagName 函数
    function $(tagName, className, node) {
        var tags = node.getElementsByTagName(tagName);
        if(tags.length==0) return null;
        var rs = new Array;
        for(var i=0; i<tags.length; i++) {
            //在 IE 下，通过 JavaScript 访问样式属性必须写“class”
            if(tags[ i] .getAttribute("className") == className) {
                rs.push(tags[ i] );
            }
        }
        return rs;
    }
```

```
    }
    //显示查询结果
    alert($("span", "list", document.getElementById('p')).length);
</script>
```

类似先前的需求，如果每次都编写大量的语句来进行操作，那无疑是对编程人员心理素质的严峻考验。相对于未组件化的代码，组件因为都加了“壳”，所以在执行速度上会稍微慢于未封装的代码，但与大量的重复编码来比，这不算什么。

现在针对 JavaScript 的组件库已经有很多了，例如 Prototype、YUI、extJS 等。这些组件库都包含了各种功能的组件，例如拖动、目录树、表格等。

除了简化开发外，组件化的另一个更重要的功能就是屏蔽差异。相同的功能在不同的平台需要写不同的代码，而如果把差异化的代码封装成一个接口进行调用，对这个接口的使用者来说，就可以不必关心平台兼容性的问题了。从这个角度来说，开发者省去兼容的处理，更加提高了开发速度。

例如，本书多次用到的事件兼容处理：

```
<script>
function bindEvent(node, eventType, callback) {
    if(node.attachEvent) {
        //IE 处理
        node.attachEvent(eventType, callback);
    } else {
        //标准处理
        node.addEventListener(eventType, callback, false);
    }
}

//在 IE 下调用
bindEvent(document, "onclick", function(){alert("差异化封装！")});
</script>
```

2. 原型扩展

对现有对象的原型扩展可以大大提高编码的速度。这与组件的功能差不多，都是用来封装重复操作，但组件更注重的是新的功能点的体现，而原型扩展则是从基础编码入手，例如 JavaScript 中没有对字符串中的空格进行去除的函数，那么我们就来编写一个：

```
//扩展 trim 函数
String.prototype.trim = function() {
    return this.replace(/\s*/gm, '');
}

//使用 trim 函数
alert(' a bc d '.trim());
```

代码运行结果如图 16.8 所示。

虽然 trim 函数只有一句通过正则表达式来执行的函数体，但如果使用者并不熟悉正则表达式的使用，那么 trim()函数的出现对他们来说就是提高速度的工具。

图 16.8　使用 trim 函数

16.3.2　提高运行速度

JavaScript 代码的执行速度与它所运行的平台有关，FireFox 3 就比 IE7 快。这里说的是 JavaScript 的速度，有些情况下，IE 反而更快，例如图形渲染方面。但这些“客观”因素不是这里要关注的，代码中的“主观”因素才是重点。

1. 减少引用级别

在编写循环或者定时器代码时，应尽量减少重复执行代码的对象引用级别。引用的级别越多，代码执行速度越慢，例如：

```
<div id= "n">
</div>
<script>
    for(var i=0; i<100000; i++) {
        document.getElementById("n").innerHTML = i;
    }
</script>
```

而下面这段代码就会快很多：

```
<div id= "n">
</div>
<script>
var n = document.getElementById("n");
    for(var i=0; i<100000; i++) {
        n.innerHTML = i;
    }
</script>
```

如果循环次数更多，或者循环中包含更深的对象引用级别，速度差距将更加明显。

2. 异步处理

如果页面在一段相对短的时间内加载了大量的数据，那页面很可能会卡住甚至卡死。使用分阶段加载是一个好主意。

异步处理不一定非要用到 XMLHttpRequest，对于图片、JavaScript 文件、数据等都可以进行分阶段加载。这里的关键就是在一项数据加载完后再加载另一项数据，对文本数据可以使用 Ajax 控制，而对图片和 JavaScript 文件来说，都可以获得加载成功的反馈信息，见本书第 13 章。

3. 事件处理优化

在事件处理方式上，尽量少地注册监听器可以显著提高页面的整体响应速度。如果有大量的元素需要进行事件监听，那么一个好的办法就是在这些元素的上层节点注册监听器，而在代码中区分是哪个元素，并做出相应的处理，例如：

```
<script>
    //动态创建一个 20*20 的表格
    var table = document.createElement('table');
    for(var i=0; i<20; i++) {
        var row = table.insertRow(-1);
        for(var j=0; j<20; j++) {
            var cell = row.insertCell(-1);
            with(cell.style) {
                width = '50px';
                height = '50px';
                background = 'gray';
            }
            //为每个 td 对象都注册了 onmouseover 和 onmouseout 事件
            cell.onmouseover = function() {
                var cells = this.parentNode.cells;
                for(var k=0,l=cells.length; k<l; k++) {
                    cells[k].style.background = '#bbb';
                }
            }
            cell.onmouseout = function() {
                var cells = this.parentNode.cells;
                for(var k=0,l=cells.length; k<l; k++) {
                    cells[k].style.background = 'gray';
                }
            }
        }
    }
    //加入 DOM 树
    document.body.appendChild(table);
</script>
```

先不说执行性能，仅 onmouseover 和 onmouseout 这两个监听回调函数就被创建了 20×20 遍。相对于把这两个事件的监听放在 table 上来说，这样浪费的系统资源是非常多的。

4. 其他

如果需要动态添加 HTML 元素给页面，你首先想到的可能是使用 DOM 标准接口，又或者是使用节点的 innerHTML 属性，但使用 document.write()方法将更快，例如创建一个 100×100 的表格：

```
var table = "<table>";
for(var i=0; i<100; i++) {
    table += "<tr>";
    for(var j=0; j<100; j++) {
```

```
        table += "<td></td>";
    }
    table += "</tr>";
}
table += "</table>";
//慢
//document.body.innerHTML = table;
//快
document.write(table);
```

如果通过标准的 DOM 接口来创建一个 100×100 的表格，在 IE 的页面中最少要等半分钟左右，而通过 innerHTML 就会好很多，write()方法则更快，并且创建的 HTML 节点越多，性能提升越明显。

到这里，本书的大部分内容都已经介绍完毕了。从基础语法介绍到相关语言使用再到应用实例的编写，相信读者早已从不知道 JavaScript 和 JScript 的区别的门外走进了 JavaScript 的世界。

也许你已经发现了，这个世界并没有在门外看起来的那么小。虽然很多人把 JavaScript 称为脚本，但是当自己真正进入它的世界后，会发现这种语言很强大。

16.4 上机练习

(1) 为 String 内置对象增加原型扩展方法 trim()，该方法清除调用该方法的字符串对象中的所有空格，并返回新的字符串。

(2) 区分 function 对象通过 new 关键字调用和函数名直接调用的区别。

(3) 编写一个用来测试 JavaScript 单线程机制的例子。

(4) 利用多线程技术编写一个应用。

(5) 编写自己的原型扩展库，并逐渐地完善它。

附录 A　运算符的优先级和结合性

运算符优先级是一种规则，用来在计算表达式时控制运算符执行的顺序。具有较高优先级的运算符先于较低优先级的运算符执行。比如，乘除的执行先于加减。

表 A.1 按从最高到最低的优先级顺序列出了 JavaScript 的运算符。

表 A.1　JavaScript 运算符的优先级和结合性

优先级	运算符	含义	结合方向
1	()	圆括号	从左到右
	[]	数组下标或对象属性访问	
	.	属性访问	
2	!	逻辑非	从右到左
	~	按位取反	
	++	自增	
	--	自减	
	-	负号	
	delete	删除对象属性或数组元素	
	new	调用构造函数创建对象	
	typeof	检测数据类型	
	void	未定义值	
3	*	乘法	从左到右
	/	除法	
	%	取模	
4	+	加法或字符串连接	从左到右
	-	减法	
5	<<	左移	从左到右
	>>	右移	
	>>>	无符号右移	
6	<	小于	从左到右
	<=	小于等于	
	>	大于	
	>=	大于等于	
	instanceof	检测对象是否为指定类的实例	
7	==	值等于	从左到右
	!=	值不等于	
	===	值和类型等于	
	!==	值和类型不等于	

续表

优 先 级	运 算 符	含 义	结合方向
8	&	按位与	从左到右
9	^	按位异或	从左到右
10	|	按位或	从左到右
11	&&	逻辑与	从左到右
12	||	逻辑或	从左到右
13	? :	条件表达式	从右到左
14	=	直接赋值	从右到左
	+=	做加法后赋值	
	-=	做减法后赋值	
	*=	做乘法后赋值	
	/=	做除法后赋值	
	%=	做取模后赋值	
	>>=	做有符号右移后赋值	
	>>>=	做无符号右移后赋值	
	<<=	做左移后赋值	
	&=	做位与后赋值	
	|=	做位或后赋值	
	^=	做位异或后赋值	
15	,	顺序求值	从左到右

即使运算符的优先级相同，读者也要小心处理运算符的结合方向问题。比如-和++拥有相同的优先级，但对于下面一段代码，并不会出现代码执行错误，相反，代码首先会执行++a，然后才把 a 变成负数。因为它们的结合性是从右到左。

```
var i = 1;
alert(-++a);
```

不过，在实际开发中应该不会遇见这种代码，它的出现除了让人头疼外，就没有什么用处了。

从表 A.1 中可以看到，即使都是位运算符，它们的优先级也不相同，这样造成的问题就是一不小心就会导致逻辑上的错误，不过读者也不必担心，我们没必要把这些复杂的规则都记住，只要记住一点就可以了，那就是圆括号可以改变运算优先级，例如：

```
alert(1|2&3^4); //结果为 7
```

而加了圆括号后：

```
alert(1|2&(3^4)); //结果为 3
```

圆括号可用来改变运算符优先级所决定的求值顺序。这意味着圆括号中的表达式会在表达式的其他部分执行之前被执行，而这就是我们需要记住的。

附录 B　事件对象平台差异

如果你仍然不太清楚(或者在使用中忘记了)标准事件模型与 IE 事件模型的区别，那么接下来的内容一定要好好学习了。

由于事件模型的差异，IE 和非 IE 浏览器在获取事件对象时存在差异。对下面一段代码来说，event 对象是 IE 中的一个全局变量，而在非 IE 浏览器中无法获取这个对象：

```
document.onclick = function() {
    //输入鼠标当前的 X 坐标
    alert(event.clientX);
}
```

标准 DOM 事件模型在事件触发时才发送事件对象给事件的监听函数，例如：

```
document.onclick = function(e) {
    //输入鼠标当前的 X 坐标
    alert(e.clientX);
}
```

在标准的 DOM 事件模型中，事件被分为很多类型，并且按照类的继承顺序进行扩展，读者可以通过直接输出事件对象来查看事件的类型，如图 B.1 所示。

图 B.1　事件类型

大部分情况下，我们关心的只是如何获取到事件对象，而不用管事件的类型，因为事件对象的具体属性才是使用的具体内容。

常用事件属性及平台兼容性如表 B.1 所示。

表 B.1　常用事件属性及平台兼容性

事件属性	含　义	支持浏览器	
		IE	FF
target	事件目标	×	✓
srcElement	事件源	✓	×
currentTarget	获取事件流途经的当前节点，不一定是事件触发的目标节点。通常在 IE 中通过 document.activeElement 来模拟同样的效果	×	✓

续表

事件属性	含　义	支持浏览器	
		IE	FF
eventPhase	事件流的执行阶段，含义如下： 捕捉阶段 目标停留阶段 冒泡阶段	×	✓
bubbles	事件流是否在冒泡	×	✓
cancelable	事件的默认行为是否能被阻止	×	✓
screenX	鼠标点所在屏幕的 X 坐标。虽然事件是在浏览器中触发的，但坐标并不是依赖浏览器左上角，而是显示器左上角	✓	✓
screenY	鼠标点所在屏幕的 Y 坐标	✓	✓
clientX	鼠标在当前窗口的 X 坐标，忽略被滚动条隐藏的宽度	✓	✓
clientY	鼠标在当前窗口的 Y 坐标，忽略被滚动条隐藏的高度	✓	✓
ctrlKey	按下的键盘是否为 Ctrl 键	✓	✓
shiftKey	按下的键盘是否为 Ctrl 键	✓	✓
altKey	按下的键盘是否为 Ctrl 键	✓	✓
keyCode	获取键盘按键的十进制具体数值，例如 Enter 键的值就是 13	✓	✓
relatedTarget	事件发生元素的相关元素，例如 onmouseover 事件触发之前的鼠标所在元素	×	✓
fromElement	事件发生前的相关元素，例如 onmouseover 事件触发之前的鼠标所在元素	✓	×
toElement	事件发生后的相关元素，例如 onmouseout 事件触发之后的鼠标所在元素	✓	×
x	鼠标相对于目标事件的父元素的外边界在 X 坐标上的位置	✓	×
y	鼠标相对于目标事件的父元素的外边界在 Y 坐标上的位置	✓	×
pageX	鼠标在整个文档中的 X 坐标，包括滚动条隐藏的宽度	×	✓
pageY	鼠标在整个文档中的 Y 坐标，包括滚动条隐藏的高度	×	✓
layerX	相对于事件触发元素的一个绝对/相对定位的父元素的 X 坐标距离	×	✓
layerY	相对于事件触发元素的一个绝对/相对定位的父元素的 Y 坐标距离	×	✓
offsetX	IE 中的 layerX	✓	×
offsetY	IE 中的 layerY	✓	×

续表

事件属性	含　义	支持浏览器	
		IE	FF
button	获取鼠标按键的值，用来判断鼠标按下的是哪个键。注意在 IE 和 FF 中有些值并不相同，例如鼠标左键在 IE 和 FF 中一个是 0，一个是 1	✓	✓
stopPropagation()	阻止事件传播	×	✓
cancelBubble	设置是否允许事件冒泡。注意，该属性在 IE 中是读/写都可以的属性	✓	×
preventDefault()	阻止事件的默认行为	×	✓
returnValue	设置是否阻止事件的默认行为。注意，该属性在 IE 中是读/写都可以的属性	✓	×

从表 B.1 中可以看到，很多属性都不是平台兼容的，甚至相同的属性在不同平台中的值的含义也不同。在实际的开发中，我们必须考虑不同平台的兼容性。

附录 C 常见事件的列表和描述

在 JavaScript 开发中，最重要的部分就是事件。无论是些简单的信息验证，还是复杂的样式控制，又或者是数据展示，这些控制代码总是与事件有关。

本书在实例讲解中已经使用了很多不同类型的事件，但还有些事件不是那么容易被记住的，特别是在不同的浏览器平台中，甚至有些事件的调用方法都不相同，如表 C.1 所示。

表 C.1 常见 DHTML 事件列表

事件名称	说 明
onclick	鼠标点击时触发此事件
ondblclick	鼠标双击时触发此事件
onmousedown	按下鼠标时触发此事件
onmouseup	鼠标按下后松开鼠标时触发此事件
onmouseover	当鼠标移动到某对象范围的上方时触发此事件
onmousemove	鼠标移动时触发此事件
onmouseout	当鼠标离开某对象范围时触发此事件
onkeypress	当键盘上的某个键被按下并且释放时触发此事件
onkeydown	当键盘上某个按键被按下时触发此事件
onkeyup	当键盘上某个按键被按放开时触发此事件
onabort	图片在下载时被用户中断
onbeforeunload	当前页面的内容将要被改变时触发此事件
onerror	出现错误时触发此事件
onload	页面内容完成时触发此事件
onmove	浏览器的窗口被移动时触发此事件
onresize	当浏览器的窗口大小被改变时触发此事件
onscroll	浏览器的滚动条位置发生变化时触发此事件
onstop	浏览器的停止按钮被按下或者正在下载的文件被中断时触发此事件
onunload	当前页面将被改变时触发此事件
onblur	当前元素失去焦点时触发此事件
onchange	当前元素失去焦点并且元素的内容发生改变而触发此事件
onfocus	当某个元素获得焦点时触发此事件
onreset	当表单中的 RESET 属性被激发时触发此事件
onsubmit	一个表单被提交时触发此事件
onbounce	在 Marquee 内的内容移动至 Marquee 显示范围之外时触发此事件
onfinish	当 Marquee 元素完成需要显示的内容后触发此事件
onstart	当 Marquee 元素开始显示内容时触发此事件

续表

事件名称	说　明
onbeforecopy	当页面当前的被选择内容将要复制到浏览者系统的剪贴板前触发此事件
onbeforecut	当页面中的一部分或者全部的内容将被移离当前页面[剪贴]并移动到浏览者的系统剪贴板时触发此事件
onbeforeeditfocus	当前元素将要进入编辑状态
onbeforepaste	内容将要从浏览者的系统剪贴板传送[粘贴]到页面中时触发此事件
onbeforeupdate	当浏览者粘贴系统剪贴板中的内容时通知目标对象
oncontextmenu	当浏览者按下鼠标右键出现菜单时或者通过键盘的按键触发页面菜单时触发此事件
oncopy	当页面当前被选择的内容被复制后触发此事件
oncut	当页面当前被选择的内容被剪切时触发此事件
ondrag	当某个对象被拖动时触发此事件[活动事件]
ondragdrop	一个外部对象被鼠标拖进当前窗口或者帧
ondragend	当鼠标拖动结束时触发此事件，即鼠标的按钮被释放了
ondragenter	当被鼠标拖动的对象进入其容器范围内时触发此事件
ondragleave	当被鼠标拖动的对象离开其容器范围内时触发此事件
ondragover	当某被拖动的对象在另一对象容器范围内拖动时触发此事件
ondragstart	当某对象将被拖动时触发此事件
ondrop	在一个拖动过程中，释放鼠标键时触发此事件
onlosecapture	当元素失去鼠标移动所形成的选择焦点时触发此事件
onpaste	当内容被粘贴时触发此事件
onselect	当文本内容被选择时的事件
onselectstart	当文本内容选择将开始发生时触发的事件
onafterupdate	当数据完成由数据源到对象的传送时触发此事件
oncellchange	当数据来源发生变化时触发此事件
ondataavailable	当数据接收完成时触发事件
ondatasetchanged	数据在数据源发生变化时触发的事件
ondatasetcomplete	当子数据源的全部有效数据读取完毕时触发此事件
onerrorupdate	当使用 onBeforeUpdate 事件触发取消了数据传送时，代替 onAfterUpdate 事件
onrowenter	当前数据源的数据发生变化并且有新的有效数据时触发此事件
onrowexit	当前数据源的数据将要发生变化时触发此事件
onrowsdelete	当前数据记录将被删除时触发此事件
onrowsinserted	当前数据源将要插入新数据记录时触发此事件
onafterprint	当文档被打印后触发此事件
onbeforeprint	当文档即将打印时触发此事件
onfilterchange	当某个对象的滤镜效果发生变化时触发此事件
onhelp	当浏览者按下 F1 键或者浏览器的帮助选择时触发此事件

续表

事件名称	说 明
onpropertychange	当对象的属性之一发生变化时触发此事件
onreadystatechange	当对象的初始化属性值发生变化时触发此事件

表 C.1 中列举的大部分事件都可以通过 HTML 标签的属性进行调用，因为它们已经作为一种属性而存在，例如：

```
<!-- 这段代码可以在 IE 下限制输入框只能输入小数 -->
<input onpropertychange='if(isNaN(this.value))this.value =
  parseFloat(this.value)||""' />
```

但有些事件却只能通过脚本来控制，例如：

```
//在 IE 下获取 DOM 加载完毕的回调通知
document.onreadystatechange = function() {
    //...
}
```

在不同平台下，脚本的处理也不同，比如在 FF 下获取 DOM 加载完毕的回调通知：

```
//在 FF 下获取 DOM 加载完毕的回调通知
document.addEventListener('DOMContentLoaded', function() {
    //...
}, false);
```

在脚本代码中，事件名称包含前缀“on”的事件为 IE 支持的事件类型名，而在 HTML 标签属性中，所有浏览器都支持 DHTML(事件)属性，当然，每个浏览器所能支持的属性都不相同，例如 onpropertychange 事件就只有 IE 支持。

大部分的事件在不同的浏览器平台都可以通过不同的方式来完成，但有些方便的事件却无法完成，比如 IE 中的 onpropertychange 事件可以很方便地跟踪用户输入的文字信息，但在 FF 下却不行。

如果读者因为很多功能强大的事件都可以在 IE 下执行，却不能在其他浏览器中执行而认为 FF、Opera 这类对 DOM 标准支持好的浏览器不行的话，那就错了。实际上 IE 有的功能，在 DOM 标准中都有定义，只是事件名不同或者未支持而已，DOM Level 3 的事件类型如表 C.2 所示。

表 C.2 DOM Level 3 的事件列表

事件类型	事件名称	事件描述	作用对象
用户接口事件	DOMActivate	元素被鼠标或者键盘激活时触发	元素节点
	DOMFocusIn	元素获取焦点时触发，不仅是 input 元素。比如通过 Tab 键来切换的焦点	元素节点
	DOMFocusOut	元素失去焦点时触发	元素节点

续表

事件类型	事件名称	事件描述	作用对象
文本事件	textInput	在元素体内输入文本信息时触发。不仅是 input 元素	元素节点
鼠标事件	click	鼠标点击时触发	元素节点
	mousedown	鼠标按键按下时触发	元素节点
	mouseup	鼠标按键弹起时触发	元素节点
	mouseover	鼠标悬停在指定元素时触发	元素节点
	mousemove	鼠标在指定元素内移动的时候触发	元素节点
	mouseout	鼠标离开元素时触发	元素节点
键盘事件	keydown	键盘按下时触发	元素节点
	keyup	键盘弹起时触发	元素节点
节点变更事件	DOMSubtreeModified	某个节点的子节点结构发生改变时触发	Document 元素节点 文本节点
	DOMNodeInserted	节点被插入到 DOM 树之后触发	Document 元素节点 文本节点 注释节点
	DOMNodeRemoved	节点从 DOM 树删除后触发	Document 元素节点 文本节点 注释节点
	DOMNodeRemovedFromDocument	节点从 DOM 树删除后触发，监听范围为 document	Document 元素节点 文本节点 注释节点
	DOMNodeInsertedIntoDocument	节点被插入到 DOM 树后触发，监听范围为 document	Document 元素节点 文本节点 注释节点
	DOMAttrModified	节点属性被修改后触发	元素节点
	DOMElementNameChanged	元素改名后触发	元素节点
	DOMAttributeNameChanged	元素属性名改变后触发	元素节点

续表

事件类型	事件名称	事件描述	作用对象
HTML 事件	load	页面中所有资源加载完毕后触发，包括图片、样式等	元素节点
	unload	卸载页面后触发	元素节点
	abort	中断页面信息加载或者其他资源加载时触发	元素节点
	error	页面信息或者其他资源加载错误时触发	元素节点
	select	文本被选择时触发	元素节点
	change	如果一个元素在拥有焦点时内容被改变，那么当元素失去焦点时将触发	元素节点
	submit	Form 表单提交时触发	元素节点
	reset	Form 表单重置时触发	元素节点
	resize	元素大小被改变时触发	元素节点
	scroll	在元素内进行滚动条控制时触发	元素节点
	focus	通过鼠标、Tab 按键或者 focus()方法获取焦点时触发，拥有此事件的元素只有： A AREA LABEL INPUT SELECT TEXTAREA BUTTON focus 事件属于 DOMFocusIn 的子事件，也就是说会先触发 DOMFocusIn 事件，然后才会触发 focus 事件	元素节点
	blur	通过鼠标、Tab 按键或者 blur()方法失去焦点时触发，拥有此事件的元素同 focus 事件。 blur 事件属于 DOMFocusOut 的子事件	元素节点

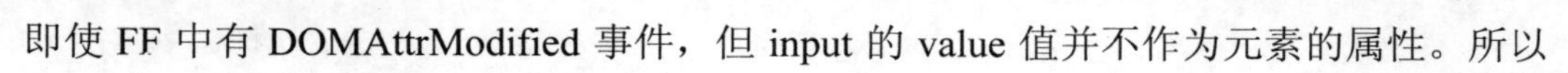

即使 FF 中有 DOMAttrModified 事件，但 input 的 value 值并不作为元素的属性。所以

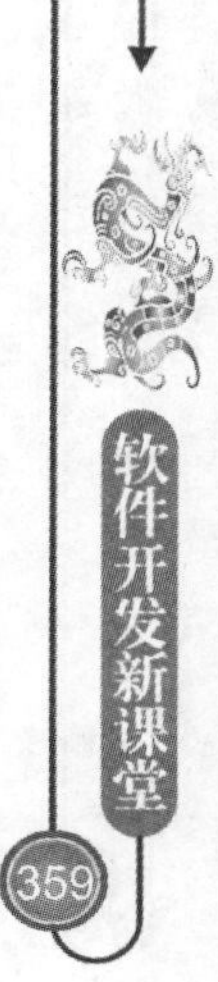

在 FF 下要实现 IE 中的 onpropertychange 事件还是有难度的，你会说 DOM 中有专门的文本处理事件 textInput，遗憾的是，目前大部分浏览器还不支持这个事件。

表 C.2 中为 W3C 的定义标准，也就是说除此之外的其他事件类型都是每个浏览器自己扩展的，不一定通用。但定义标准和事实标准仍然存在差异，就像 IE 不支持某个标准事件类型，却通过实现另外的非标准来实现功能，当然这有商业上的考虑，但对开发者而言绝对是坏事。

附录 D　HTTP 响应码

HTTP 响应码是服务器针对 HTTP 请求返回给浏览器的头信息中的一种。每当浏览器发送给服务器一个请求时，服务器都会对此请求做出响应。而响应码则是用来判断交互是否成功的标志。对 Web 程序来说，更能起到调试的作用，比如一个路径如果是不存在的服务器，就会返回 404 的错误，如图 D.1 所示。

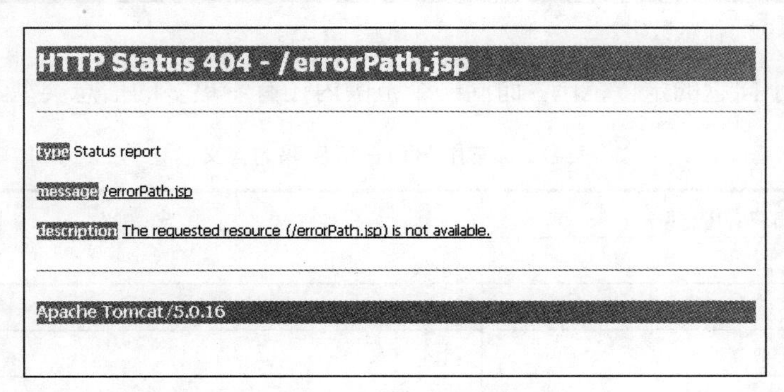

图 D.1　错误的路径

而如果访问的页面中存在服务器代码错误的话，则会返回 500 的错误，如图 D.2 所示。

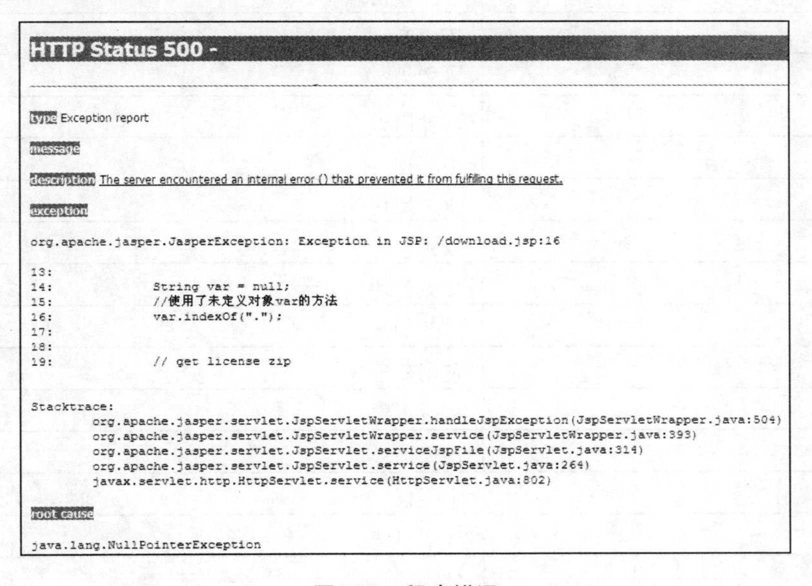

图 D.2　程序错误

HTTP 响应码由三位十进制数字组成，它们出现在由 HTTP 服务器发送的响应的第一行。不过开发人员必须关心它的位置，状态码的解析是浏览器自动完成的，但是当出现浏览器不能控制的情况时，开发人员就要判断它的含义了。

响应码分为 5 种类型，由 3 位数字中的第一位表示类型，如表 D.1 所示。

表 D.1　HTTP 响应码的类型

数　字	含　义
1xx	信息，请求收到，继续处理
2xx	成功，行为被成功地接受、理解和采纳
3xx	重定向，为了完成请求，必须进一步执行的动作
4xx	客户端错误，请求包含语法错误或者请求无法实现，例如路径不存在
5xx	服务器错误，服务器不能实现一种明显有效的请求，例如程序错误

注：xx 表示 0~9 的任意数字。

分类用来缩小问题的定位范围，而同一个范围内还有着更多的信息类型，如表 D.2 所示。

表 D.2　常用 HTTP 响应码的含义

HTTP 响应码	含　义
100	继续
101	分组交换协议
200	OK
201	被创建
202	被采纳
203	非授权信息
204	无内容
205	重置内容
206	部分内容
300	多选项
301	永久地传送
302	找到
303	参见其他
304	未改动
305	使用代理
307	暂时重定向
400	错误请求
401	未授权
402	要求付费
403	禁止
404	未找到
405	不允许的方法
406	不被采纳
407	要求代理授权
408	请求超时

续表

HTTP 响应码	含　义
409	冲突
410	过期的
411	要求的长度
412	前提不成立
413	请求实例太大
414	请求 URI 太大
415	不支持的媒体类型
416	无法满足的请求范围
417	失败的预期
500	内部服务器错误
501	未被使用
502	网关错误
503	不可用的服务
504	网关超时
505	HTTP 版本未被支持

掌握常用的 HTTP 响应码不仅对开发服务端程序有帮助，对编写 JavaScript 来说也可以理解得更为深入。

附录 E　JavaScript 的常用对象与函数

JavaScript 中的对象和方法可以用“不计其数”来形容，要想记住每个对象的所有属性和方法，对大多数人来说，都是不可能的。本附录列出了 ECMAScript 中的所有内置对象的方法和属性。读者可以在忘记时查看。

E.1　Global 对象

Global 对象没有 Construct 属性，不能对 Global 对象使用 new 操作符。

Global 对象没有 Call 属性，因此不能像方法一样调用 Global 对象。

Global 对象的 Prototype 和 Class 属性是由实现而定的。

在浏览器中的 Global 对象就是 window。

1. Global 值属性

(1)　NaN

NaN 的初始值为 NaN，这个属性具有{DontEnum, DontDelete}。

(2)　Infinity

Infinity 的初始值是+∞，这个属性具有{DontEnum, DontDelete}。

(3)　undefined

undefined 的初始值是 undefined，这个属性具有{DontEnum, DontDelete}。

2. Global 方法属性

(1)　eval(x)

功能：eval 方法对参数 x 进行计算，并把结果转化为相应的值或者对象。

参数：x，一个合法的 JavaScript 表达式。

返回：经过计算得到的值或者对象。

异常：

- SyntaxError——如果 x 不是合法的 JavaScript 表达式。
- EvalError——如果 eval 调用不合法，或者 eval 属性被赋予其他值。

(2)　parseInt(string, radix)

功能：根据参数 radix 的值，对 string 进行解析，并得到相应的整数值；如果 radix 的值是 undefined 或者 0，radix 将被默认为 10，除非 string 以 0x 或者 0X 开始，这样的话，radix 将默认为 16。

参数：string，一个可以被解析成整数的字符串，可以以+、-、0x、0X 开始。

返回：使用指定基数解析到的整数值。如果 radix 小于 2 或大于 36，则返回值为 NaN。

(3)　parseFloat(string)

功能：返回参数 string 所表示的十进制数值。

参数：string，可以被分析为十进制数字的字符串。

返回：string 所表示的十进制值。

(4) isNaN(number)

功能：判断参数 number 的值是不是 NaN。

参数：number，数字值。

返回：如果参数是 NaN，则返回 true，否则返回 false。

(5) isFinite(number)

功能：判断参数是不是有限数值。

参数：number，数字值。

返回：如果 number 的值是+∞或者-∞，则返回 false，否则返回 true。

3. URI 处理函数

(1) decodeURI(encodedURI)

功能：对 encodeURI 方法编码的 URI 进行解码。

参数：encodedURI，被 encodeURI 编码的 URI。

返回：解码得到的新的 URI。

(2) decodeURIComponent(encodedURI)

功能：对 encodeURIComponent 方法编码的 URI 进行解码。

参数：encodedURI，被 encodeURIComponent 编码的 URI。

返回：解码得到的新的 URI。

(3) encodeURI(uri)

功能：将参数中的 URI 中的特定字符根据 UTF-8 字符集编码。

参数：uri，一个合法的 URI 字符串。

返回：经过编码后的 URI 字符串。

(4) encodeURIComponent(uriComponent)

功能：将参数中的 URI 中的特定字符根据 UTF-8 字符集编码。

参数：uriComponent，一个合法的 URI 字符串。

返回：经过编码后的 URI 字符串。

E.2 Object 对象

Object 对象是所有对象的父对象，提供了 JavaScript 中对象的基本原型。所以读者可以看到后面介绍的每个对象都有 toString()方法，因为这是“老祖先”留给它们的。

1. Object 构造函数

构造函数：new Object([value])

功能：如果没有提供参数 value，则返回一个空 Object 类型的对象；否则返回参数 value 所对应的 Object 对象。

参数：value，可选，Object 的初始值。

返回：一个 Object 对象。

2. Object 实例对象方法

(1)　toString()

功能：返回一个可以表示原型类型的字符串。由“[Object”、对象的 Class 属性值、“]”三部分组成。

返回：对象的字符串表示。

(2)　toLocaleString()

功能：返回调用 toString()方法的结果。现在，Array、Number 和 Date 提供了地区相关的 toLocaleString()实现。

返回：对象的地区相关的字符串表示。

(3)　valueOf()

功能：对象的 this 值或者宿主对象传递给构造函数的值。

返回：真正的对象值。

(4)　hasOwnProperty(V)

功能：测试对象是否含有名字为 V 的属性，此方法并不从原型链上进行递归查找。

参数：V，对象属性或者属性名字。

返回：如果对象含有此属性，则返回 true，否则返回 false。

(5)　isPrototypeOf(V)

功能：测试对象是不是参数 V 的原型对象。

参数：V，一个 JavaScript 对象。

返回：如果本对象是参数 V 的原型方法，则返回 true，否则返回 false。

(6)　propertyIsEnumerable(V)

功能：测试对象的属性 V 是否有 DontEnum 值。

参数：V，对象属性或者属性名字。

返回：如果对象含有 V 属性且该属性有 DontEnum 值，则返回 true，否则返回 false。

E.3　Function 对象

如果 Function 被以非构造函数的方式调用的话，它建立并初始化一个新的 Function 对象，因此这种调用方式等同于以相同的参数调用 new Function(...)表达式。

1. Function 构造函数

new Function(p1, p2, ..., pn, body)

功能：根据各参数建立一个新的 Function 对象。

参数：

- p1~pn，新建 Function 对象的各参数的名字。其中每个参数都可以指定多个参数名字。
- body，新建的 Function 对象的方法内容。

例如，下列各表达式的结果相同：

```
new Function("a", "b", "return a+b")
new Function("a, b", "return a+b")
```

返回：新建的 Function 对象。

异常：SyntaxError——如果 p1~pn 中有任何一个不能被解析成参数名字列表，或者 body 不是合法的方法体。

2. Function 类的方法

(1) toString()

功能：返回实现定义的用于表示本 Function 对象的字符串。

返回：实现定义的对象字符串表示。

异常：TypeError，如果 this 值不是 Function 对象。

(2) apply(thisArg, argArray)

功能：使用参数数组 argArray 调用对象的 thisArg 方法。apply 的 length 属性的值为 2。

参数：

- thisArg，对象引用或者方法，thisArg 对应的对象将被作为 this 传给指定的方法。如果 thisArg 为 null 或者 undefined，Global 对象被作为 this 值传给指定方法。
- argArray，传给调用方法的参数数组或者参数对象，如果 argArray 是 null 或者 undefined，则对指定方法进行无参数调用。

异常：TypeError——如果对象没有 Call 属性或者 argArray 不是数组对象或参数对象。

(3) call(thisArg [, arg1 [, arg2, ...]])

功能：使用一个或者多个参数，利用对象的 Call 属性进行方法调用。call 的 length 属性的值为 1。

参数：

- thisArg，对象引用或者方法，thisArg 对应的对象将被作为 this 传给指定方法。如果 thisArg 为 null 或者 undefined，Global 对象被作为 this 值传给指定方法。
- arg1...，传给调用方法的参数。

异常：TypeError——如果对象没有 Call 属性。

3. Function 实例对象属性

在内定的属性的基础上，每个 Function 对象还有 Call 属性、Construct 属性和 Scope 属性。Class 属性的值为“Function”。

(1) length 属性

length 属性的值通常指定的是方法参数的数目。但是如果调用方法时，参数的数目与 length 属性的值不同的话，方法的行为由方法自己决定。

本属性具有{DontDelete, ReadOnly, DontEnum}。

(2) prototype 属性

当 Function 对象作为构造函数调用前，prototype 属性的值被用来初始化新建的对象内部的 Prototype 属性。

本属性具有{DontDelete}。

(3)　HasInstance(V)

功能：测试对象与参数 V 是否具有相同的原型。

参数：V，一个对象。

返回：如果对象与 V 具有相同的原型，则返回 true，否则返回 false。

异常：TypeError，如果 V 不是个合法的对象。

E.4　Array 对象

如果 Array 构造函数被以方法方式而不是构造函数的方式调用，则建立一个新的 Array 对象。因此使用相同参数调用 Array(...)与调用 new Array(...)的效果等同。

1. Array 构造函数

(1)　new Array([item0 [, item1 [, ...]]])

功能：新建并初始化新建的对象。新建对象的 Prototype 属性初始为 Array.prototype。新建对象的 Class 属性初始为“Array”。新建对象的 length 属性初始为参数的个数。新建对象的 0 属性为 item0，1 属性为 item1，依次类推。

参数：item0 等，新建数组中各数组元素的值。

返回：新建的数组对象。

(2)　new Array(len)

功能：新建一个长度为 len 的数组对象，对象的 Prototype 属性初始为 Array.prototype。对象的 Class 属性初始为“Array”。新建对象的 length 属性为 len。

参数：len，新建数组对象的长度。

返回：新建的数组对象。

异常：RangeError——如果 len 不是合法的整数表示。

2. Array 实例对象方法

(1)　toString()

功能：返回该对象的字符串表示。

返回：该对象的字符串表示。

异常：TypeError——如果 this 值不是 Array 对象。

(2)　toLocaleString()

功能：返回该对象与地区相关的字符串表示。数组中的每个元素的 toLocaleString()方法都将被调用，结果将被使用间隔符连接起来形成结果。

返回：该对象与地区相关的字符串表示。

异常：TypeError——如果 this 不是 Array 对象。

(3)　concat([item1 [, item2[, ...]]])

功能：新建一个 Array 对象，对象中元素为原对象中各元素加 concat 方法的参数。concat 方法的 length 属性为 1。

参数：item1 等，将添加到新建对象中的元素。

返回：新建的 Array 对象。

(4) join(separator)

功能：得到对象的字符串表示。数组元素将被转化成相应的字符串表示，并以 separator 所指定的间隔符连接起来，形成对象的字符串表示。join 方法的 length 属性为 1。

参数：separator，连接各元素字符串表示的间隔符。

返回：元素字符串表示与 separator 连接形成的对象字符串表示。

(5) pop()

功能：删除数组对象的最后一个元素并返回。

返回：被删除的最后一个元素。如果调用本方法前数组中没有元素，则返回 undefined。

(6) push([item1 [, item2[, ...]]])

功能：将本方法参数中所指定的元素添加到数组对象中。新添加的元素将按照出现顺序添加到数组对象原有元素的后面。push 方法的 length 属性为 1。

参数：item1 等，将被添加到数组对象中的元素。

返回：添加元素后数组的大小。

(7) reverse()

功能：将数组对象中的元素进行反序排列。

返回：本对象的引用。

(8) shift()

功能：删除数组对象的第一个元素，并返回此元素。

返回：被删除的第一个元素。如果调用本方法前数组对象中没有元素的话，返回 undefined。

(9) slice(start, end)

功能：得到一个新的数组对象，对象中的内容为原对象中的从 start 到 end(不包括 end)的部分元素。如果 start 或者 end 是负数的话，将被转换成 length+start 或者 length+end，其中 length 为数组对象中的元素数目。

参数：

- start，开始元素的下标。
- end，结束元素的下标。

返回：拥有指定元素的新的数组对象。

(10) sort(comparefn)

功能：使用指定的比较方法对数组对象中的元素进行排序。本方法所进行的排序为非稳定排序。

参数：comparefn，用于比较两个元素的方法，该方法将接受两个参数。

返回：本对象的引用。

(11) splice(start, deleteCount [, item1 [, item2[...]]])

功能：从 start 所指定的位置开始删除 deleteCount 个元素，在删除的位置开始添加 item1、item2 等参数作为新的元素。splice 方法的 length 属性为 1。

参数：item1 等，可选，将被添加到数组对象中的元素。

返回：被删除的元素所形成的数组。

(12) unshift(item1 [, item2 [, ...]]])

功能：将参数添加到数组对象中所有元素的前面。unshift 方法的 length 属性为 1。

参数：item1 等，将被添加的元素。

返回：添加元素后数组对象的长度。

3. Array 实例对象属性

length 属性

数组对象的长度。本属性具有{DontEnum, DontDelete}值。

E.5　String 对象

1. String 构造函数

new String([value])

功能：新建一个 String 对象，如果参数 value 存在的话，设置新建 String 对象的初始值为 value。

参数：value，可选，新建对象的初始值。

返回：新建的 String 对象。

2. String 实例对象方法

(1)　toString()

功能：返回字符串形式的值，对 String 而言，toString 方法与 valueOf 方法的结果相同。

返回：字符串形式的值。

异常：TypeError——如果 this 值不是 String 对象。

(2)　valueOf()

功能：返回字符串形式的值。

返回：字符串形式的值。

异常：TypeError——如果 this 值不是 String 对象。

(3)　chatAt(pos)

功能：返回一个含有 String 对象中 pos 位置的字符。如果 pos 小于 0 或者大于等于 String 对象中字符的数目，则返回空字符串。

参数：pos，字符索引。

返回：含有 pos 位置字符的字符串。

(4)　charCodeAt(pos)

功能：返回对象的 pos 位置的字符的 UTF-16 值。如果 pos 位置没有字符，则返回 NaN。

参数：pos，字符索引。

返回：pos 位置字符的 UTF-16 值。

(5) concat([string1 [, string2 [, ...]]])

功能：新建一个 String 对象，对象的内容为原对象的值与各参数的值的联合。concat 方法的 length 属性为 1。

参数：要添加的 String 值。

返回：新建的 String 对象。

(6) indexOf(searchString, position)

功能：从 position 指定的索引开始，返回第一次出现 searchString 串的索引。indexOf 方法的 length 属性为 1。

参数：

- searchString，要查找的字符串。
- position，从哪个位置开始查找，默认为 0。

返回：position 后第一个出现 searchString 的索引值，如果对象中不存在 searchString 的话，则返回-1。

(7) lastIndexOf(searchString, position)

功能：返回从 position 开始，最后一次出现 searchString 串的索引。

参数：

- searchString，要查找的字符串。
- position，从哪个位置开始查找，默认为+∞。

返回：position 后最后一次出现 searchString 的索引值，如果对象中不存在 searchString 的话，则返回-1。

(8) localeCompare(that)

功能：使用地区相关的比较方法，比较本对象的值与参数 that。

参数：that，要进行比较的对象。

返回：如果本对象的值大于 that，则返回正数；如果本对象的值小于 that，则返回负数；否则返回 0。

(9) match(regexp)

功能：测试本对象的值是否符合 regexp 所指定的正则表达式。

参数：regexp，正则表达式。

返回：如果本对象的值符合 regexp，则返回 true，否则返回 false。

(10) replace(searchValue, replaceValue)

功能：新建一个 String 对象，对象的值初始化为本对象中所有的 searchValue 都替换成 replaceValue 后得到的字符串。

参数：

- searchValue，要查找的字符串，或者一个正则表达式。
- replaceValue，要替换成的字符串。

返回：新建的 String 对象的引用。

(11) search(regexp)

功能：在本对象中查找第一个符合正则表达式的串的位置。

参数：regexp，正则表达式。

返回：第一个符合正则表达式的串的位置。

(12) slice(start, end)

功能：得到一个新的 String 对象，对象中的内容为原对象中的从 start 到 end(不包括 end)的部分元素。如果 start 或者 end 是负数的话，将被转换成 length+start 或者 length+end，其中 length 为数组对象中的元素数目。slice 方法的 length 属性为 2。

参数：

- start，开始元素的下标。
- end，结束元素的下标。

返回：拥有指定元素的新的 String 对象。

(13) split(separator, limit)

功能：根据 separator 所指定的正则表达式将源字符串进行拆分。split 方法的 length 属性的值为 2。

参数：

separator，进行拆分依据的正则表达式或者可以转换成正则表达式的对象。

limit，可选项。该值用来限制返回数组中的元素个数。

返回：一个保存了所有拆分后的值的数组。

(14) substring(start, end)

功能：返回本对象的字符串值中从 start 到 end 间的子串。substring 方法的 length 属性为 2。

参数：

- start，子串在源字符串的开始位置。
- end，子串在源字符串的结束位置。

返回：生成的子串或者空串。

(15) toLowerCase()

功能：新建一个 String 对象，对象中的值为源串中各字符转换成小写后生成的字符。转换依据 Unicode 值进行。

返回：新建的 String 对象。

(16) toLocaleLowerCase()

功能：新建一个 String 对象，对象中的值为源串中各字符转换成小写后生成的字符。转换将依据地区相关的字符转换进行。

返回：新建的 String 对象。

(17) toUpperCase()

功能：新建一个 String 对象，对象中的值为源串中各字符转换成大写后生成的字符。转换依据 Unicode 值进行。

返回：新建的 String 对象。

(18) toLocaleUpperCase()

功能：新建一个 String 对象，对象中的值为源串中各字符转换成大写后生成的字符。转换将依据地区相关的字符转换进行。

返回：新建的 String 对象。

3. String 实例的属性

String 实例拥有 String 原型的所有属性，同时也有 length 属性——即 String 对象的字符串值中所包括的字符数目，该属性具有{DontEnum, DontDelete, ReadOnly}。

E.6 Boolean 对象

1. Boolean 构造函数

new Boolean(value)

功能：新建一个 Boolean 对象。新建对象的 Prototype 属性初始化为 Boolean.prototype。新建对象的 Class 属性初始化为“Boolean”。新建对象的 Value 属性初始化为 value 对应的布尔值。

参数：value，本对象的初始值。

返回：新建的对象引用。

2. Boolean 类方法

(1) toString()

功能：返回本 Boolean 对象的字符串表示。

返回：如果本对象的值为 true，则返回 true，否则返回 false。

异常：TypeError——如果 this 值不是 Boolean 对象。

(2) valueOf()

功能：返回布尔值。

返回：布尔值。

异常：TypeError——如果 this 的值不是 Boolean 对象。

E.7 Number 对象

1. Number 构造函数

new Number([value])

功能：返回一个数字值。如果 value 不存在的话，就将新建对象的初始化为 value。

参数：value，一个 JavaScript 对象或者值。

返回：value 所对应的数字值，如果 value 不存在或者不能转换为数字，则返回+0。

2. Number 构造函数的属性

(1) prototype 属性

prototype 属性的值初始为 Number 原型对象。

(2) MAX_VALUE 属性

数字类型的最大正数值，即 $1.7976931348623157 \times 10^{308}$。本属性具有{DontEnum,

DontDelete, ReadOnly}。

(3)　MIN_VALUE 属性

数字类型的最小正数值，即 5×10^{-324}。本属性具有{DontEnum, DontDelete, ReadOnly}。

(4)　NaN 属性

NaN 属性的初始值为 NaN。本属性具有{DontEnum, DontDelete, ReadOnly}。

(5)　NEGATIVE_INFINITY 属性

NEGATIVE_INFINITY 属性的初始值为-∞。本属性具有{DontEnum, DontDelete, ReadOnly}。

(6)　POSITIVE_INFINITY 属性

POSITIVE_INFINITY 属性的初始值为+∞。

本属性具有{DontEnum, DontDelete, ReadOnly}。

3. Number 实例方法

(1)　toString(radix)

功能：将本对象的值转换成指定基数的字符串表示。

参数：radix，指定的基数。

返回：字符串表示。

异常：TypeError——如果 this 值不是 Number 对象。

(2)　toLocaleString()

功能：返回一个地区相关的字符串表示。

返回：地区相关的字符串表示。

(3)　valueOf()

功能：返回数字值。

返回：数字值。

异常：TypeError——如果 this 值不是 Number 对象。

(4)　toFixed(fractionDigits)

功能：返回一个本对象的定点表示字符串，小数点后将有 fractionDigits 个小数。toFixed 方法的 length 属性值为 1。

参数：fractionDigits，小数点后要有多少个小数。

返回：定点表示字符串。

(5)　toExponential(fractionDigits)

功能：返回一个本对象的浮点表示字符串，有效位后将有 fractionDigits 个小数。

参数：fractionDigits，有效位后将有多少个小数。

返回：浮点表示字符串。

(6)　toPrecision(precision)

功能：返回本对象的数字值的准确表示字符串。

参数：precision，有效位后将有多少个小数。

返回：本对象的数字值的准确表示字符串。

E.8 Date 对象

1. Date 构造函数

(1) new Date(year, month [, date [, minutes [, seconds [, ms]]]]))
功能：使用指定的时间值新建一个 Date 对象。
参数：

- year，年数。
- month，月份。
- date，日期值。
- minutes，分钟数。
- seconds，秒数。
- ms，毫秒数。

返回：新建的 Date 对象引用。

(2) new Date(value)

功能：使用 Value 指定的参数新建一个 Date 对象。新建对象的 Prototype 属性将被初始化为 Date.prototype。新建对象的 Class 属性初始化为“Date”。

参数：value，用来初始化新建对象的值。

返回：新建的 Date 对象引用。

(3) new Date()

功能：新建一个表示当前时间的 Date 对象。新建对象的 Prototype 属性为 Date.prototype。新建对象的 Class 属性为“Date”。新建对象的 Value 属性为当前的 UTC 时间。

返回：新建的 Date 对象引用。

2. Date 类方法

(1) parse(string)
功能：将字符串 string 解析成一个 Date 对象。
参数：一个 String 解析得到的与 UTC 时间相关的数字值。
返回：新建的 Date 对象。

(2) UTC(year, month [, date [, hours [, minutes [, seconds [, ms]]]]])
功能：计算各参数指定的时间对应的 UTC 数字值。UTC 方法的 length 属性的值为 7。
参数：

- year，年数。
- month，月份。
- date，日期值。
- minutes，分钟数。
- seconds，秒数。
- ms，毫秒数。

返回：各参数指定的时间对应的 UTC 数值。

3. Date 实例对象方法

(1)　toString()

功能：返回一个用于表示本对象所指定的时间的字符串。字符串的格式由实现决定。

返回：一个用于表示本对象时间的字符串。

(2)　toDateString()

功能：返回一个用于表示本对象所指定的日期的字符串。字符串的格式由实现决定。

返回：一个用于表示本对象所指定的日期的字符串。

(3)　toTimeString()

功能：返回一个用于表示本对象所指定的时刻的字符串。字符串的格式由实现决定。

返回：一个用于表示本对象所指定的时刻的字符串。

(4)　toLocaleString()

功能：返回一个用于表示本对象所指定的时间的字符串。字符串的格式由实现决定，但是格式要以地区相关的表示格式来定。

返回：一个用于表示本对象所指定的时间的字符串。

(5)　toLocaleDateString()

功能：返回一个用于表示本对象所指定的日期的字符串。字符串的格式由实现决定，但是格式要以地区相关的表示格式来定。

返回：一个用于表示本对象所指定的日期的字符串。

(6)　toLocaleTimeString()

功能：返回一个用于表示本对象所指定的时刻的字符串。字符串的格式由实现决定，但是格式要以地区相关的表示格式来定。

返回：一个用于表示本对象所指定的时刻的字符串。

(7)　valueOf()

功能：返回本对象表示的时间的数字值。

返回：本对象表示的时间的数字值。

(8)　getTime()

功能：返回本对象表示的时刻的数字值。

返回：本对象表示的时刻的数字值。

异常：TypeError——如果 this 值的 Class 属性不是“Date”。

(9)　getFullYear()

功能：返回本对象表示的时间的年数。

返回：本对象表示的时间的年数。如果本对象不包含有效的日期，则返回 NaN。

(10) getUTCFullYear()

功能：返回本对象表示的时间的年数。

返回：本对象表示的通用时间的年数。若本对象不包含有效的日期，则返回 NaN。

(11) getMonth()

功能：返回本对象表示的时间的月份数。

返回：本对象表示的时间的月份数。如果本对象不包含有效的日期，返回 NaN。

(12) getUTCMonth()

功能：返回本对象表示的时间的月份数。

返回：本对象表示的通用时间的月份数。如果本对象不包含有效的日期，返回 NaN。

(13) getDate()

功能：返回本对象表示的时间的日期值。

返回：本对象表示的时间的日期值。如果本对象不包含有效的日期，返回 NaN。

(14) getUTCDate()

功能：返回本对象表示的时间的日期数。

返回：本对象表示的通用时间的日期数。如果本对象不包含有效的日期，返回 NaN。

(15) getDay()

功能：返回本对象表示的时间的天数。

返回：本对象表示的时间的天数。如果本对象不包含有效的日期，返回 NaN。

(16) getUTCDay()

功能：返回本对象表示的时间的天数。

返回：本对象表示的通用时间的天数。如果本对象不包含有效的日期，返回 NaN。

(17) getHours()

功能：返回本对象表示的时间的小时数。

返回：本对象表示的时间的小时数。如果本对象不包含有效的日期，返回 NaN。

(18) getUTCHours()

功能：返回本对象表示的时间的小时数。

返回：本对象表示的通用时间的小时数。如果本对象不包含有效的日期，返回 NaN。

(19) getMinutes()

功能：返回本对象表示的时间的分钟数。

返回：本对象表示的时间的分钟数。如果本对象不包含有效的日期，返回 NaN。

(20) getUTCMinutes()

功能：返回本对象表示的时间的分钟数。

返回：本对象表示的通用时间的分钟数。如果本对象不包含有效的日期，返回 NaN。

(21) getSeconds()

功能：返回本对象表示的时间的秒数。

返回：本对象表示的时间的秒数。如果本对象不包含有效的日期，返回 NaN。

(22) getUTCSeconds()

功能：返回本对象表示的时间的秒数。

返回：本对象表示的通用时间的秒数。如果本对象不包含有效的日期，返回 NaN。

(23) getMilliseconds()

功能：返回本对象表示的时间的毫秒数。

返回：本对象表示的时间的毫秒数。如果本对象不包含有效的日期，返回 NaN。

(24) getUTCMilliseconds()

功能：返回本对象表示的时间的毫秒数。

返回：本对象表示的通用时间的毫秒数。如果本对象不包含有效的日期，返回 NaN。

(25) getTimezoneOffset()

功能：返回本对象表示的时间与 UTC 时间相差的分钟数。

返回：本对象表示的时间与 UTC 时间相差的分钟数。如果本对象不包含有效的日期，则返回 NaN。

(26) setTime(time)

功能：设置本对象的时间值为 time。

参数：time，目标时间值。

返回：调用本方法后对象的时间值。

异常：TypeError——如果 this 值不是 Date 对象。

(27) setMilliseconds(ms)

功能：将本对象表示的时间转换成本地区的时间，并设置本对象的毫秒值为 ms。

参数：ms，目标毫秒值。

返回：调用本方法后对象的时间值。

(28) setUTCMilliseconds(ms)

功能：设置本对象的毫秒值为 ms。

参数：ms，目标毫秒值。

返回：调用本方法后对象的时间值。

(29) setSeconds(sec [, ms])

功能：将本对象表示的时间转换成本地区的时间，并设置本对象的秒值为 sec，毫秒值为 ms。setSeconds 方法的 length 属性值为 2。

参数：

- sec，目标秒值。
- ms，目标毫秒值。默认为 getMilliseconds()。

返回：调用本方法后对象的时间值。

(30) setUTCSeconds(sec [, ms])

功能：设置本对象的秒值为 sec，毫秒值为 ms。

参数：

- sec，目标秒值。
- ms，目标毫秒值。默认为 getMilliseconds()。

返回：调用本方法后对象的时间值。

(31) setMinutes(min [, sec [, ms]])

功能：将本对象表示的时间转换成本地区的时间，并设置本对象的分钟数为 min，秒值为 sec，毫秒值为 ms。setMinutes 方法的 length 属性值为 3。

参数：

- min，目标分钟数。
- sec，目标秒值，默认为 getSeconds()。
- ms，目标毫秒值，默认为 getMilliseconds()。

返回：调用本方法后对象的时间值。

(32) setUTCMinutes(min [, sec [, ms]])

功能：设置本对象的分钟数为 min，秒值为 sec，毫秒值为 ms。

setUTCMinutes 方法的 length 属性值为 3。

参数：

- min，目标分钟数。
- sec，目标秒值，默认为 getSeconds()。
- ms，目标毫秒值，默认为 getMilliseconds()。

返回：调用本方法后对象的通用时间值。

(33) setHours(hour [, min [, sec [, ms]]])

功能：将本对象表示的时间转换成本地区的时间，并设置本对象的小时数为 hour，分钟数为 min，秒值为 sec，毫秒值为 ms。

setHours 方法的 length 属性值为 4。

参数：

- hour，目标小时数。
- min，目标分钟数，默认为 getMinutes()。
- sec，目标秒值，默认为 getSeconds()。
- ms，目标毫秒值，默认为 getMilliseconds()。

返回：调用本方法后对象的时间值。

(34) setUTCHours(hour [, min [, sec [, ms]]])

功能：设置本对象的小时数为 hour，分钟数为 min，秒值为 sec，毫秒值为 ms。

setUTCHours 方法的 length 属性值为 4。

参数：

- hour，目标小时数。
- min，目标分钟数，默认为 getMinutes()。
- sec，目标秒值，默认为 getSeconds()。
- ms，目标毫秒值，默认为 getMilliseconds()。

返回：调用本方法后对象的通用时间值。

(35) setDate(date)

功能：将本对象表示的时间转换成本地区的时间，并设置本对象的天数为 date。

参数：date，目标天数。

返回：调用本方法后对象的时间值。

(36) setUTCDate(date)

功能：设置本对象的天数为 date。

参数：date，目标天数。

返回：调用本方法后对象的通用时间值。

(37) setMonth(month [, date])

功能：将本对象表示的时间转换成本地区的时间，并设置本对象的月份数为 month，天数值为 date。setMonth 方法的 length 属性值为 2。

参数：

- month，目标月份数。
- date，目标天数，默认为getDay()。

返回：调用本方法后对象的时间值。

(38) setUTCMonth(month [, date])

功能：设置本对象的月份数为month，天数值为date。setUTCMonth方法的length属性值为2。

参数：

- month，目标月份数。
- date，目标天数，默认为getDay()。

返回：调用本方法后对象的通用时间值。

(39) setFullYear(year [, month [, date]])

功能：将本对象表示的时间转换成本地区的时间，并设置本对象的年数为year，月份数为month，天数值为date。setFullYear方法的length属性值为3。

参数：

- year，目标年数。
- month，目标月份数，默认为getMonth()。
- date，目标天数，默认为getDay()。

返回：调用本方法后对象的时间值。

(40) setUTCFullYear(year [, month [, date]])

功能：设置本对象的年数为year，月份数为month，天数值为date。setFullYear方法的length属性值为3。

参数：

- year，目标年数。
- month，目标月份数，默认为getMonth()。
- date，目标天数，默认为getDay()。

返回：调用本方法后对象的通用时间值。

(41) toUTCString()

功能：返回一个可以表示当前通用时间的字符串，字符串的格式由实现决定，但是内容应该是UTC时间。

返回：一个可以表示当前通用时间的字符串。

附录 F　常见 CSS 样式列表

在整个 Web 应用的开发中，HTML 占到 40%，而 JavaScript 只能占到 30%，还有 30% 的工作都需要样式来辅助完成。就像本书第 6 章所说的那样，HTML、CSS、JS 一个都不能少。在实际的开发中，如果能够熟练准确地使用样式，是可以相应减少 JavaScript 和 HTML 的编码量的，例如，使用标签<a>的伪样式:hover 来模拟鼠标悬停事件 onmouseover 和 onmouseout 就可以大大减少编码量。对下面的一个应用，我们使用 JavaScript 和样式来分别实现相同的效果。对于一个超链接按钮：

```
<a id='aButton' href='#'>按钮</a>
```

它的默认样式如图 F.1 所示。现在要求当鼠标放在按钮上面时，按钮要变成如图 F.2 所示的样式，当鼠标移走时又变回图 F.1 的样式。

按钮

图 F.1　默认样式

按钮

图 F.2　修改后样式

如果用 JavaScript 来编写的话，我们需要使用鼠标悬停事件，例如：

```
<script>
   var aButton = document.getElementById('aButton');
   //鼠标悬停事件
   aButton.onmouseover = function() {
      with(aButton.style) {
         border = '1px solid #000';
         color = '#000';
         fontSize = '13px';
         textDecoration = 'none';
         textAlign = 'center';
         width = '50px';
         padding = '1px';
      }
   }
   //鼠标悬停后移开事件
   aButton.onmouseout = function() {
      with(aButton.style) {
         cssText = '';
      }
   }
</script>
```

还可以再简化一些，比如使用 cssText 属性直接进行 CSS 代码赋值来代替通过 style 属性值赋值。但相比下面的 CSS 代码来说，这样的实现简直复杂极了：

```
<style>
   a:hover {
```

```
        border: 1px solid #000;
        color: #000;
        font-size: 13px;
        text-decoration: none;
        text-align: center;
        width: 50px;
        padding: 1px;
    }
</style>
```

只需要一个:hover 伪样式，就可以在 CSS 中实现 JavaScript 的两个鼠标事件，显然这是更好的选择。下面的各表列出了开发中常用的 CSS 样式说明及取值范围(见表 F.1~F.6)。

表 F.1　CSS 字体样式

样式名称	样式描述	样式取值		
		值	说　明	实　例

font-family	设置字体类型，例如宋体、黑体等	family-name	字体的名称。能否成功显示所设置的字体样式还要依赖于系统是否支持	body {
				font-family: 黑体;
				}

font-size	设置字体尺寸	xx-small
		x-small
		small
		medium
		large
		x-large
		xx-large
			设置为不同的尺寸，从 xx-small 到 xx-large，默认值为 medium	body {
				font-size: x-large;
				}

		smaller	设置为比父元素更小的尺寸	body {
				font-size: smaller;
				}

		larger	设置为比父元素更大的尺寸	body {
				font-size: larger;
				}

		length	设置为一个固定的值，单位可以是任何 CSS 合法单位，例如 px、em 等	body {
				font-size: 10px;
				}

		%	设置为基于父元素的一个百分比	body {
				font-size: 10%;
				}

续表

样式名称	样式描述	样式取值		
		值	说 明	实 例

font-style	设置字体风格	normal	默认的标准字体	body {
				font-style: normal;
				}

		italic	改变字体样式为斜体	body {
				font-style: italic;
				}

		oblique	改变字体样式为斜体	body {
				font-style: oblique;
				}

font-weight	属性设置字体的粗细	normal	默认的标准字体	body {
				font-weight: normal;
				}

		bold	定义粗体字符	body {
				font-weight: bold;
				}

		bolder	定义更粗的字	body {
				font-weight: bolder;
				}

		lighter	定义更细的字符	body {
				font-weight: lighter;
				}

		100
		200
		300
		400
		500
		600
		700
		800
		900
			定义由粗到细的字符。400 等同于 normal，而 700 等同于 bold	body {
				font-weight: 100;
				}

表 F.2　CSS 文本样式

样式名称	样式描述	样式取值		
		值	说　明	实　例

color	设置文本颜色	color	颜色值可以是任何 CSS 颜色合法单位，如颜色名称、RGB 值或十六进制数等	body {
				  color: rgb(255, 255, 0);
				}

direction	设置文本方向	ltr	文字书写方向从左到右。默认设置	input {
				  direction: ltr;
				}

		rtl	文字书写方向从右到左	input {
				  direction: rtl;
				}

line-height	设置行高	normal	默认。设置合理的行间距	p {
				  line-height: normal;
				}

		number	设置数字，此数字会与当前的字体尺寸相乘来设置行间距	p {
				  line-height: 1.4;
				}

		length	设置固定的行间距	p {
				  line-height: 14pt;
				}

		%	基于当前字体尺寸的百分比行间距	p {
				  line-height: 140%;
				}

letter-spacing	设置字符间距	normal	默认间距。定义字符间的标准间距，相当于 0	div {
				  letter-spacing: 0;
				}

		length	定义字符间的固定间距	div {
				  letter-spacing: -0.5px;
				}

续表

样式名称	样式描述	样式取值		
		值	说　明	实　例

text-align	对齐元素中的文本	left	设置文本左对齐	div {
				text-align: left;
				}

		right	设置文本右对齐	div {
				text-align: right;
				}

		center	设置文本居中对齐	div {
				text-align: center;
				}

text-decoration	向文本添加修饰	none	标准样式也就是没有任何样式。
			可以用来去除标签<a>所默认的下划线
				div {
				text-decoration: none;
				}

		underline	为文本增加下划线	div {
				text-decoration: none;
				}

		overline	为文本增加上划线	div {
				text-decoration: overline;
				}

		line-through	为文本增加删除线	div {
				text-decoration:
				line-through;
				}

text-indent	缩进文本段的首行	length	固定的缩进，默认为 0	p {
				text-indent: 2em;
				}

		%	基于父元素宽度的百分比的缩进	p {
				text-indent: 5%;
				}

text-transform	控制元素中的字母样式	none	默认样式	p {
				text-transform: none;
				}

		capitalize	改变文本中所有单词首字母为大写	p {
				text-transform: capitalize;
				}

续表

<table>
<tr><th rowspan="2">样式名称</th><th rowspan="2">样式描述</th><th colspan="3">样式取值</th></tr>
<tr><th>值</th><th>说明</th><th>实例</th></tr>
<tr><td rowspan="2">text-transform</td><td rowspan="2">控制元素中的字母样式</td><td>uppercase</td><td>改变文本中所有字母为大写字母</td><td>p {
text-transform: uppercase;
}</td></tr>
<tr><td>lowercase</td><td>改变文本中所有字母为小写字母</td><td>p {
text-transform: lowercase;
}</td></tr>
<tr><td rowspan="5">white-space</td><td rowspan="5">设置元素中空白的处理方式</td><td>normal</td><td>默认方式，空白会被浏览器忽略</td><td>p {
white-space: normal;
}</td></tr>
<tr><td>pre</td><td>空白会被浏览器保留，类似 HTML 中的<pre>标签</td><td>p {
white-space: pre;
}</td></tr>
<tr><td>nowrap</td><td>文本不会换行，文本会在同一行上继续，直到遇到
标签为止</td><td>p {
white-space: nowrap;
}</td></tr>
<tr><td>pre-wrap</td><td>保留空白符序列，但是正常地进行换行</td><td>p {
white-space: pre-wrap;
}</td></tr>
<tr><td>pre-line</td><td>合并空白符序列，但是保留换行符</td><td>p {
white-space: pre-line;
}</td></tr>
<tr><td rowspan="2">word-spacing</td><td rowspan="2">设置字间距，与 letter-spacing 设置每个字符的间距不同，word-spacing 只会设置用空格分开的字符组，例如 this is CSS 三个单词的间距</td><td>normal</td><td>默认的标准间距，也就是 0</td><td>p {
word-spacing: normal;
}</td></tr>
<tr><td>length</td><td>定义固定间距</td><td>p {
word-spacing: 2em;
}</td></tr>
</table>

表 F.3　CSS 元素背景样式

样式名称	样式描述	样式取值		
		值	说　明	实　例

background-color	设置元素背景颜色	color	颜色值可以是任何 CSS 颜色合法单位，比如颜色名称、RGB 值或者十六进制数等	div {
				background-color: #F0F;
				}

		transparent	默认设置，背景颜色为透明	div {
				background-color:
				transparent;
				}

background-image	设置元素背景图像	url(URL)	指定一个图像地址作为背景图。注意地址没有引号	div {
				background-image:
				url(/img/a.jpg);
				}

background-attachment	设置背景图像是否固定或者随着页面的其余部分滚动	scroll	默认设置，背景图像会随着页面其余部分的滚动而移动	div {
				background-image:
				url(/img/a.jpg);
				background-attachment:
				scroll;
				}

		fixed	当页面的其余部分滚动时，背景图像不会移动	div {
				background-image:
				url(/img/a.jpg);
				background-attachment:
				fixed;
				}

续表

样式名称	样式描述	样式取值		
		值	说　明	实　例

background-position	设置背景图像的起始位置	top left
		top center
		top right
		center left
		center center
		center right
		bottom left
		bottom center
		bottom right
			如果仅规定了一个关键词，那么第二个值将是“center”	div {
				background-image:
				url(/img/a.jpg);
				background-attachment:
				scroll;
				background-position:
				top left;
				}

		x% y%	第一个值是水平位置，第二个值是垂直位置。
			左上角是 0% 0%。右下角是 100% 100%。
			如果仅规定了一个值，另一个值将是 50%
				div {
				background-image:
				url(/img/a.jpg);
				background-attachment:
				scroll;
				background-position:
				5% 6%;
				}

		xpos ypos	第一个值是水平位置，第二个值是垂直位置。
			左上角是 0 0。单位是像素 (0px 0px) 或任何其他的 CSS 单位。
			如果仅规定了一个值，另一个值将是 50%。
			可以混合使用 %和 position 值
				div {
				background-image:
				url(/img/a.jpg);
				background-attachment:
				scroll;
				background-position:
				5px 6px;
				}

续表

样式名称	样式描述	样式取值		
		值	说 明	实 例

background-repeat	设置背景图像是否重复及如何重复	repeat	默认。背景图像将在垂直方向和水平方向重复	div {
				background-image:
				url(/img/a.jpg);
				background-attachment:
				scroll;
				background-position: 5px 6px;
				background-repeat: repeat;
				}

		repeat-x	背景图像将在水平方向重复	div {
				background-image:
				url(/img/a.jpg);
				background-attachment:
				scroll;
				background-position: 5px 6px;
				background-repeat: repeat-x;
				}

		repeat-y	背景图像将在垂直方向重复	div {
				background-image:
				url(/img/a.jpg);
				background-attachment:
				scroll;
				background-position: 5px 6px;
				background-repeat: repeat-y;
				}

		no-repeat	不重复	

background	简写属性，将所有背景属性设置在一个声明中	所有背景值	可以在一个属性中定义所有背景样式	div {
				background: #00FF00
				url(stars.gif)
				no-repeat
				fixed
				top;
				}

表 F.4　CSS 元素样式

样式名称	样式描述	样式取值		
		值	说　明	实　例

height	设置元素的高度	auto	默认设置	div {
				height: auto;
				}

		length	使用 px、cm 等单位定义高度	div {
				height: 20px;
				}

		%	基于包含它的块级对象的百分比高度	div {
				height: 10%;
				}

width	设置元素的宽度	auto	默认设置	div {
				width: auto;
				}

		length	使用 px、cm 等单位定义高度	div {
				width: 20px;
				}

		%	基于包含它的块级对象的百分比高度	div {
				width:10%;
				}

max-height	设置元素的最大高度	none	默认设置，表示对元素被允许的最大高度没有限制	div {
				max-height: none;
				}

		length	使用 px、cm 等单位定义高度	div {
				max-height: 20px;
				}

		%	基于包含它的块级对象的百分比高度	div {
				max-height: 10%;
				}

max-width	设置元素的最大宽度	none	默认设置，表示对元素被允许的最大高度没有限制	div {
				max-width: none;
				}

		length	使用 px、cm 等单位定义高度	div {
				max-width: 20px;
				}

续表

样式名称	样式描述	样式取值		
		值	说　明	实　例

max-width	设置元素的最大宽度	%	基于包含它的块级对象的百分比高度	div {
				max-width: 10%;
				}

		length	使用 px、cm 等单位定义高度	div {
				min-height: 20px;
				}

		%	基于包含它的块级对象的百分比高度	div {
				min-height: 10%;
				}

min-width	设置元素的最小宽度	length	使用 px、cm 等单位定义高度	div {
				min-width: 20px;
				}

		%	基于包含它的块级对象的百分比高度	div {
				min-width: 10%;
				}

cursor	当指向某元素之上时显示的指针类型	url	定义光标的 URL	a {
				cursor:
				url(“first.cur”);
				}

		default	默认样式	a {
				cursor: default;
				}

		crosshair	光标为十字样式	a {
				cursor: crosshair;
				}

		pointer	光标为手样式	a {
				cursor: crosshair;
				}

		move	光标为可移动样式	a {
				cursor: move;
				}

续表

样式名称	样式描述	样式取值		
		值	说　明	实　例

cursor	当指向某元素之上时显示的指针类型	e-resize
		ne-resize
		nw-resize
		n-resize
		se-resize
		sw-resize
		s-resize
		w-resize
			光标为 8 个方向的箭头样式	a {
				cursor: nw-resize;
				}

		text	光标为文本输入样式	a {
				cursor: text;
				}

		wait	光标为沙漏样式	a {
				cursor: wait;
				}

		help	光标为问号样式	a {
				cursor: help;
				}

		none	设置元素不会被显示	table {
				display: none;
				}

		block	设置元素将显示为块级元素，此元素前后会带有换行符	span {
				display: block;
				}

		inline	设置元素会被显示为内联元素，元素前后没有换行符	div {
				display: inline;
				}

		list-item	设置元素会作为列表显示	li {
				display: list-item;
				}

续表

样式名称	样式描述	样式取值		
		值	说明	实例

cursor	当指向某元素之上时显示的指针类型	table
		inline-table
		table-row-group
		table-header-group
		table-footer-group
		table-row
		table-column-group
		table-column
		table-cell
		table-caption
			设置元素按照表格方式显示	table {
				display: table;
				}
				td, th {
				display: table-cell;
				}

		visible	设置元素为可见	div {
				visibility: visible;
				}

		hidden	设置元素为不可见	div {
				visibility: hidden;
				}

		collapse	当在表格元素中使用时，此值可删除一行或一列，但是它不会影响表格的布局。被行或列占据的空间会留给其他内容使用。如果此值被用在其他的元素上，会呈现为“hidden”	tr {
				visibility:
				collapse;
				}

		visible	默认设置，溢出内容会撑大元素或者存在于元素之外	body {
				overflow: visible;
				}

		hidden	超出元素大小的溢出内容会被隐藏掉	body {
				overflow: hidden;
				}

		scroll	元素会生成滚动条	body {
				overflow: scroll;
				}

续表

样式名称	样式描述	样式取值		
		值	说明	实例

cursor	当指向某元素之上时显示的指针类型	auto	自动处理是否生成滚动条	body {
				overflow: auto;
				}

表 F.5 CSS 元素定位样式

样式名称	样式描述	样式取值		
		值	说明	实例

position	设置元素放置到一个静态的、相对的、绝对的或固定的位置中	static	默认设置，设置元素为静态定位	div {
				position: static;
				}

		relative	设置元素为相对态定位	div {
				position: relative;
				}

		absolute	设置元素为绝对定位	div {
				position: absolute;
				}

		fixed	设置元素为静态定位	div {
				position: fixed;
				}

top	设置元素的上外边距边界与其包含块上边界之间的偏移，设置 position 为非 static 时有效	auto	默认设置	div {
				position: absolute;
				top: auto;
				}

		length	使用 px、cm 等单位设置元素的顶部到最近一个具有定位设置上边缘的顶部的位置	div {
				position: absolute;
				top: -20px;
				}

		%	设置元素的顶部到最近一个具有定位设置父元素的上边缘的百分比位置	div {
				position: absolute;
				top: 10%;
				}

续表

样式名称	样式描述	样式取值		
		值	说　明	实　例

right	设置元素右外边距边界与其包含块右边界之间的偏移	auto	默认设置	div {
				position: absolute;
				right: auto;
				}

		length	使用 px、cm 等单位设置元素的右边到最近一个具有定位设置父元素的右边缘的位置	div {
				position: absolute;
				right: -20px;
				}

		%	设置元素的右边到最近一个具有定位设置父元素的右边缘的百分比位置	div {
				position: absolute;
				right: 10%;
				}

bottom	设置元素下外边距边界与其包含块下边界之间的偏移	auto	默认设置	div {
				position: absolute;
				bottom: auto;
				}

		length	使用 px、cm 等单位设置元素的底边到最近一个具有定位设置父元素的底部边缘的位置	div {
				position: absolute;
				bottom: -20px;
				}

		%	设置元素的底边到最近一个具有定位设置父元素的底部边缘的百分比位置	div {
				position: absolute;
				bottom: 10%;
				}

left	设置元素左外边距边界与其包含块左边界之间的偏移	auto	默认设置	div {
				position: absolute;
				left: auto;
				}

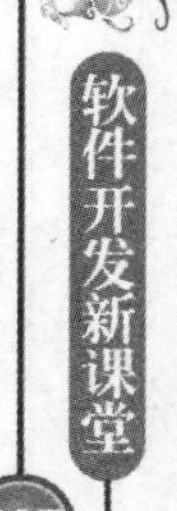

续表

样式名称	样式描述	样式取值		
		值	说　明	实　例

left	设置元素左外边距边界与其包含块左边界之间的偏移	length	使用 px、cm 等单位设置元素的左边到最近一个具有定位设置父元素的左边缘的位置	div {
				position: absolute;
				left: -20px;
				}

		%	设置元素的左边到最近一个具有定位设置父元素的左边缘的百分比位置	div {
				position: absolute;
				left: 10%;
				}

z-index	设置元素的 Z 轴堆叠顺序	auto	默认顺序。子元素高于父元素，后定义的元素高于先定义的元素	div {
				z-index: auto;
				}

		number	设置元素的堆叠顺序，数字越大顺序越高	div {
				z-index: -999;
				}

float	设置元素为浮动状态	none	默认设置，按照正常文档流显示元素	img {
				float: none;
				}

		left	元素会浮动到父元素的左侧	img {
				float: left;
				}

		right	元素会浮动到父元素的右侧	img {
				float: right;
				}

clear	中断元素侧面的浮动效果	none	默认设置，允许浮动元素出现在当前元素的两侧	span {
				clear: none;
				}

		left	设置左侧不允许浮动元素	img {
				float: left;
				}
				span {
				clear: left;
				}

续表

样式名称	样式描述	样式取值		
		值	说 明	实 例

clear	中断元素侧面的浮动效果	right	设置右侧不允许浮动元素	span {
				  clear: right;
				}
				img {
				  float: right;
				}

		both	设置左右两侧都不允许浮动元素	img {
				  float: left;
				}
				span {
				  clear: both;
				}
				img {
				  float: right;
				}

表 F.6 CSS 元素的边框样式

样式名称	样式描述	样式取值		
		值	说 明	实 例

border-style	设置元素四个边框的样式，或者单独地为各边设置边框样式	none	设置元素没有边框	div {
				  border-style: none;
				}

		dotted	设置元素为点状边框	div {
				  border-style: dotted;
				}

		dashed	设置元素为虚线边框	div {
				  border-style: dashed;
				}

		solid	设置元素为实线边框	div {
				  border-style: solid;
				}

续表

样式名称	样式描述	样式取值		
		值	说 明	实 例

border-width	设置元素四个边框的宽度，或者单独地为各边设置边框宽度	thin
		medium
		thick
			设置指定边框宽度	div {
				border-style: solid;
				border-width: thin;
				}

		length	设置自定义边框宽度	div {
				border-style: solid;
				border-width: 2px;
				}

border-color	设置元素四个边框的颜色，或者单独地为各边设置边框颜色	color	设置指定颜色边框	div {
				border-style: solid;
				border-width: 2px;
				border-color: #000;
				}

		transparent	设置透明边框	div {
				border-style: solid;
				border-width: 2px;
				border-color:
				transparent;
				}

border-left	设置元素左边框的样式、粗细以及颜色	width-style-color	一次性设置边框的所有属性	div {
				border-left:
				thin solid #000;
				}

border-top	设置元素上边框的样式、粗细以及颜色	width-style-color	一次性设置边框的所有属性	div {
				border-top:
				2px solid #000;
				}

border-bottom	设置元素下边框的样式、粗细以及颜色	width-style-color	一次性设置边框的所有属性	div {
				border-bottom:
				thin dotted #000;
				}

border-right	设置元素右边框的样式、粗细以及颜色	width-style-color	一次性设置边框的所有属性	div {
				border-right:
				1px solid gray;
				}

续表

样式名称	样式描述	样式取值		
		值	说　明	实　例

border	设置所有边框的样式、粗细以及颜色	width-style-color	一次性设置边框的所有属性	div {
				border: 1px solid gray;
				}

padding-left	设置元素与子元素的左内边距	length	设置固定的左内边距值	div {
				padding-left: 2em;
				}

		%	设置基于父元素高度的百分比左内边距	div {
				padding-left: 1%;
				}

padding-top	设置元素与子元素的上内边距	length	设置固定的上内边距值	div {
				padding-top: 2em;
				}

		%	设置基于父元素高度的百分比上内边距	div {
				padding-top: 1%;
				}

padding-bottom	设置元素与子元素的下内边距	length	设置固定的下内边距值	div {
				padding-bottom: 2em;
				}

		%	设置基于父元素高度的百分比下内边距	div {
				padding-bottom: 1%;
				}

padding-right	设置元素与子元素的右内边距	length	设置固定的右内边距值	div {
				padding-right: 2em;
				}

		%	设置基于父元素高度的百分比右内边距	div {
				padding-right: 1%;
				}

padding	设置元素与子元素的所有方向的内边距	top-right-bottom-left	设置四个方向的内边距	div {
				padding:
				1% 1em 2px 3px;
				}

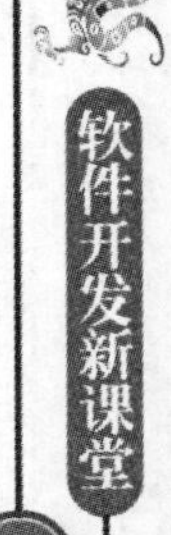

续表

样式名称	样式描述	样式取值		
		值	说 明	实 例

margin-left	设置元素与父元素的左外边距	auto	默认设置，自动控制外边距	div {
				margin-left: auto;
				}

		length	设置固定长度的外边距	div {
				margin-left: 5px;
				}

		%	设置基于父对象总高度的百分比左外边距	div {
				margin-left: 2%;
				}

margin-top	设置元素与父元素的上外边距	auto	默认设置，自动控制外边距	div {
				margin-top: auto;
				}

		length	设置固定长度的外边距	div {
				margin-top: 5px;
				}

		%	设置基于父对象总高度的百分比上外边距	div {
				margin-top: 2%;
				}

margin-bottom	设置元素与父元素的下外边距	auto	默认设置，自动控制外边距	div{
				margin-bottom: auto;
				}

		length	设置固定长度的外边距	div {
				margin-bottom: 5px;
				}

		%	设置基于父对象总高度的百分比下外边距	div{
				margin-bottom: 2%;
				}

margin-right	设置元素与父元素的右外边距	auto	默认设置，自动控制外边距	div {
				margin-right: auto;
				}

续表

样式名称	样式描述	样式取值		
		值	说　明	实　例

margin-right	设置元素与父元素的右外边距	length	设置固定长度的外边距	div {
				　margin-right: 5px;
				}

		%	设置基于父对象总高度的百分比右外边距	div {
				　margin-right: 2%;
				}

margin	设置元素与父元素的所有外边距	top-right-bottom-left	设置四个方向的外边距	div {
				　margin:
				　　1% 1em 2px 3px;
				}

附录 G　严格模式的限制

当开启严格模式后，现有的旧代码很可能会出错，所以一定要了解该模式下的限制。表 G.1 列出了严格模式下的所有限制。

表 G.1　JavaScript 严格模式限制

场　景	限　制	示　例
变量	必须先声明	name = ‘ken’;

只读属性	只读属性无法赋值	var ken = Object.defineProperties({}, {
		sex: {
		value: 'male',
		writable: false //只读
		},
		weight: {
		set:function(w) {
		if(w>90)
		alert(‘r u kidding me...’);
		this.value = w;
		},
		configurable: false
		}
		});
		ken.sex = ‘female’;
		ken.weight = 100;

不可扩展的属性	无法将属性添加到 extensible 特性设置为 false 的对象	Object.preventExtensions(ken); ken.height = 180;
delete	无法删除 configurable 特性设置为 false 的属性	delete ken.weight;
重复参数名	不允许设置相同的参数名	function fn(a, a) {}
保留字/关键字	不允许使用保留字或者关键字	implements、interface、let、package、private、protected、public、static、yield

arguments.callee	不允许使用 arguments.callee	function n$(a) {
		alert(arguments.callee);
		}

with	不允许使用 with	with(ken) {
		ken.weight = 10;
		}

续表

场 景	限 制	示 例

修改 arguments	修改 arguments 的值不会影响参数本身	function height(h) {
		  arguments[0] = 90; //h 还是 10
		}
		height(10);

eval	eval 内定义的变量无法在外部调用	eval('var ken=10;'); alert(ken);

this	当 this 的值为 null 或 undefined 时，该值不会转换为全局对象	function height(h) {
		  alert(this); //undefined
		}

注意，这些例子只能在支持 ECMAScript 第 5 版的浏览器上才能运行。IE10 以下不支持严格模式。

附录H　选择器规则

掌握选择器规则，可以更好地选择不同的节点定位逻辑，以实现到更便捷和高效的节点定位。表H.1列出了当前支持的所有选择器规则。

表H.1　选择器规则

规　则	描　述	选择器分类	CSS支持级别
*	匹配任何元素	通用	2
E	匹配指定类型E的元素	类型	1
E[foo]	匹配拥有foo属性的E元素	属性	2
E[foo="bar"]	匹配拥有foo属性，且属性值为bar的E元素	属性	2
E[foo~="bar"]	匹配拥有foo属性，且属性值为空格分隔的多个字符段，其中一个字符段为bar的E元素	属性	2
E[foo^="bar"]	匹配拥有foo属性，且属性值以bar开头的E元素	属性	3
E[foo$="bar"]	匹配拥有foo属性，且属性值以bar结尾的E元素	属性	3
E[foo*="bar"]	匹配拥有foo属性，且属性值中包含bar的E元素	属性	3
E[foo|="en"]	匹配foo属性值为en或者以en开头且之后紧跟一个"-"(U+002D)字符的E元素	属性	2
E:root	文档根元素，在HTML 4.x中，是HTML元素	结构伪类	3
E:nth-child(n)	匹配指定编号n的E元素，n可以是整数或者字符表达式	结构伪类	3
E:first-child	匹配指定范围中整个E元素列表的第一个元素	结构伪类	3
E:last-child	匹配指定范围中整个E元素列表的最后一个元素	结构伪类	3
E:only-child	如果E元素是其父元素唯一的子元素，则匹配	结构伪类	3
E:empty	匹配不包含任何子元素的E元素	结构伪类	3
E:enabled	匹配交互元素(比如input)为enabled状态的E元素	UI	3
E:disabled	匹配交互元素(比如input)为disabled状态的E元素	UI	3
E:checked	匹配radio/checkbox元素的状态为checked的E元素	UI	3
E.ken	匹配class属性值为ken的E元素	类	1
E#di	匹配id属性值为di的E元素	ID	1
E:not(selector)	匹配所有不符合选择器规则selector的E元素	导航	3
E F	匹配祖先元素是E的F元素	后代	1
E > F	匹配父元素是E的F元素	子	2
E + F	匹配紧接着E元素之后的同辈F元素	相邻	2
E ~ F	匹配E元素之后的同辈F元素	相邻	3

应注意，规则的支持级别不同，浏览器的支持程度也不同，所以在使用以上规则时，要确定所使用的浏览器是否支持，如果不支持，则需要使用替代的方案。